权威·前沿·原创

皮书系列为
"十二五""十三五""十四五"国家重点图书出版规划项目

U0347875

BLUE BOOK

智 库 成 果 出 版 与 传 播 平 台

湖南蓝皮书
BLUE BOOK OF HUNAN

2022 年湖南生态文明建设报告

REPORT ON HUNAN ECOLOGICAL CIVILIZATION CONSTRUCTION (2022)

湖南省人民政府发展研究中心
主　编／谈文胜　钟　君
副主编／侯喜保　蔡建河

社会科学文献出版社
SOCIAL SCIENCES ACADEMIC PRESS (CHINA)

图书在版编目（CIP）数据

2022年湖南生态文明建设报告 / 谈文胜，钟君主编；
侯喜保，蔡建河副主编 . --北京：社会科学文献出版社，
2022.6
　（湖南蓝皮书）
　ISBN 978-7-5228-0139-1

　Ⅰ.①2… 　Ⅱ.①谈… ②钟… ③侯… ④蔡… 　Ⅲ.①
生态环境建设-研究报告-湖南-2022 　Ⅳ.
①X321.264

中国版本图书馆 CIP 数据核字（2022）第 086195 号

湖南蓝皮书
2022年湖南生态文明建设报告

主　　　编／谈文胜　钟　君
副 主 编／侯喜保　蔡建河

出 版 人／王利民
组稿编辑／邓泳红
责任编辑／薛铭洁
责任印制／王京美

出　　　版／社会科学文献出版社·皮书出版分社（010）59367127
　　　　　　地址：北京市北三环中路甲 29 号院华龙大厦　邮编：100029
　　　　　　网址：www.ssap.com.cn
发　　　行／社会科学文献出版社（010）59367028
印　　　装／天津千鹤文化传播有限公司

规　　　格／开 本：787mm×1092mm　1/16
　　　　　　印 张：23　字 数：344 千字
版　　　次／2022 年 6 月第 1 版　2022 年 6 月第 1 次印刷
书　　　号／ISBN 978-7-5228-0139-1
定　　　价／168.00 元

读者服务电话：4008918866

主要编撰者简介

谈文胜 湖南省人民政府发展研究中心原党组书记、主任，研究生学历，管理学博士。历任长沙市中级人民法院研究室主任，长沙市房地产局党组成员、副局长，长沙市政府研究室党组书记、主任，长沙市芙蓉区委副书记，湘潭市人民政府副市长，湘潭市委常委、秘书长，湘潭市委常委、常务副市长，湘潭市委副书记、市长。主要研究领域为法学、区域经济、产业经济等，先后主持或参与"实施创新引领开放崛起战略，推进湖南高质量发展研究""对接粤港澳大湾区综合研究""湘赣边革命老区振兴与合作发展研究""创新中国（湖南）自由贸易试验区研究"等多项省部级重大课题，研究成果获2021年中国发展研究奖一等奖。

钟　君 湖南省社会科学院（湖南省人民政府发展研究中心）党组书记、院长（主任），中国社会科学院大学教授、博士生导师，文化名家暨"四个一批"人才，享受国务院特殊津贴。2016年5月，作为科学社会主义研究的专家代表在习近平总书记主持召开的哲学社会科学工作座谈会做发言。曾担任中国社会科学院办公厅副主任、中国社会科学杂志社副总编、中国历史研究院副院长，永州市委常委、宣传部长，曾挂任内蒙古自治区党委宣传部副部长。主要研究领域为马克思主义大众化、中国特色社会主义、社会主义意识形态理论等。2006年工作以来，出版学术专著多部，在各类报刊发表论文、研究报告60余篇，先后主持省部级课题多项，多次获省部级优秀科研成果奖励。代表作有《马克思靠谱》《读懂中国优势》《中国特色社会主义政治价值研究》《社会之霾——当代中国社会风险的逻辑与现实》《公共服务蓝皮书》等，策划制作讲述马克思生平的动画片《领风者》，参与编写《习近平新时代中国特色社会主义思想学习纲要》、中组部干部学习教材。

侯喜保 湖南省社会科学院（湖南省人民政府发展研究中心）党组成员、副院长（副主任），在职研究生。历任岳阳市委政研室副主任、市政府研究室副主任、市委政研室主任，湖南省委政研室机关党委专职副书记、党群处处长，宁夏党建研究会专职秘书长（副厅级，挂职），湖南省第十一次党代会代表。主要研究领域为宏观政策、区域发展、产业经济等，先后主持"三大世界级产业集群建设研究""促进市场主体高质量发展""数字湖南建设"等重大课题研究，多篇文稿在《求是》《人民日报》《中国党政干部论坛》《红旗文稿》《中国组织人事报》《新湘评论》《湖南日报》等央省级刊物发表。

蔡建河 湖南省社会科学院（湖南省人民政府发展研究中心）二级巡视员。长期从事政策咨询研究工作，主要研究领域为宏观经济、产业经济与区域发展战略等。

摘　要

　　本书是由湖南省人民政府发展研究中心组织编写的年度性报告。全书以习近平生态文明思想为指导，围绕湖南生态文明建设，全面回顾分析了2021年的进展情况，深入探讨了2022年改革建设的思路、方向、重点难点问题及政策举措。本书包括主题报告、总报告、分报告、地区报告和专题报告五个部分。主题报告是省领导关于湖南生态文明建设的重要论述。总报告是湖南省人民政府发展研究中心课题组对2021～2022年湖南生态文明建设情况的分析和展望。分报告是湖南省相关职能部门围绕绿色发展、国土空间规划和自然资源管理、生态环境保护、绿色制造、城乡环境基础设施建设、农业面源污染治理、河湖保护与治理、生态系统保护和修复等领域开展的深度研究。地区报告是湖南省各市州及部分试点示范区推进生态文明建设的成效、经验及未来规划。专题报告是专家学者对湖南生态文明建设热点、难点问题的解读与思考。

　　关键词： 湖南　生态文明建设　绿色发展

Abstract

The book is the annual report compiled by the Development Research Center of Hunan Provincial People's Government. Following the guidance of Xi Jinping's Thought on Ecological Civilization, and focusing on Ecological Civilization Construction of Hunan Province, the book overall analyzed the progress of 2021, and discussed the orientations, ideas, focuses, difficulties and policy suggestions in 2021. The book consists of five sections, including Keynote Report, General Report, Divisional Reports, Regional Reports and Special Reports. The Keynote Report is about the important exposition of Ecological Civilization Construction by leaders of Hunan Province. The General Report is about the current situation analysis and prospect of Hunan Ecological Civilization Construction in 2021–2022 by the Development Research Center of Hunan Provincial People's Government. The Divisional Reports are about the thorough research of Hunan Province's green development, ecological restoration and green transformation of mining industry, projects and system construction of Ecological Civilization, energy conservation and consumption reduction of industry and resources recycling, urban and rural sewage treatment facilities construction, water resource conservation and water ecology protection, agriculture non-point source pollution treatment, nature protection area construction and biodiversity conservation, etc. The Regional Reports are about the achievements, experiences and future plans of Ecological Civilization Construction of cities, autonomous prefecture in Hunan and Xiangjiang new area. The Special Reports are the interpretation and thinking on hot issues and difficulties of Hunan Ecological Civilization Construction by experts and scholars.

Keywords: Hunan; Ecological Civilization Construction; Green Development

目　录 ↖

Ⅰ　主题报告

Ⅱ　总报告

Ⅲ　分报告

Ⅳ　地区报告

V 专题报告

皮书数据库阅读**使用指南**

CONTENTS ↖

I Keynote Report

II General Report

III Divisional Reports

IV Regional Reports

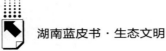

V Special Reports

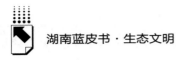

湖南蓝皮书·生态文明

主题报告
Keynote Report

B.1
深入打好污染防治攻坚战
努力建设全域美丽大花园

王一鸥*

摘　要： 2021 年，湖南省委、省政府贯彻落实习近平生态文明思想和习近平总书记对湖南重要讲话重要指示批示精神，坚持高位统筹强力推进，着力健全体制机制，压实生态环境保护责任，加强协同治理，提升治理能力，使全省生态环境保护实现"十四五"良好开局。2022 年，湖南将强力推进突出环境问题整改，深入打好污染防治攻坚战，加强重金属污染治理，加强生态修复和风险防范，提高生态环境治理现代化水平，主动服务经济高质量发展，努力建设全域美丽大花园，以优异成绩迎接党的二十大胜利召开。

关键词： 湖南　污染防治攻坚战　全域美丽大花园

---

* 王一鸥，湖南省人民政府副省长。

湖南省委、省政府深入学习贯彻习近平生态文明思想，全面贯彻落实党的十九大和十九届历次全会精神，省第十二次党代会、省"两会"精神，牢固树立绿水青山就是金山银山的理念，深入打好污染防治攻坚战，扎实抓好生态环境问题整改、生态保护修复、碳达峰碳中和等工作，厚植全面建成小康社会的绿色底色和质量成色，努力建设全域美丽大花园。

一 扛牢政治责任，强化工作措施，2021年生态环境保护工作取得明显成效

2021年是具有里程碑意义的一年。党的十九届六中全会通过《中共中央关于党的百年奋斗重大成就和历史经验的决议》，将生态文明建设作为新时代十三个方面重大成就之一进行总结概括，为持续推进生态文明建设、朝着美丽中国建设目标迈进，指明了前进方向，注入了强大动力，提供了根本遵循。湖南省委、省政府把贯彻落实习近平生态文明思想和习近平总书记对湖南重要讲话重要指示批示精神作为捍卫"两个确立"、做到"两个维护"的具体行动和生态环境保护工作的根本遵循，明确一系列务实举措，狠抓各项任务落实，生态环境保护实现"十四五"良好开局。2019年、2020年连续两年在中央污染防治攻坚战成效考核中获评优秀等次。2021年，全省147个国考断面水质优良率97.3%，排名全国第四，无劣V类水体；全省空气平均优良天数比例为91.0%，PM2.5平均浓度为35微克/米^3，各项约束性指标均达到或优于年度考核目标。

（一）生态环境保护责任进一步压实

一是高位统筹强力推进。省委、省政府主要负责同志多次主持召开省委常委会会议、省政府常务会议以及专题会议，研究部署深入打好污染防治攻坚战、推进突出生态环境问题整改等工作。省委、省政府主要负责同志亲自指挥，省委、省政府组成联合督查组，对长江经济带突出生态环境问题和中央生态环保督察反馈问题开展专项督查。省委书记张庆伟对专项督查报告作

出批示，要求对难度大的问题集中力量组织攻坚；召开省委常委会专题听取突出生态环境问题整改工作汇报，就建立健全省级环保督政体系等整改任务提出明确要求；赴岳阳、益阳、常德等地调研，要求以高度的政治责任感守护好一江碧水，加快建设长江经济带绿色发展示范区。省长毛伟明反复强调要认真贯彻落实好习近平总书记对湖南重要讲话重要指示批示精神，前往长江"四口"沿长江湖南段163千米岸线调研，考察洞庭湖生态经济区保护和建设，要求以中央交办督办问题整改为重点，切实抓好饮用水源保护、黑臭水体整治、历史遗留污染治理等重点任务，严守环境安全底线；持续谋划推进"夏季攻势"，要求保持方向不变、力度不减、标准不降，厚植绿色环境、绿色文化、绿色产业、绿色制度之美。

二是凝聚合力齐抓共管。省委、省政府连续5年发动污染防治攻坚战"夏季攻势"，将"锰三角"污染治理、洞庭湖总磷削减、砂石土矿整治等2693个治理项目纳入任务清单，采取项目化、工程化形式攻坚；省人大常委会审议通过《湖南省洞庭湖保护条例》，连续4年开展大气、水、土壤、固废污染防治法执法检查；省政协连续4年围绕湘江源头、洞庭湖水环境、长株潭绿心、长江经济带生态保护开展民主监督；省纪委监委连续3年开展"洞庭清波"专项行动，各级党委、政府和相关部门齐抓共管、倒排工期、挂图作战，共同构建大环保格局。

三是健全机制压实责任。持续开展污染防治攻坚战成效考核，纳入省管领导班子和领导干部政治建设考察、年度考核重要内容，纳入对市州党委和政府政治巡视、绩效评估指标体系，纳入省政府真抓实干督查激励重要方面。认真落实省级环保督察制度，对突出生态环境问题依法依规严肃追责问责，压紧压实各级生态环境保护"党政同责、一岗双责"责任。

（二）生态环境协同治理进一步加强

一是突出问题整改强力推进。加快还欠账，强力补短板，坚决整改突出生态环境问题。截至2021年底，2017年中央环保督察反馈问题76个，完成整改70个；2018年中央生态环保督察"回头看"反馈问题41个，完成整改 34 个；第二轮中央生态环保督察反馈问题 56 个，完成整改 13 个；2018~2022 年长江经济带警示片披露问题 56 个，完成整改 53 个，各项任务有力、有序推进。全年建成乡镇污水处理设施 280 座，启动提标改造城市污水处理厂 18 座，新建（改造）城市排水管网 1740 千米，停运垃圾填埋场 26 座，新建垃圾焚烧发电项目 20 个、餐厨垃圾处理设施 5 个，城乡生活污水、生活垃圾处置水平明显提升，一批尾矿库、矿涌水、石煤矿区污染等历史遗留问题治理成效明显，一批港口码头、垃圾填埋场环境问题有效解决。

二是流域综合治理纵深推进。推进洞庭湖总磷污染控制和削减，湖体总磷浓度基本稳定，西洞庭湖总磷浓度 0.048 毫克/升，达到Ⅲ类水质。江豚和麋鹿等重点保护野生动物数量持续增长，洞庭湖生态环境逐步恢复。湘江保护和治理第三个"三年行动计划"圆满收官，8 方面目标和 36 项任务基本完成。巩固深化湘江、资江流域污染治理成果，对锡矿山等重点区域的遗留矿洞、矿山堆场、污染地块进行全面排查、系统治理，有效确保群众饮水安全。统筹推进山水林田湖草沙一体化保护修复，加强港口码头污染治理，落实长江"十年禁渔"，推进尾矿库治理，建成国家级绿色矿山 65 座，打造示范型省级生态廊道，加强湿地保护，全省森林覆盖率达 59.97%，湿地保护率达 70.54%。

三是环境风险管控系统推进。推进全省危险废物大调查、大排查、大整治专项行动，开展涉镉等重金属污染源排查整治，对发现的问题组织全面整改。完成全省 285 家涉铊企业、13 个涉铊园区专项整治任务。大力推进花垣县"锰三角"矿业污染综合整治，推动娄底、衡阳等地遗留砷碱渣、铍渣利用处置，持续推进问题整改。出台危险废物经营管理规定，进一步规范危险废物经营行为。完善固体废物监管平台，提高监管信息化能力。完成两轮全省耕地土壤与农产品重金属污染加密调查，实现耕地重金属污染调查全覆盖、土壤与农产品分析评价"一对一"。严格建设用地污染地块准入，更新风险管控和修复名录，推动污染地块空间信息与国土空间规划"一张图"管理。

四是绿色低碳发展深入推进。以减污降碳、协同增效为总抓手，强化"三线一单"（生态保护红线、环境质量底线、资源利用上线和生态环境准入清单）管控措施硬约束，遏制"两高"项目盲目上马，完成 38 家沿江化工企业搬迁改造，加快推进产业结构、能源结构、交通运输结构转型。推进长株潭绿心中央公园建设，打造彰显湖湘特色的长株潭中央客厅。实施产业园区环保信用评价，全面推行园区第三方治理，将园区环保工作纳入"五好"园区评价体系，新增25家国家绿色工厂、3家国家绿色工业园区。17个县市区创建为国家生态文明示范区、4个县市区创建为国家"两山"理论实践创新基地，岳阳市获批长江经济带绿色发展示范区，郴州市获批国家可持续发展议程创新示范区，湖南获批全国绿色建造试点省、获评全国科学绿化示范省。

（三）生态环境治理能力进一步提升

一是制度设计进一步完善。出台"3+3"制度文件，省委、省政府印发《湖南省生态环境保护工作责任规定》《湖南省重大生态环境问题（事件）责任追究办法》《湖南省生态环境保护督察工作实施办法》，出台约谈、挂牌督办、区域限批三项重要制度；制定《湖南省"十四五"生态环境保护规划》及12个子规划等。

二是监测能力进一步提升。构建监测现代化"1+N"制度体系，以省委、省政府办公厅名义联合印发《关于深化生态环境监测改革推进生态环境监测现代化的实施意见》，实施监测能力提升项目，建成环保督察信息管理平台、电力环保智慧监管平台等，实现污染源自动监控、环境质量监控、电力监控、视频监控"四合一"。

三是执法监管进一步加强。构建企业污染治理主体责任"1+N"制度体系，出台压实园区企业污染防治主体责任相关文件，制定执法事项清单和执法正面清单，建立执法联动机制，制定出台《湖南省生态环境损害调查办法》等6项管理制度。2021年，全省共查处环境违法案件2793件，处罚金额2.1586亿元；全年启动生态损害赔偿案件989件，企业污染防治主体责任进一步压紧压实。

二　保持战略定力，做到学思用贯通、知信行统一，忠诚践行习近平生态文明思想

新年伊始，习近平总书记在出席参加多个重要活动和会议时，一以贯之地

强调要加强生态文明建设和生态环境保护。从 2022 年新年献词中强调"人不负青山，青山定不负人"，到党的十九届中央纪委六次全会上提出"集中纠治教育医疗、养老社保、生态环保、安全生产、食品药品安全等领域群众反映强烈的突出问题，让群众从一个个具体问题的解决中切实感受到公平正义"；从 2022 年世界经济论坛视频会议上强调"全力以赴推进生态文明建设，全力以赴加强污染防治，全力以赴改善人民生产生活环境"，到中共中央政治局第三十六次集体学习对推进碳达峰碳中和工作进行再部署，习近平总书记的一系列重要讲话、指示批示，充分体现了在新形势下党中央加强生态文明建设和生态环境保护的战略定力和坚定决心。全省上下要认真学习贯彻习近平总书记重要讲话精神，持续深学笃行习近平生态文明思想，在学思用贯通、知信行统一上下功夫，推动党中央、省委省政府关于生态环境保护的各项决策部署落地见效。

（一）学懂弄通习近平生态文明思想，做习近平生态文明思想的坚定信仰者

习近平生态文明思想深刻回答了为什么建设生态文明、建设什么样的生态文明、怎样建设生态文明等重大理论和实践问题，是新时代建设社会主义生态文明的强大思想武器。我们要在深学细研上下功夫，准确把握习近平生态文明思想的重大意义、丰富内涵、精髓要义和实践要求，掌握贯穿其中的马克思主义立场、观点、方法，在学思用贯通、知信行统一中提高站位，做到思想上认同、政治上看齐、行动上紧跟。

（二）坚定不移推进生态文明建设，做习近平生态文明思想的忠实践行者

习近平总书记对湖南生态文明建设高度关注，要求湖南"把生态系统的一山一水、一草一木保护好"，"守护好一江碧水"，"在生态文明建设上展现新作为，在推动中部地区崛起和长江经济带发展中彰显新担当"。我们要始终心怀"国之大者"，保持生态文明建设战略定力，努力实现青山常在、绿水长流、空气常新。

（三）笃行不怠建设美丽湖南，做习近平生态文明思想的不懈奋斗者

省第十二次党代会擘画了"到 2035 年，基本建成富强、民主、文明、和谐、美丽的社会主义现代化新湖南"宏伟蓝图。"美丽"作为我省社会主义现代化建设的奋斗目标，既是新时代生态文明建设的总体目标，也是指导"十四五"及更长时期生态环境保护工作的"历史坐标"。我们要切实把思想和行动统一到中央和省委决策部署上来，从党的百年奋斗历程中汲取智慧和力量，奋力抒写生态文明建设新篇章，为建设社会主义现代化新湖南夯实绿色根基。

三　坚持系统观念，主动服务和融入新发展格局，以生态环境高水平保护推动高质量发展

加强前瞻性思考、全局性谋划、战略性布局、整体性推进是坚持系统观念的重要内涵，揭示了处理好当下与未来、全局与局部、战略与战术等重大关系的重要意义。这为新发展阶段如何坚持和运用系统观念指明了基本方法、重点领域、关键环节。我们要持续深学笃行习近平生态文明思想，自觉把生态环境保护放在经济社会发展大局中考量，统筹协调好发展经济、保障民生和保护环境的关系。

（一）加强新发展阶段生态环境保护工作的前瞻性思考

"凡事预则立，不预则废"，这是传承千年的民族智慧，也是我们党治国理政的宝贵经验。在不同发展阶段，在不同产业结构下，生态环境问题的类型和程度都不相同。我们既要"埋头赶路"，又要"抬头看天"，学会带着"望远镜"谋划推动发展。我们要锚定"生态环境根本好转"的 2035 年生态文明建设远景目标进行前瞻性思考，优化能源、产业、交通、用地结构，推进科技创新，才可以抓住生态文明建设的主动权，满足人民群众不断增长的对优美生态产品和生态服务的需求。

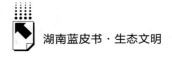

（二）加强新发展阶段生态环境保护工作的全局性谋划

生态文明建设是关乎人民福祉、关乎民族未来的千年大计。要看到它是中国特色社会主义"五位一体"总体布局中的一体，必须将生态文明建设融入经济建设、政治建设、文化建设、社会建设中去。要看到生态环境问题不仅是经济问题，还是民生问题、政治问题、文明问题、外交问题，良好的生态环境是经济社会发展的支撑点、人民幸福生活的增长点、良好国际形象的发力点。要看到良好的生态环境不仅不是经济社会发展的负担和包袱，还是可以变成金山银山的财富。要看到"美丽"是社会主义现代化国家的五个基本特征中的一个、五个新发展理念中的一个。在新发展阶段建设生态文明，要在这些大局中进行定性、谋划。否则，我们将无法认识生态文明建设的重大战略意义而陷于狭隘的事务主义或者本位主义。

（三）加强新发展阶段生态环境保护工作的战略性布局

在新发展阶段推进生态环境保护工作，必须对制约湖南生态文明建设成效的各种手段进行优化重组，对支撑生态文明建设的各种有限资源进行战略性布局。切实转变和优化全省能源结构，提高清洁能源在能源消费中所占比重，实现能源利用方式的高效、安全、经济、绿色转型；切实转变发展方式、优化经济结构、转换发展动能，发展资源消耗少、环境污染小、经济效益高的绿色产业；切实凝聚全社会建设生态文明的磅礴之势，形成各得其所、各司其职的现代环境治理体系。

（四）加强新发展阶段生态环境保护工作的整体性推进

建设生态文明，要充分发挥各种要素的功能效果。要着力构建以生态价值观念为准则的生态文化体系，以产业生态化和生态产业化为主体的生态经济体系，以改善生态环境质量为核心的目标责任体系，以治理体系和治理能力现代化为保障的生态文明制度体系，以生态系统良性循环和环境风险有效防控为重点的生态安全体系。只有将这 5 个体系建设好，各种生态文明要素才会形成整体合力，生态文明系统建设才会取得最佳效果。

四　坚持稳中求进，深入打好污染防治攻坚战，在生态文明建设上展现新作为

2022 年是党的二十大召开之年。省第十二次党代会报告明确提出，"建设全域美丽大花园，让绿色成为最亮丽的底色"。各级、各部门要全面学习贯彻省第十二次党代会精神，落实 2022 年 4 月 26 日湖南省生态环境保护委员会暨湖南省督察和整改工作领导小组全体会议工作要求，坚持"稳字当头、稳中求进"工作基调，落实 2022 年"守底线、保民生、促发展"工作原则，守好环境质量、疫情防控、环境安全三条底线，深入打好污染防治攻坚战，集中力量攻克老百姓身边的突出生态环境问题，推动污染防治在重点区域、重要领域、关键指标上实现新突破，做到有利于改善生态环境质量，有利于促进经济高质量发展，有利于促进社会和谐稳定。

（一）强力推进突出环境问题整改

推进中央生态环保督察反馈问题、长江经济带警示片披露问题、省级生态环保督察及专项督查等问题整改，对一些整改任务超期未完成、整改不够彻底留有隐患的问题，坚决做到"五个不放过"，确保完成整改任务。组织开展第二轮省级生态环境保护督察，探索开展省属国有企业督察试点。继续聚焦群众关心关注的突出生态环境问题，拍摄好 2022 年度湖南省生态环境警示片。

（二）深入打好污染防治攻坚战

认真分析和识别影响生态环境质量的主要矛盾和矛盾的主要方面，突出抓好枯水期、特护期等重点时段，洞庭湖、长株潭及传输通道城市等重点区域，洞庭湖总磷、湘江流域铊、资江流域锑等重点问题，打好 8 大标志性战

役。加强长株潭及传输通道城市大气污染联防联控，实施空气质量达标行动。深入推进湘江、洞庭湖保护和治理，巩固提升湘江流域重金属污染治理成效，实施洞庭湖总磷削减攻坚行动，深入打好长江保护修复攻坚战。开展耕地土壤污染成因排查和分析，推进农村黑臭水体与生活污水综合治理。

（三）加强重金属污染治理

系统开展花垣县"锰三角"治理，加快出台矿业污染综合整治规划和实施方案。巩固提升湘江重金属污染治理成效，深化五大重点区域综合整治。开展资江流域锑污染综合整治，开展涉锑企业污染深度治理，推进矿区遗留污染治理。深入实施农用地土壤镉等重金属污染源头防治行动。持续推进危险废物专项整治三年行动、危险废物大排查大整治专项行动。持续加强矿涌水和尾矿库污染治理。

（四）加强生态修复和风险防范

加强"一江一湖三山四水"重要生态功能区域保护，统筹推进山水林田湖草沙系统保护修复，持续开展"绿盾"专项行动，加强生物多样性保护，继续推进国家、省级生态文明示范区创建和"两山"基地创建，严守生态红线。精准有效做好常态化疫情防控相关环保工作，严格落实"两个100%"要求，及时有效收集和处理处置医疗废物、医疗污水。紧盯"一废一库一品"等高风险领域，加大隐患排查整治，保障核技术利用单位辐射环境安全。

（五）提高生态环境治理现代化水平

强化国土空间规划和用途管控，科学划定"三条控制线"。推动出台环境保护地方标准，完善落实生态环境补偿和资源有偿使用等制度，探索健全生态产品价值实现机制。做实河、湖、林长制，落实生态环境保护工作责任规定和生态损害赔偿制度，压实生态环境治理各方责任。推进生态环境监测、执法、督察、应急能力建设，着力提升生态环境治理能力现代化、智慧化水平。推进城乡环境基础设施补短板行动。

（六）主动服务经济高质量发展

认真落实省委、省政府《关于创建"五好"园区推动新发展阶段园区高质量发展的指导意见》，以及省政府《关于优化营商环境促进市场主体高质量发展的意见》《深入开展新增规模以上工业企业行动实施方案》《大力推进产业发展"万千百"工程实施方案》《湖南省企业上市"金芙蓉"跃升行动计划》等重要文件精神，全力以赴狠抓落实、推动落地。要做好重大项目环评服务，在确保合法合规的前提下提高审批效率，提出严格环保要求，尽快形成合法产能；发挥环保投资对经济的拉动作用，全面推进清洁生产，积极培育和发展环保产业；加强监督帮扶，充分运用先进技术手段，精准指导地方开展污染治理工作，以生态环境高水平保护促进经济社会高质量发展。

人不负青山，青山定不负人。让我们以习近平新时代中国特色社会主义思想为指导，大力践行习近平生态文明思想，坚定不移走生态优先、绿色发展之路，深入打好污染防治攻坚战，努力建设全域美丽大花园，以优异成绩迎接党的二十大胜利召开。

总报告

General Report

B.2

2021~2022年湖南生态文明建设情况与展望

湖南省人民政府发展研究中心课题组*

摘　要： 2021年，湖南省委、省政府以习近平新时代中国特色社会主义思想为指导，完整、准确、全面贯彻新发展理念，以打好污染防治攻坚战和抓好突出生态环境问题整改为重点，生态环境质量持续好转，生态系统整体功能逐步提升，绿色发展水平跃上新台阶。2022年是"十四五"规划的关键之年，湖南将以减污为目标、深入打好污染防治攻坚战，以降碳为核心、加快推进绿色低碳循环发展，以扩绿为抓手、提升生态系统整体功能，向改革要动力、完善生态环境治理体系。

关键词： 生态文明　绿色发展　污染防治　生态修复

---

* 课题组组长：谈文胜，湖南省人民政府发展研究中心原党组书记、主任；课题组副组长：侯喜保，湖南省人民政府发展研究中心副主任；课题组成员：唐文玉、罗会逸、龙花兰、周亚兰。

2021年，湖南省委、省政府坚持以习近平生态文明思想为遵循，紧紧围绕"三高四新"战略定位和使命任务，以污染防治攻坚战为抓手，以环境质量改善为主线，生态文明建设工作取得了积极成效。2022年，湖南将围绕建设"全域美丽大花园"目标，统筹生态环保和经济高质量发展，深入打好污染防治攻坚战，实现生态环境风险进一步化解、生态环境质量进一步改善、生态环境治理能力进一步增强，以优异成绩迎接党的二十大胜利召开。

一　2021年湖南生态文明建设总体情况

1.生态环境质量持续改善

一是打好污染防治攻坚战。蓝天保卫战方面，完成333个挥发性有机物污染治理项目和验收销号、101个工业炉窑污染治理、15个钢铁超低改造项目。碧水保卫战方面，湘江保护和治理第3个"三年行动计划"圆满收官，8方面目标和36项任务基本完成；编制《洞庭湖总磷污染控制和削减攻坚行动计划（2022~2025）》，扎实推进135个治理项目；饮用水安全得到进一步保障，划定集中式饮用水水源保护区4735处，完成666个乡镇级千人以上饮用水水源地环境问题整治。净土保卫战方面，完成受污染耕地安全利用面积897.54万亩，严格管控面积60.76万亩。持续发起污染防治攻坚战"夏季攻势"，11个方面2693项污染防治任务全部完成。推进园区污染治理，印发《关于压实园区企业污染防治主体责任的通知》，从法律法规层面对企业污染防治责任进行全面梳理，形成园区企业污染防治责任清单；在93个国家级产业园区、有色和化工产业定位的省级园区、位于湘江流域和洞庭湖流域省级园区推行第三方治理；2021年7月底，全省143个产业园区实现首轮规划环评"全覆盖"。连续两年在国家污染防治攻坚战考核中获评优秀。

二是有效化解生态环境风险。制定《规范危险废物经营管理的若干规定（试行）》，开展危险废物大排查、大整治和危险废物专项整治三年行动。工业园区、尾矿库、垃圾填埋场环境污染问题得到有效整治，环境风险进一步降低。医疗废物、医疗污水及时有效收集和处置100%落实，全省累计处置医疗废物5.8万吨。与广东、广西等相邻6省区签订跨省流域上下游突发水污染事件联防联控协议,流域性突发环境事件联防联控机制进一步健全。完成省生态环境监控平台升级改造,全面加强对重点污染源和环境质量的监管监控、对超标情况的预警预报及对异常数据的及时发现处理。

三是人民群众生态环境幸福感进一步增强。空气环境质量持续好转,2021年,全省空气质量优良天数比例为91%,6个市州环境空气质量达到国家二级标准,湘西州和21个县市区PM2.5低于25微克/米^3;全省市级城市平均空气质量连续两年达到国家二级标准。水环境质量持续提升,2021年,全省地表水水质总体为优,147个国控断面水质优良比例达97.3%,国考断面全部消除劣Ⅴ类;永州、张家界、怀化三市地表水环境质量排名进入全国前30;西洞庭湖突破性地达到Ⅲ类水质。土壤环境质量安全可控,完成长株潭重金属污染耕地种植结构调整及休耕治理、重点行业企业用地基础调查、试点地区耕地土壤重金属污染成因排查与分析试点等工作,推动污染地块空间信息与国土空间规划"一张图"管理。

2.突出生态环境问题整改深入推进

一是督察整改机制更加健全。建立健全环保督政体系,出台了生态环保督察实施办法,充分发挥督察"利剑"作用,将地方党委政府、省直有关部门、有关省属企业纳入督察对象,实行例行督查和"回头看"、专项督查、日常督查。率先制定长江经济带突出生态环境问题行业销号标准,在全国率先建立生态环境问题整改销号的"湖南模式",益阳宏安矿业整改经验做法被中央环保督察办推介。首次制作湖南生态环境警示片。

二是突出生态环境问题加快整改。截至2021年底,中央生态环保督察和长江经济带生态环境警示片共披露湖南229个问题,完成整改(销号)176个,圆满完成中央环保督察及长江经济带警示片指出问题年度整改任务。近年来,完成了长江岸线违规建设项目、洞庭湖非法采砂、欧美黑杨、张家界小水电、长株潭绿心违规开发等一批顽瘴痼疾的整治;长株潭"绿心"环境问题整治、下塞湖矮围治理入选中央督察办"督察整改看成效"典型案例汇编;岳阳长江岸线和码头整治问题整改在2021年长江经济带生态环境警示片中作为整改成效典型给予充分肯定。

3. 生态保护和修复成效显著

一是着力推动生态保护修复。推进"一江一湖"深度治理和山水林田湖草生态修复试点；截至 2021 年底，全省完成营造林 1169.74 万亩，森林覆盖率达 59.97%，木材蓄积量达 6.41 亿立方米，湿地保护率为 70.54%。加强长株潭生态绿心保护，进一步优化绿心地区建设项目准入办理流程，严格项目审查，对不符合绿心禁限开区要求的项目不予准入；规划绿心中央公园，开展总体城市设计方案国际竞赛，完成奥体中心、花博园等省级重大项目规划选址。推进自然保护地生态环境监管，"绿盾 2021"下发的 1445 个遥感监测问题线索已全部完成现场核查。公布湖南省省级以上公益林生态服务功能的最新测评成果；截至 2020 年底，全省省级以上公益林面积达到 7400 余万亩，生态系统服务功能总价值量约 5419 亿元。

二是生物多样性保护得到加强。全省 54 个国家重点生态功能区生态环境总体保持稳定。洞庭湖长江江豚分布范围不断扩大，数量达到 120 多头；洞庭湖麋鹿达 210 余只，成为我国目前最大的自然野化种群。在 2022 年 1 月开展的洞庭湖区域越冬水鸟调查中，洞庭湖区域调查到 74 种水鸟共 40.4 万只，所记录的水鸟种数和数量均刷新了历史纪录，国内最大数量的黑鹳种群也出现在洞庭湖畔。围绕联合国《生物多样性公约》第十五次缔约方大会（COP15）第一阶段会议召开，以宣传片、线上展览、新闻发布等多种形式，营造"人人关注、人人参与"生物多样性保护的良好氛围。

三是生态文明创建成果丰硕。全省新增 6 个县（市、区）获国家生态文明建设示范区称号，2 个地区获"绿水青山就是金山银山"实践创新基地称号。截至 2021 年底，全省共有 17 个国家生态文明建设示范区、4 个"绿水青山就是金山银山"实践创新基地，创建国家园林城市（县城）16 个、省级园林城市（县城）40 个。

4. 绿色发展水平逐步提升

一是加快发展绿色农业。发展绿色种植业，集成推广 5 种典型绿色高质高效技术模式。开展化肥使用量零增长行动，以测土配方施肥、有机肥替代化肥、调优施肥结构、改进施肥方式等多种措施，持续推进化肥减量增效。推进绿色防控，2021年全省分作物、分层级创建省级绿色防控示范区192个，重点推广农业防治、理化诱控、生物防治、生态调控和科学用药等措施，集成展示病虫绿色防控产品、技术模式和推广应用机制。以饲料化与肥料化利用为重点，推进秸秆综合利用工作，2021年全省秸秆综合利用率超过89%；在全国秸秆还田生态效应监测年度总结交流会上，湖南省作为五省之一做了秸秆还田典型发言。以畜禽粪污肥料化和能源化利用为方向，以落实地方人民政府属地管理责任、养殖场户主体责任为抓手，完善畜禽养殖污染监管制度；2021年，湖南省畜禽粪污资源化利用率为85%以上，规模养殖场粪污处理设施装备配套率为99.97%。

二是全面构建绿色工业体系。推进绿色低碳发展，开展全省煤炭消费普查，初步形成煤炭消费数据库；制定减煤降碳攻坚行动方案，通过对标行业能效标杆水平，实施技术改造、产能整合和能源替代等措施。严格落实能耗双控工作机制，出台《湖南省节能监察办法》，对900余家涉煤行业企业开展书面监察；完成湖南省重点用能单位能耗在线监测系统建设并试运行；开展节能宣传周活动，举办2021年亚太绿色低碳技术论坛、2021湖南国际绿色发展博览会。推进资源循环利用试点示范建设，汨罗高新区绿色产业示范基地建设方案报国家审定，常宁水口山循环化改造示范基地和娄底、株洲餐厨废弃物资源化利用和无害化处理试点通过验收；1家园区、3家企业获批国家大宗固废示范基地和骨干企业。开展绿色矿山建设行动，近年来，完成矿山生态修复总面积9795公顷，建成国家级绿色矿山65座；出台《湖南省探索利用市场化方式推进历史遗留矿山生态修复实施办法》，鼓励和支持社会资本参与历史遗留矿山生态修复项目投资、设计、实施、管护等全过程，标志着湖南省开启市场化运作、科学化治理的矿山生态修复新模式。

三是绿色发展理念深入人心。围绕"倡导绿色出行、促进生态文明"主题，开展绿色出行公益宣传、公交出行宣传周、交通运输新业态服务等活动，营造绿色出行氛围；湖南绿色公交占比位居全国第一，长沙、株洲获国家"公交都市"称号。运输结构加快调整，岳阳市多式联运示范工程获交通运输部验收通过，长沙市成功创建"绿色货运配送城市"；率先在长江经济带省份中完成全部278艘船舶受电设施改造，综合排名第一。发布《湖南省绿色建筑发展条例》，大力推进装配式建筑、超低能耗建筑、精装房建筑、第四代建筑、星级绿色建筑等发展，提升全社会对绿色建筑理念的认识。

5.体制机制不断完善

一是落实"四严四基"要求。2019年开始实施生态环境保护工作"严督察、严执法、严审批、严监控，构建基本格局、夯实基础工作、强化基础数据、提升基本能力"（简称"四严四基"）行动；三年来，完成148项具体任务，探索21项制度创新，现代环境治理能力显著提升，形成了覆盖全省生态环境数据的"一张网"、纵贯全省生态环境业务的"一条线"、动态反映全省生态环境变化的"一幅图"。

二是优化生态环境综合执法机制。明确执法事项由市、县两级生态环境执法队伍承担，减少执法层级；全省109个市、县（市级14个、县级95个）综合行政执法机构基本完成挂牌。印发《优化生态环境执法方式提高执法效能实施方案》《生态环境监督执法正面清单管理办法》，制定《湖南省生态环境执法廉政规定》《关于推行生态环境违法行为举报奖励制度的实施意见》，为不断严格执法责任、优化执法方式、规范执法行为、健全执法体系提供制度保障。开展以打击危险废物环境违法犯罪和重点排污单位自动监测数据弄虚作假违法犯罪为重点的专项行动，全年共查处违法案件2793件，罚款2.1586亿元。

三是完善排污权交易市场机制。《排污许可管理条例》是全面落实精准治污、科学治污、依法治污的重要保障，自2021年3月全面实施以来，截至2021年底，全省共计100892家排污单位纳入排污许可管理，其中，核发排污许可证11661家。开展排污许可质量核查，2021年对全省12个大行业20个小行业共3866个排污许可证开展质量核查，占全省发证数量的33.2%。常德市开展全国排污许可与环境影响评价制度衔接试点，长沙市、衡阳市和湘西州开展省级排污许可制度衔接试点。全省143家省级及以上产业园区全部纳入环保信用评价范围；截至2021年底，启动生态环境损害赔

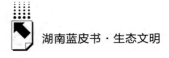

偿案件989件，涉及赔偿金额近2亿元。

四是建立并推行林长制。健全林长制考核指标体系，开展督察考核，夯实"一长三员"网格化管护体系，不断完善党政同责、属地负责、部门协同、全域覆盖的长效机制。开展常态化巡林，建设林长制智慧管理平台，发挥乡镇林长办作用，着力提升林业监管水平。

二 湖南生态文明建设中存在的主要问题和困难

1. 思想认识仍然存在偏差

一些地方和部门对习近平总书记强调的长江大保护等重大国家战略，思想认识仍存在偏差，未深刻领会发展与保护的辩证统一关系，新发展理念树得还不牢，有的说起来重视环保，但对于"两高"项目仍冲动上马；有的还是重显绩、轻潜绩，对地下管网等"里子"工程建设的紧迫感不够。一些地方和部门没有真正把督察整改作为重要政治任务来推进，有的进展滞后，有的标准不高，有的销号把关不严。一些地方和部门工作中存在畏难情绪和"等靠要"思想，将一些问题片面归咎于历史、技术、财力等客观因素，导致问题久拖不决。

2. 生态环境质量持续改善压力较大

大气环境质量方面，2021年长株潭地区空气环境质量改善幅度有限，PM2.5浓度高出全省平均值20%，个别市州空气质量不进反退。水环境质量方面，部分河流断面水质不稳定，147个国考断面优良率要稳定保持97.3%的压力较大；部分地区治标不治本，黑臭水体返黑返臭的风险较高；洞庭湖季节性干旱、断流式缺水问题凸显，调蓄能力减弱，总磷浓度下降难度大。土壤环境质量方面，小规模种养殖业普遍存在、民众环保意识淡薄等导致农业面源污染治理任重道远。生态建设方面，生态资源不缺绿量缺绿质，固碳能力有待提升；湖南森林覆盖率已接近极限，但亩均木材蓄积量为4.34立方米、远低于全国平均水平，碳汇能力只达到碳达峰碳中和要求的一半左右。

3.矿山生态保护和修复任务艰巨

湖南是有色金属之乡，采矿历史悠久，全省废弃矿山、尾矿库等点多面广，历史遗留问题多，整改任务艰巨。根据第二轮中央生态环保督察结果，全省各类废弃矿山达6950座，矿山生态环境恢复率不到45%；部分矿区淋溶水、矿涌水直排，仍在继续破坏当地生态环境；部分尾矿库未闭库，安全隐患较突出。涉重废渣治理进展迟缓，如"锰三角"痼疾整治难度大，锰渣综合利用技术不成熟，花垣县仍堆存大量锰渣；又如娄底锡矿山砷碱渣的处理，还未找到经济可行的技术工艺，全省数十万吨历史遗留及每年新产生的数千吨废渣未得到有效处置。矿山开发生态环境问题也不容忽视，湖南矿山分布广、数量多、规模小，采矿工艺粗放，部分在产矿山未严格落实"边开采、边治理"要求，存在越界开采、侵占林地、超规模开采等问题。

4.环境基础设施建设存在短板

城镇生活垃圾处理能力还存在较大缺口，部分村镇生活垃圾就地掩埋、焚烧，造成二次污染。全省95座垃圾填埋场，31座超设计能力填埋，占比达32.6%，部分垃圾填埋场渗滤液处理能力不足，存在渗漏、直排现象，如有的填埋场渗滤液经雨水渠排放至下游农田，环境隐患突出。由于规划选址不科学，存在邻避效应，"十三五"期间垃圾焚烧发电项目建设严重滞后。污水管网建设短板明显，雨污合流管网在排污管网中占比仍较高，截至2021年底，全省排水管网3.72万公里，其中合流制管网0.84万公里、占比22.6%；部分城市、园区污水处理厂进水COD（化学需氧量）浓度达不到设计标准，影响污水处理效果；截至2021年底，县级市生活污水集中收集率仅为38.71%，部分乡镇污水处理设施重建设轻运营。排水管网错接、破损等问题突出，部分城市沿江沿河的排渍泵站，仍然存在混排生活污水现象。

5.要素保障能力有待加强

统筹能力有待加强，对于一些重大问题和重要项目，统筹整合部门力量、项目资金的力度不够，部门间协作机制不完善，对市州、县市区指导帮扶不足。资金严重匮乏，虽然生态环保市场体系建设取得了一定成效，成功撬动了一部分社会资本参与环境治理，但相较于生态修复、污染治理、基础设施建设所需的巨量资金，无异于杯水车薪，目前资金投入仍以政府财政为主，在当前经济面临三重压力和基层政府债务包袱较重的背景下，如何填补资金缺口是个难题。队伍建设有待加强，基层高技能人才数量不足，执法能力有待提升，执法装备比较落后，无人机监测、遥感监测等先进技术应用不够，导致不能及时发现相对隐蔽的环境违法行为。科技支撑能力不够，信息化水平不高，监测网络体系有待全面构建，离空天地一体化生态环境监测网络的要求还有较大差距；重金属废渣废液的资源化无害化利用技术亟待攻关。

三 2022年湖南推动生态文明建设的政策建议

1.以减污为目标，深入打好污染防治攻坚战

一是推动大气污染整治。推进钢铁、石化、水泥、有色等重点行业 NO_x（氮氧化物）和 VOC_x（挥发性有机化合物）超低排放改造和深度治理。加大餐饮油烟污染治理力度，推进县级以上城市餐饮油烟治理全覆盖。强化车船油路港联合防控。制定 PM2.5 和臭氧协同控制持续改善空气质量行动计划，推动城市 PM2.5 浓度持续下降，遏制臭氧浓度增长趋势。加强长株潭地区及大气污染传输通道城市预警预报、监测执法、应急启动、信息共享等联动体系建设。积极应对重污染天气，加强重污染天气应急响应，完善重污染天气应急预案，细化应急减排措施，实施应急减排清单化管理。

二是推动水污染整治。继续开展"一湖四水"水环境综合整治，加强大通湖、舂陵水等不达标水域专项整治，对水质不稳定达标水域定期开展监测。实施洞庭湖总磷控制与削减行动，加强工业、农业、生活污染治理，持续降低环湖区域及入湖流域总磷污染物排放总量。实施洞庭湖生态疏浚工程，提升洞庭湖水环境容量和生态系统质量。建立饮用水信息管理平台；推进"千人以上"饮用水水源地问题整治；加强水源保护区环境管理，完成保护区环境现状调查评估，适时识别新出现的环境问题，维护饮用水水源水

质安全。全面加强入河排污口排查整治与监管，建立入河排污口名录，初步建成统一的流域排污口信息管理系统。加强港口、码头污染防治，对环保不达标的码头实施污染防治设施升级改造，推动绿色港口、绿色码头建设。

三是推动土壤污染整治。加强农业面源污染治理，扎实开展化肥农药减量增效行动，在"一湖四水"沿线主要产粮区开展绿色种养循环农业试点、绿色防控示范；加强规模以下畜禽养殖监管，鼓励养殖户全量收集和利用畜禽粪污，以洞庭湖区为重点开展水产养殖尾水污染整治。出台湖南省"十四五"重金属污染防治专项规划。开展废弃矿山核查，加强绿色矿山建设。组织技术攻关，因地制宜推进矿涌水、淋溶水污染治理；在郴州有色金属矿区等区域开展矿涌水治理管控试点示范。实行新建和生产矿山生态保护修复年度验收制度。加强尾矿库风险防范和监管，拟闭库的推进闭库治理和生态修复，已闭库的定期开展隐患排查和环境监测。开展耕地土壤污染成因排查和分析，推进受污染耕地安全利用和严格管控，严格污染地块再开发利用准入管理。

四是补齐环境基础设施建设短板。实现农村生活垃圾收转运设施基本覆盖并稳定运行，优先推进城郊村庄垃圾分类，确保有害垃圾和厨余垃圾单独投放；完善运营和管护机制，探索建立污水处理农户付费制度、农村垃圾处理收费制度。完善城市污水管网建设，基本建成排水管网 GIS 系统（地理信息系统），对管网实行数字化、账册化管理，摸清排水管网底数；新建管网严格实行雨污分流，老旧城区加快推进雨污分流改造；改造老旧破损管网及检查井，解决管网错接、漏损问题。制定"一厂一策"方案解决进水COD 浓度低的问题。加强垃圾填埋场特别是渗滤液治理，加快推进垃圾焚烧发电设施建设。推动工业园区污水处理设施升级改造，基本实现园区污水管网全覆盖、污水全收集、污水处理设施稳定达标运行。

五是持续推进突出环境问题整改。抓好中央领导批示指示和中办、国办交办的生态环境问题以及中央生态环境保护督察、长江经济带生态环境警示片等交办问题整改，推动解决农业面源污染、生活污水和垃圾处理、重金属污染、矿山生态破坏等重点区域、重点领域突出环境问题，对整改情况组织

"回头看"，巩固整改成效。落实《湖南省生态环境保护督察工作实施办法》，开展例行督察、督察"回头看"、专项督查、日常督察；拓展督察领域，将应对气候变化、生物多样性保护等重大决策部署落实情况纳入督察范畴；严格整改销号标准，确保整改销号质量。

2. 以降碳为核心，加快推进绿色低碳循环发展

一是实施碳排放达峰行动。构建碳达峰碳中和"1+1+N"政策体系，制定"碳达峰碳中和实施意见""2030年前碳达峰行动方案"，制定"能源、工业、交通、建筑等重点领域和钢铁、建材、有色、化工、石化、电力等重点行业实施方案"，推进全省各市州达峰方案编制。鼓励大型企业制定达峰行动方案、实施减污降碳示范工程。出台财税、金融、投资等支持碳达峰、碳中和的政策措施，支持节能增效、减污降碳等重大项目和试点示范建设。加强碳排放统计核算、标准计量、节能监察等基础能力建设。主动应对气候变化，科学编制应对气候变化专项规划，统筹谋划有利于推动经济、能源、产业等绿色低碳发展的重点工程，实施二氧化碳排放强度和总量"双控"。推广湘潭气候投融资试点经验，积极参与全国碳市场建设。

二是积极推进结构调整。推动产业结构绿色转型，遏制"两高"项目盲目发展，严禁未经批准新增煤炭、钢铁、水泥、电解铝、平板玻璃等行业产能；加快绿色制造体系建设，继续推进强制性清洁生产审核，推动重点产业集群提升改造，提升绿色化发展水平，探索园区和企业集群清洁生产试点。推动能源结构持续优化，推进燃煤机组升级改造，提升煤炭清洁化利用率；推进"气化湖南工程"，推进"宁电入湘"工程建设，加大省外优质能源引入力度；推进以风电、光伏发电为主的新能源发展，探索发展氢能、地热、生物质等清洁能源。推动运输结构持续优化，补齐铁路专用线短板，提升航道等级，推进大宗货物中长距离运输"公转铁、公转水"，加快发展多式联运；加大充电桩等基础设施建设力度，加速新能源汽车的推广。推动资源高效循环利用，健全处置城市废弃物的市场化收费机制，建立"互联网+回收"废旧资源回收模式，建立废旧家电家具回收网络。

三是倡导绿色生活方式。推动建立绿色产品标准认证标识体系，提高重

点领域绿色低碳产品的有效供给，鼓励绿色消费，引导采购使用绿色产品。开展节约机关、绿色家庭、绿色学校、绿色商场等创建活动。健全塑料污染治理协调推进机制、责任落实机制，开展禁塑限塑行动，将塑料污染治理纳入污染防治攻坚战和省级生态环保督察范围。探索建立省级建筑垃圾资源化示范城市、资源化示范工程，构建建筑垃圾资源化利用标准体系，加快形成建筑垃圾处理处置、再生材料研发、生产及利用等方面自主知识产权。继续拍摄生态环境警示片，加大环保设施向公众开放力度，支持生态环境保护志愿者队伍建设，完善生态环境公益诉讼制度。

3. 以扩绿为抓手，提升生态系统整体功能

一是推进山水林田湖草系统保护修复。围绕"一江一湖一心三山四水"生态格局，实施重点区域生态保护和修复。结合湖南地理条件，推进森林扩面提质，优化改善林分结构，持续增加森林蓄积，提升生态服务功能，增强森林碳汇能力。加快推进湿地分级分类管理，在国际重要湿地（湖南东洞庭湖、湖南南洞庭湖湿地和水禽自然保护区、湖南西洞庭湖自然保护区）、国家重要湿地（湖南衡阳江口鸟洲、湖南宜章莽山浪畔湖）、生态区位重要的国家湿地公园，推进湿地保护与修复项目，逐步恢复湿地生态功能。加快退化草原植被和土壤恢复，按照宜林则林、宜草则草的原则，统筹推进林草保护修复，促进林草融合。推进长江岸线湖南段、"一湖四水"流域岸线生态修复，恢复河湖岸线生态功能。稳步推进长株潭绿心中央公园建设，提升城市魅力品质。

二是筑牢生态安全屏障。加快推进以国家公园为主体、自然保护区为基础、各类自然公园为补充的自然保护地体系建设，推进自然保护地整合优化，解决管理分割、保护地破碎等问题，实现对生态系统的整体保护；严控自然保护地范围内非生态活动，稳妥推进核心区内居民、耕地、矿权有序退出。完成生态保护红线评估调整，开展生态保护红线勘界定标，严格落实生态保护红线监管措施。推进生态廊道建设，逐步形成以武陵—雪峰山脉、罗霄—幕阜山脉、南岭山脉为主体，以洞庭湖、湘资沅澧为脉络，以骨干路网为框架的生态廊道。加强长江防护林体系建设，实施封山育林育草，减弱人

类活动对生态敏感脆弱区的影响。

4. 向改革要动力，完善生态环境治理体系

一是完善生态环境治理法规体系。推进"湖南省水污染防治条例""湖南省水资源管理条例"等地方立法，鼓励市州在污染防治、生态保护修复等领域出台地方性法规。开展环境质量、污染物排放等标准制度的修订工作。加强对绿色债发行的指导，推进排污权交易抵质押融资改革。

二是健全生态环境治理市场体系。打破行业壁垒，对各类所有制企业一视同仁、平等对待，引导社会资本参与生态环境治理项目投资、建设与运行。出资认缴国家绿色发展基金并争取基金支持。壮大生态环保产业，分层培育环境治理领域领军企业、专精特新"小巨人"企业，支持企业承接海外环保项目，参与"一带一路"建设。结合创建国家级生态文明示范市（县）、"绿水青山就是金山银山"实践创新基地，探索开展生态产品价值实现机制试点。

三是加强生态环境治理能力建设。加强基层生态环保队伍建设，按规定逐步补充人员及仪器装备，利用无人机、无人船、遥感等先进手段，创新非现场监管方法。优化监测网络，建立涵盖大气、地表水、地下水、饮用水源、土壤等环境要素的环境质量监测网络，提高监测数据质量。加快建设共建共享的生态环境保护大数据平台。采取"揭榜挂帅""赛马"等方式，对重金属污染治理、PM2.5 与臭氧协同控制、总磷削减、危废治理等"卡脖子"生态环保技术进行科技攻关。

分 报 告
Divisional Reports

B.3
2021年湖南推动绿色发展
建设生态文明的情况与展望

湖南省发展和改革委员会

摘　要： 本文紧紧围绕习近平生态文明思想的落地见效，从政策研究、资金投入、改革攻坚、问题整改等方面，深入总结了2021年湖南生态文明建设的进展与成绩。同时，围绕巩固提升生态文明建设取得的成果，提出了2022年政策研究、机制建设、试点示范的重点事项，为全省生态文明建设的深入推进提供了借鉴、参考。

关键词： 生态文明　绿色发展　碳达峰　碳中和

2021年，湖南坚持学习实践习近平生态文明思想，深化贯彻落实省委、省政府各项决策部署，持续开展生态文明体制改革，大力推进绿色低碳循环发展，加快建设美丽湖南，取得了一定的成绩。

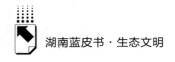

一 开展政策研究，完善制度体系

充分发挥综合管理的职能，强化政策、规划研究，着力构建和完善生态文明建设制度体系。

1. 加快构建碳达峰碳中和"1+1+N"政策体系

按照国家和省里的部署安排，研究制定湖南省碳达峰碳中和实施意见、碳达峰实施方案，以及27项分行业分领域碳达峰方案。2022年3月，出台《中央湖南省委 湖南省人民政府关于完整准确全面贯彻新发展理念 做好碳达峰碳中和工作的实施意见》。"湖南省碳达峰实施方案"计划近期报国家审核，相关领域碳达峰实施方案正在抓紧编制。

2. 编制起草专项规划计划

一是专项规划。组织编制湖南省"十四五"能源发展规划，已经省政府审定并上报国家能源局请求批复。完成了洞庭湖生态经济区规划终期评估，研究起草了新时代洞庭湖生态经济区规划。二是行动计划。根据循环经济发展的要求，研究起草了"十四五"湖南省循环经济发展行动计划。针对城镇污水垃圾收集处理的难题、洞庭湖总磷污染问题，分别会同省住房和城乡建设厅、省生态环境厅，抓紧研究制定"十四五"湖南省城镇污水垃圾处理设施建设行动计划、洞庭湖总磷污染控制与削减攻坚战行动计划。

二 推进重点工作，加快建设步伐

深化落实生态环境保护"一岗双责"，加快推进污染治理和生态保护重点工作，助推生态文明建设。

1. 有序推动"一江一湖"保护和治理

强化顶层设计，印发"湖南省关于贯彻落实习近平总书记在全面推动长江经济带发展座谈会上重要讲话精神的实施意见"，研究制定了《湖南省"十四五"长江经济带发展实施方案》，配合省人大出台《湖南省洞庭湖保护条例》，配合国家长江办修订完善长江经济带发展负面清单。扎实推进污染治理"4+1"工程，协调配合省直相关单位，大力推动沿江城镇污水垃圾处理、化工污染治理、船舶污染治理、农业面源污染治理和尾矿库污染治理，双月调度进展并上报。截至2021年底，各项工作均取得阶段性成效，船舶受电设施改造完成率全国排名第一。推动《洞庭湖水环境综合治理规划》年度项目实施，60个项目累计完成投资60余亿元，超额完成了年度投资计划。

2.全力推进绿色低碳发展

推动建立高规格的碳达峰碳中和领导小组，已成立由书记、省长任双组长的碳达峰碳中和工作领导小组。组织开展全省煤炭消费普查，初步形成了煤炭消费数据库。研究制定了减煤降碳攻坚行动方案，通过对标行业能效标杆水平，实施技术改造、产能整合和能源替代等措施。强化宣传引导，成功举办了2021年亚太绿色低碳技术论坛、2021年湖南国际绿色发展博览会。

3.严格落实能耗双控工作机制

完成了国家对省政府"十三五"能耗双控考核自评、省政府对各市州政府"十三五"能耗双控考核工作。报经省政府同意，印发了《湖南省"两高"项目管理目录》，明确了"两高"项目范围，梳理形成了"两高"项目清单并实行动态调整。加强"两高"项目节能审查，严格项目论证、节能审查和节能监察，按照中央环保督察要求，停建不符合要求的"两高"项目。出台了《湖南省节能监察办法》，对900余家涉煤行业企业开展书面监察，对部分违规未批先建项目开展专项监察并予以通报和责令整改。完成湖南省重点用能单位能耗在线监测系统建设并试运行，组织开展以"节能降碳，绿色发展"为主题的节能宣传周活动。

4.稳步推进资源循环利用

推进试点示范建设，指导汨罗高新区完善绿色产业示范基地建设方案报国家审定，组织常宁水口山循环化改造示范基地和娄底、株洲餐厨废弃物资源化利用和无害化处理试点现场评估并通过国家验收。组织市州和相关企业申报国家大宗固废示范基地和骨干企业，1家园区、3家企业已成功获批。组织编制《湖南省循环经济发展报告（2021年）》，征集发布10个节能减碳和循环经济典型案例，颁发"湖南省循环经济科技奖"。

5. 持续推进塑料污染全链条治理

制定印发《湖南省塑料污染治理2021年工作要点》，明确了年度重点任务，压实了部门工作责任。将市州塑料污染治理政策落实情况纳入年度评估督导重点事项清单，组织各市州开展自查自评，现场开展评估督导，形成了评估督导报告，提出了整改意见。根据塑料禁限工作要求，在长株潭三市公共机构、旅游景区、商场、酒店等塑料消费量大、污染隐患大的场所，遴选7家单位开展塑料污染治理试点。

6. 加强生态绿心保护与发展

进一步优化绿心地区建设项目准入办理流程，严格重大项目审查，完成75个项目准入审查，对不符合绿心禁限开区要求的项目不予准入。组织开展对长株潭三市2020年度绿心生态环境保护工作考核评估，并将考核评估结果运用于2021年度绿心地区生态补偿资金分配。召开绿心地区工作座谈会和培训会，推广绿心电子地图、宣传普及绿心保护知识。协调自然资源部门，将绿心地区天眼监测系统纳入全省自然信息卫星遥感监测。

三 加大投入力度，推动项目实施

加强工作对接，积极争取财政资金支持，拓宽项目投融资渠道，推动生态文明相关项目建设。

1. 着力争取中央预算内资金支持

争取了中央预算内资金近60亿元，支持了约百个绿色发展示范、生态环境突出问题整改、水环境综合治理、城乡环境基础设施和生态保护修复项目建设。

2. 切实加大省预算内投入

安排省预算内资金4亿元，支持了500余个生态环境整治及绿色发展示范、园区循环化改造、塑料污染治理项目建设。

3. 完善多元化投融资机制

推动三峡集团投资约 50 亿元、国开行发放贷款约 800 亿元，支持湖南长江大保护和绿色发展。已完成世行长江生态环境系统保护修复和绿色发展示范项目谈判，拟支持汨罗等 4 县区开展示范工作。

四　攻坚热点难题，彰显改革成效

紧盯国家政策动向，及时启动和推进了一批重点改革事项，巩固和提升生态文明建设成果、成效。

1. 启动生态产品价值实现机制建设

深入贯彻落实国家和省里的政策精神，指导怀化市开展生态产品价值实现机制试点创建，启动编制试点实施方案，开展了生态产品信息普查、自然资源确权登记等相关前期工作。

2. 强化绿色价格机制建设

督促各地根据成本监审情况，加快调整污水处理费标准，全省设市城市全部达到污水处理费最低收费标准。按照"谁污染、谁付费"的原则，加快推动城镇生活垃圾处理计费治理，目前湖南城镇范围内所有产生生活垃圾的机关、企事业单位、社会团体、个体经营者、城市居民和城市暂住人口基本按规定缴纳生活垃圾处理费。在厨余垃圾收运监管体系基本完善的地区试点推行非居民餐厨垃圾计量收费制度，探索建立农村垃圾处理付费制度。

五　压实整改责任，补齐短板弱项

以整改为契机，全面查漏补缺，督促督导压实政府和企业责任，加快还清生态文明建设的历史欠账，补齐短板弱项。

1. 扎实推进长江经济带生态警示片反馈问题整改

印发"湖南省 2020 年长江经济带生态环境突出问题整改方案"，与省整改办联合印发"关于进一步加大长江经济带生态环境突出问题整改力度的通知",建立长江经济带生态环境突出问题整改进展台账,按月调度进展。2018年、2019年警示片披露问题已全部完成整改,2020年问题整改达到序时进度。

2. 积极推进中央环保督察整改

按照《湖南省贯彻落实第二轮中央生态环境保护督察报告整改方案》要求,研究制定了整改分工方案,切实压实责任,按月调度工作进展,推动问题整改取得实质性进展,湖南省发展改革委牵头督导的问题整改均达到序时进度,其中3项问题已完成整改并验收销号。强化第一轮中央环保督察"回头看"调度督导,娄底锡矿山地区2万吨/年砷碱渣治理技改生产线项目竣工验收、达产达效,累计治理区域库存砷碱渣8000余吨。

3. 大力推进"洞庭清波"专项督查

开展全省发展改革系统"洞庭清波"专项行动重点督察,对长江经济带生态环境突出问题整改、"洞庭清波"专项行动督察问题整改"回头看"情况、"一江一湖四水"环保项目审批建设和环保资金分配使用情况进行督察。对长沙市、怀化市开展现场督导检查,有关情况已形成督察报告并报送省纪委监委。

六 谋划思路措施,提升能力水平

2022年,要聚焦工作重点、难点,统筹谋划生态文明建设的思路目标、重点任务,进一步提升治理能力和水平。

1. 健全碳达峰碳中和政策体系

健全领导小组协调议事工作机制,完善"1+1+N"政策体系,推动制定或出台27项分行业分领域实施方案和保障措施。统筹推进能源、工业、交通、城乡建设、科技创新等碳达峰十大行动落地落实。建立双碳工作目标考核督察机制,健全碳排放统计核算标准体系,推动重点行业能耗标准制修订工作。指导各市州结合实际,编制区域碳达峰行动方案,因地制宜、实事求是，明确碳达峰任务书、时间表、路线图。鼓励有条件的城市、园区开展碳达峰试点。

2. 健全资源节约和环境保护制度体系

根据国家部署，制定出台湖南省"十四五"节能减排综合工作方案。完善能耗双控考核制度，强化能耗强度降低约束性指标管理，科学合理确定能源消费总量，有效保障经济社会高质量发展用能。落实"两高"项目管理目录和管理措施，对项目清单实行动态更新管理，严格项目论证和节能审查，建立"两高"项目节能验收制度，开展存量"两高"项目专项检查，推动"两高"项目全过程管理。落实《中华人民共和国节约能源法》《湖南省节能监察办法》，以问题为导向，建立节能监察常态化机制，引导用能单位主动节能，提升能效，坚决从严查处和问责违反产业政策、违规审批和建设的项目。着力构建塑料污染治理协调推进机制，加快推进塑料污染全链条治理，强化宣传引导、标准制定、资金支持、示范推广。

3. 健全生态文明试点示范体系

加快推进具备条件的园区实施循环化改造，梳理摸排现有园区循环化改造情况，因地制宜制定循环化改造实施方案。支持汨罗高新区、常宁水口山高新区等基础条件好、产业特色鲜明的园区总结和推广示范经验，指导国家大宗固废综合利用示范基地和骨干企业加快建设。组织5个国家环境污染第三方治理试点园区开展中期评估，推动省级以上产业园区第三方治理全覆盖。培育和深挖园区绿色产业集群潜力，创建绿色园区。研究起草《〈关于建立健全生态产品价值实现机制的意见〉分工方案》，推动具备条件的市州争创国家生态产品价值实现机制试点。

B.4

坚定不移推动湖南生态文明建设新进步
努力建设人与自然和谐共生现代化

湖南省自然资源厅

摘　要： 深学笃用习近平新时代中国特色社会主义思想，牢固树立"绿水青山就是金山银山"理念，落实生态文明建设政治责任，坚持生态优先、绿色发展，统筹抓好国土空间规划、耕地保护和土地节约集约利用、自然资源资产产权、国土空间用途管制、矿业转型绿色发展、生态保护修复、生态环境突出问题督导整改等自然资源领域生态文明建设各项工作，切实发挥自然资源部门的生态文明建设主力军作用，着力彰显绿色发展之美、绿色生态之美、绿色制度之美。

关键词： 国土空间规划　耕地保护　矿业转型　绿色发展　生态保护

2021年，湖南省自然资源厅深学笃用习近平新时代中国特色社会主义思想，忠诚捍卫"两个确立"，坚决做到"两个维护"，不折不扣落实中央和湖南省委、省政府关于生态文明建设的决策部署，弘扬伟大建党精神，攻坚克难、真抓实干，自然资源领域生态文明建设各项工作取得明显成效。

一　2021年湖南自然资源系统工作情况

（一）不折不扣坚决扛牢生态文明建设政治责任

湖南省自然资源厅党组严格落实"党政同责、一岗双责、齐抓共管、失职追责"要求，切实扛牢生态文明建设重大政治责任。及时调整厅生态文明建设工作领导小组，由厅党组书记、厅长任组长；设立中央环保督察整改（长江经济带突出环境问题整治）、污染防治攻坚战、推动长江经济带发展（长江保护修复攻坚战）、土壤污染防治、河长制湖长制、地下水污染防治、花垣"锰三角"矿业污染综合整治等专项小组；抽调专门工作人员，组建厅生态文明建设工作领导小组办公室，统筹推进自然资源领域生态文明建设各项工作。印发《关于 2021 年度自然资源生态文明建设工作责任分工的通知》，按照"外部有效率、内部有压力、人人有动力"的要求，将涉及生态文明建设工作的 11 类 66 项任务分解到湖南省自然资源厅相关处室局，并纳入内控标准化管理体系，实行月调度机制，建立专门台账，强化动态管理，做到牵头任务切实担当、配合任务尽职尽责。同时，将高质量完成污染防治攻坚战工作任务落实情况纳入对各市州自然资源和规划局、省自然资源厅各处室局年度工作考核评估的重要内容。

（二）高位高效有力推动国土空间规划体系建设

坚决落实习近平总书记关于"优化国土空间格局"重要指示精神，省、市、县成立国土空间规划委员会，高位推动"四级三类"国土空间规划体系建设。一是统筹推进三条控制线划定。按照"先农田、再生态、后城镇"优先顺序，组织长沙、益阳开展"三条控制线"划定试点。完成生态保护红线评估调整，调出冲突图斑 8590 平方千米。部署开展永久基本农田核实整改补足和 6 轮城镇开发边界模拟划定。二是稳步推进总体规划编制。省级总规和长沙市总规向社会公示，其他 13 个市州总规形成初步成果。整合现有各级各类空间类规划，基本建成全省国土空间规划"一张图"。三是系统推进专项规划编制。会同湖南省发展和改革委员会制定 32 项省级国土空间专项规划目录清单和 65 项市县国土空间专项规划目录建议清单，印发《省级国土空间专项规划编制审批通则（试行）》。系统推进长株潭都市圈、洞庭湖生态经济区、耕地保护、生态修复、矿产资源等省级国土空间专项规划编制。四是高起点规划绿心中央公园。坚持"湖湘特色、国内领先、世界影响"，开展总体城市设计方案国际竞赛，开展交通、林相、生态价值等重大专题研究，完成奥体中心、花博园等省级重大项目规划选址，绿心"芙蓉"含苞待放。五是有力服务乡村振兴。强化省级技术保障支撑，组建村庄规划综合服务团，开展村庄规划"一师两员"试点，基本完成全省乡村振兴示范村、帮扶村村庄规划编制。花垣县十八洞村村庄规划入选自然资源部优秀案例。

（三）毫不动摇始终坚持最严格的耕地保护和土地节约集约利用制度

一是不断完善耕地保护政策制度体系。出台有关耕地保护与管理多个政策文件，从源头上织牢织密耕地保护网。其中，《湖南省自然资源厅关于进一步规范补充耕地开发管理加强生态保护的通知》《湖南省自然资源厅关于加强新增耕地全过程管理的通知》《湖南省自然资源厅关于深化耕地全程一体化保护的通知》被自然资源部在全国推荐。二是推动建立耕地保护利用田长制。推动田长制写入《湖南省实施〈中华人民共和国土地管理法〉办法》和湖南省政府工作报告，首次将耕地保护工作纳入省政府真抓实干督察激励和省委、省政府绩效评估内容。加快建立省、市、县、乡田长及网格田长体系，实现耕地保护责任全覆盖。三是率先启动耕地保护专项规划。在第三次国土调查数据成果基础上，完成耕地质量、耕地后备资源、恢复属性地类分类调查。有序推进省市县三级耕地保护国土空间专项规划编制，基本形成全省耕地保护一张图，统筹耕地、永久基本农田、永久基本农田储备区、恢复属性地类、耕地后备资源"上图入库"，着力解决"占在哪、补在哪、提升在哪"等重大问题。四是全面落实耕地占补平衡。强化预审把关和比例限制，严格落实"先补后占、占一补一、占优补优、占水田补水田"，全省批准建设占用耕地同比减少22%。每月通过卫星遥感动态监测耕地变化情况，对耕地流失的，一律冻扣补充耕地指标，倒逼责任落实。五是持续强化资源节约集约全程管控。出台"关于严控新增建设用地占用耕地有关事项的通知"，在审批阶段从严把关，从源头上控制建设项目占用耕地，促进节约集约用地，共引导 74 个重点项目优化选址，核减用地总面积 5100 亩，减少占用耕地 2900 亩。推荐"安化经开区节地模式"获批自然资源部《节地技术和节地模式推荐目录（第三批）》。

（四）横纵结合逐步健全自然资源资产产权和用途管制制度

一是推进自然资源统一确权登记。印发《湖南省自然资源统一确权登记总体工作方案》，明确省本级 2021~2022 年重点区域自然资源确权登记工作计划。制定湖南省自然保护地水流等自然资源确权登记技术规范，组织开展湘资沅澧"四水"干流自然资源确权登记。部署市州编制本级自然资源确权登记实施方案，全面启动全省自然资源确权登记相关工作。二是深化自然资源资产制度改革。牵头谋划和推进全民所有自然资源资产所有权委托代理机制试点，按要求组建委托代理机制试点专班，制定试点实施方案和清单，获自然资源部批复。指导常德市开展全民所有自然资源资产清查试点。首次向湖南省人大常委会报告国有自然资源资产管理情况，被给予"自然资源要素保障良好，生态效益、社会效益和经济效益均取得良好成绩"的高度肯定。三是强化生态保护红线管控。运用卫星遥感监测手段，动态掌握生态保护红线内有限人为活动以及建设占用等变化情况，及时发现和处置突破生态保护红线行为，下发核实和整改任务清单，组织限期整改。四是开展国土空间用途管制试点。以湘潭县为试点，为湖南省以点带面推动国土空间用途管制工作提供可操作、可复制、可推广的先行经验。五是加强设施农业用地监管。以第三次国土调查数据成果为底数，组织开展设施农业用地统一上图入库，全年共上图入库设施农业项目 143692 个。六是完善增减挂钩政策。起草"湖南省人民政府办公厅关于严格规范城乡建设用地增减挂钩工作促进乡村振兴的意见"，规范增减挂钩项目审批、农民权益保护、节余指标流转、增值收益分配等政策。七是提升用途管制信息化水平。建立湖南省市县批准用地省级备案系统、湖南省设施农业用地监管系统、国土空间用途管制实施监管系统，开发湖南省建设项目规划"三证"办理、备案功能，全面提升用途管制监测监管能力。

（五）坚定不移加快推进矿业发展向绿色高质量转型

一是优化矿业开发布局。强化源头管控，完成矿产资源国情调查和第四轮省级矿产资源总体规划、县级砂石土矿专项规划编制。调整开发结构，鼓励开发国家战略资源以及产业发展、民生所需等重点矿种；限制煤、铁、钒、石膏、硫铁矿开采，逐步退出砖瓦用黏土矿；禁止开采可耕地砖瓦用黏土矿，全面退出石煤和汞矿。提升开发规模，全省大中型矿山比例提升至23.52%。严格准入条件，新设矿权实行资源条件与生态保护"双把关"。二是开展重点专项整治。砂石土矿专项整治三年行动计划圆满收官，数量从整治前的3631宗减少至1156宗，90%以上的关闭退出矿山做到矿权注销、设施拆除、生态修复"三到位"。花垣铅锌锰矿综合整治持续推进，35个铅锌矿关闭注销15个，其余整合成6个；5个锰矿整合至4个后继续推进整合为1个。三是推进绿色矿山建设。指导郴州市、平江县、花垣县、闪星锑业、黄金集团及水口山工业园完成矿业绿色转型试点，经验做法在《中国自然资源报》以题为《先行先试　破茧重生》头版头条向全国推广。建成绿色矿山248家，其中2021年建成133家，排中部六省第一。四是加大监督力度。持续开展露天采矿卫星和视频监测监控，对标对表抓好湖南省污染防治攻坚战"夏季攻势"涉及负责督导的280个具体问题整改，纳入月清"三地两矿"，实行月调度。建立出让登记负面清单，加大协同力度，坚持"查处到位、生态修复到位、责任追究到位"原则，严格督导督办，全面完成目标任务，经验做法受到湖南省领导充分肯定，在2021年湖南省污染防治攻坚战"夏季攻势"点评电视电话会议上作典型发言。

（六）协同配合稳步推进生态环境损害赔偿制度改革

会同湖南省生态环境厅等10个厅局出台《湖南省生态环境损害调查办法》，制定"湖南省自然资源领域生态环境损害赔偿工作实施办法（试行）"，规范工作制度。认真梳理汇总部省交办案件线索，积极推进自然资源领域生态环境损害赔偿纳入常态化管理，建立省生态环境损害赔偿案件线索库，办理一批可复制推广、有积极社会意义的案件。共收到交办的湖南省自然资源类生态环境损害案件线索 82 条，启动索赔案件 68 件，办结案件 3 件。

（七）科学务实有序推进山水林田湖草沙系统保护修复

一是强化生态保护修复顶层设计。发布全国首个省级"十四五"生态保护修复规划，基本完成"湖南省国土空间生态修复规划（2021－2035年）"。二是抓好矿山生态保护修复动态监管。印发《关于进一步加强新建和生产矿山生态保护修复工作的通知》等系列政策文件，首创建立矿山生态保护修复年度验收制度，开发各级联动的矿山生态保护修复监测监管系统，构建矿山生态保护修复动态监管体系。部署开展历史遗留矿山核查，全面完成"一上"阶段性任务，省、市、县三级同步编制"历史遗留矿山生态修复实施方案（2022-2025年）"，计划到"十四五"末完成全省 60% 以上的历史遗留矿山修复治理。三是推进生态保护修复重大工程。持续推进湘江流域和洞庭湖生态保护修复工程试点后期管护、资金结算、工程审计、总结评价等后续工作。试点做法在《中国自然资源报》以《湖南湘江：漫江碧透看今朝》一文整版报道；冷水江锑煤矿区生态修复项目入选《中国生态修复典型案例集》，在联合国《生物多样性公约》第十五次缔约方大会（COP15）上向全球推介。全面完成长江干流和湘江两岸 10 公里范围内 545 个废弃露天矿山生态修复工程评估验收，修复土地面积 1911.52 公顷，取得的系列成果受到《中国自然资源报》、学习强国、新湖南、红网等报道。有序推进全域土地综合整治试点，积极推动试点实施方案上报自然资源部。会同 7 个厅局和常德、岳阳、益阳三市人民政府积极申报湖南长江重点生态区洞庭湖区域山水林田湖草沙一体化保护和修复工程项目。四是探索市场化推进生态修复机制。出台《湖南省探索利用市场化方式推进历史遗留矿山生态修复实施办法》，激励社会资本投入，打破制约历史遗留矿山生态修复的瓶颈。

（八）较真碰硬深入抓好生态环境突出问题整改

始终将中央生态环境保护督察指出问题和长江经济带生态环境警示片披

露问题督导整改销号作为重点工作来抓，与"霹雳"行动、砂石土矿专项整治、绿色矿山建设、废弃矿山生态修复等重点工作同步部署、同步推进，做好结合文章，形成齐抓共管工作机制。厅领导24次带队赴现场督导，高质量完成生态环境问题整改"回头看"、邵阳县长阳矿区生态环境问题典型案例调查督导、长江经济带生态环境突出问题整改省级督察、中央生态环境保护督察整改专项督导、"洞庭清波"专项行动等系列专项督导工作，牵头督办的生态环境突出问题全部按时整改销号。将《湖南省贯彻落实第二轮中央生态环境保护督察报告整改工作方案》涉及湖南省自然资源厅的20项任务逐一分解，明确责任分工，细化目标任务，落实责任处室；及时调度，按月报送进展情况，有序推动各类问题整改落实。2021~2022年，湖南省自然资源厅连续两年获评湖南省污染防治攻坚战考核优秀单位，典型做法经湖南省生态环境保护委员会向全省宣传推广。

二　2022年湖南自然资源系统重点工作

湖南省自然资源厅将继续坚持生态优先、绿色发展，以高度的政治责任感使命感抓好、抓实、抓细自然资源领域生态文明建设各项工作，为全省生态文明建设和社会经济高质量发展做出更大贡献。

（一）持续推动"四级三类"国土空间规划体系落地见效

一是统筹划定"三条控制线"。科学确定并落实耕地和永久基本农田、建设用地规模等约束性控制指标，按照耕地和永久基本农田、生态保护红线、城镇开发边界的顺序，统筹划定落实"三条控制线"。二是深入推进国土空间规划攻坚行动。推进《湘江流域国土空间专项规划》《长株潭都市圈国土空间专项规划》《湖南省洞庭湖生态经济区国土空间专项规划（2021~2035年）》等区域性专项规划编制。加快推进省市县国土空间总体规划，2022年底前基本完成编制审批工作。高标准规划长株潭绿心中央公园，完成总体城市设计和启动区详细规划，打造长株潭一体化发展标志性工程。三是全面提升规划管理效能。基本建成市县国土空间规划"一张图"系统，形成可分层、可叠加、可视化的国土空间"底图""底数"；基本建成国土空间规划实施监督系统，建立实施监测预警机制。四是全力服务乡村振兴战略。推进乡村振兴示范村、帮扶村以及各类特色村规划全覆盖，全面推行"一师两员"制度，启动一批村庄规划、耕地保护、乡村建设"三位一体"的未来乡村建设试点。

（二）持续加强最严格的耕地保护制度

一是提请湖南省人民政府与各市州人民政府签订耕地保护责任状，下达耕地保护底线目标，科学确定责任目标，明确年度恢复任务。二是全面推行田长制。出台全面推行田长制严格耕地保护的实施意见，建立省、市、县、乡、村田长及网格田长体系。三是科学编制并严格实施耕地保护专项规划。年内编制完成省、市、县三级耕地保护专项规划，统筹好耕地、永久基本农田、储备区、恢复属性地类、耕地后备资源关系。四是改进和规范耕地占补平衡。严格新增耕地管理。下达耕地开发计划，建立补充耕地全程监管机制。压实县市区耕地占补平衡属地责任。健全补充耕地指标交易机制。五是严格耕地用途管制。严格落实遏制耕地"非农化"、防止"非粮化"的要求，对永久基本农田实行特殊保护，不得转为其他农用地。对一般耕地转为其他农用地实行"进出平衡"。

（三）持续推动土地全过程节约集约利用

完善用地定额标准体系。强化单独选址重大项目策划生成阶段节约集约用地刚性约束，坚决核减不合理用地；对圈内批次用地，用好土地征收成片开发政策工具，对批而未供、闲置土地不达标的市县，不予审批土地征收成片开发方案。继续大力盘活存量，分阶段分季度下达批而未供、闲置土地处置任务，确保全省批而未供、闲置土地处置率分别达到35%、60%以上。出台园区"亩均效益论英雄"节约用地评价办法，定期发布园区开发率、建成率、投产率、亩均税收等用地效能指标。对重点工业企业和典型房地产企业用地实行"穿透式"监管。对土地开发率低于60%的园区和低效用地重点企业开展督导监管。

（四）持续推进矿业转型绿色发展

一是坚持规划引领和政策引导。抓紧编制并实施新一轮省、市矿产资源总体规划和县级砂石土矿专项规划，持续推进绿色矿山建设，建成一批绿色矿山，加强建后管护。深化矿业转型绿色发展改革，健全规范矿产资源开发管理制度，切实加强矿产资源开发监督管理。二是加快推进重点矿区、矿种整治整合。加强实地督促指导，推动露天矿山综合整治、砂石土矿专项整治、落后小煤矿退出、各类保护地内矿业权退出等工作取得实效。推进花垣县铅锌矿、平江县金矿等重点矿区整合。三是加强督察执法。把整治整合纳入自然资源督察重点内容，强化督察考核问责，持续开展非法采矿卫星监测。

（五）持续推进生态保护修复治理

一是加强规划引领。加快出台省级国土空间生态修复规划，督促指导各市州及生态功能重点县完成国土空间生态修复规划编制。二是强化制度建设。推动以市场化方式推进历史遗留矿山生态修复实施办法落实落地，选取具有市场化潜力的项目开展试点，激活市场主体参与生态修复活力。修订《湖南省矿山地质环境治理恢复基金管理办法》，强化基金动态监管，推动矿山生态保护修复领域失信行为联合惩戒。三是夯实工作基础。加快制定完善矿山生态修复工程实施方案编制规程、技术标准和验收规范等行业标准，推动国土空间生态保护修复信息管理系统建设。四是申报重大工程。全力争取洞庭湖区域山水林田湖草沙一体化保护修复国家项目，积极申报中央财政支持历史遗留废弃矿山生态修复示范工程。五是加快还清旧账。扎实做好历史遗留矿山核查工作，形成核查结果省、市、县一本台账，省、市、县同步编制出台历史遗留矿山生态修复实施方案，坚决完成历史遗留矿山生态修复年度任务。

（六）持续推进突出生态环境问题整改

持续做好第二轮中央环保督察反馈的 2 个牵头主责和 8 个牵头督导整改问题，以及 2021 年长江经济带生态环境警示片披露的 3 个牵头督导整改问题的整改督导任务。严格按《湖南省贯彻落实第二轮中央生态环境保护督察报告整改方案》要求，完成矿山生态环境问题整改销号、历史遗留矿山生态修复任务，督导完成娄底市砂石土矿、张家界市采石制砂、怀化市溆浦县硅砂矿等生态环境问题整改销号任务以及年度整改任务。

B.5
生态文明促发展　绿色崛起向未来

——2021年湖南生态环境保护工作情况及展望

湖南省生态环境厅

摘　要： 本文综述了2021年湖南省生态环境保护工作的10个主要成效，总结了"十个必须坚持"的实践经验，指出了当前生态环境保护工作存在的一些问题，明确了2022年生态环境保护8项重点工作。

关键词： 生态环境　绿色低碳发展　湖南

2021年是开启全面建设社会主义现代化国家新征程的第一年，是"十四五"和深入打好污染防治攻坚战的起步之年，也是全省生态环境保护历程中具有特殊重要性的一年。一年来，湖南省生态环境厅坚持以习近平生态文明思想为引领，坚决贯彻落实习近平总书记考察湖南重要讲话指示批示精神、党的十九大和十九届历次全会精神、省第十二次党代会精神，在湖南省委、省政府坚强领导下，始终保持生态文明建设的战略定力，坚持以高水平保护助推高质量发展为主线，持续推动污染防治提档升级、环境保护提质增效、生态系统提量增值，推动全省生态环境质量明显改善，各项约束性指标达到或好于国家下达的考核目标，连续两年在中央污染防治攻坚战成效考核中获评优秀等次。

一　2021年湖南生态环境保护工作主要成效及经验

（一）"党建红引领生态绿"品牌更加响亮

坚决贯彻"将政治建设摆在首位，以党建为引领，抓党建、强班子、带队伍、促工作"，全面加强党的建设，党建工作取得丰硕成果：在中央巡视办来湘调研座谈会上，生态环境厅作为省直单位唯一代表，向中央巡视办介绍巡视整改经验；党史学习教育经验做法被省委党史学习简报专期刊发，获生态环境部、省委党史学习教育领导小组推荐，党建新闻宣传报道在省直机关党建网排名第一；厅直属机关党委在省直机关党务干部培训班上作经验介绍。"党建红引领生态绿"品牌影响力持续扩大，美誉度、知名度、认可度全面提升。

（二）"我为群众办实事"实践活动圆满完成

聚焦群众"急难愁盼"问题，通过党史学习教育活动，推动"我为群众办实事"落地落实，纳入湖南省生态环境厅党组主题教育活动清单的 10 项重点实事、27 项具体任务全部完成。完成了全省 666 个千人以上集中饮用水水源地保护和突出问题整治、乡村振兴联点帮扶年度任务等，省级政务服务满意率 100%，基层和群众的获得感、满意度显著提高。

（三）全省水环境质量持续改善

湘江保护和治理第三个"三年行动计划"收官，推进洞庭湖总磷污染控制与削减攻坚，实施 135 个总磷污染治理项目。2021 年，全省 147 个国考断面水质优良率为 97.3%，同比提高 4 个百分点，国考断面全部消除劣 Ⅴ 类水质；永州、张家界、怀化位列全国水环境质量前 30 名；永州、张家界、邵阳市的省控断面全部达到 Ⅱ 类水质；长江干流湖南段和湘资沅澧监测断面全部优于 Ⅱ 类水质；常德市西洞庭湖达到 Ⅲ 类水质，取得重大突破。

（四）全省平均空气环境质量达到二级标准

2021 年，在全面复工复产的情况下，全省空气质量优良天数比例达到 91.0%，PM2.5 平均浓度保持在 35 微克/米^3。湘西、张家界、郴州、怀化、永州、衡阳 6 个城市达到国家空气质量二级标准。湘西州和 21 个县市区的

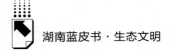

PM2.5 年均浓度低于 25 微克/米³（达到世界卫生组织推荐的过渡期第二阶段目标）。

（五）土壤环境风险有效管控

开展两轮涉镉等重金属污染源排查整治，排查点位 1500 多个，整治污染源 20 个。完成两轮全省耕地土壤与农产品重金属污染加密调查，同步开展稻米镉超标与土壤性质关系专题研究，实现耕地重金属污染调查全覆盖、土壤与农产品分析评价"一对一"；将加密调查耕地矢量数据划分到每一丘块，完成受污染耕地严格管控和安全利用面积 958.3 万亩。完成重点行业企业用地调查，更新风险管控和修复名录，推动污染地块空间信息与国土空间规划"一张图"管理。

（六）重金属污染防治成效明显

将湘江流域涉铊专项整治作为深入打好污染防治攻坚战的第一仗、党组第一重点工程、2021 年第一大重点任务强力推进。湘江流域重点断面、重点支流铊平均浓度下降 50%，干流饮用水源铊浓度仅为标准限值的30%，湘江流域全年未出现铊浓度异常问题。巩固深化资江流域锑污染治理成果，妥善处置锑浓度异常事件，确保群众饮水安全。开展危险废物大调查、大排查、大整治专项行动，对全省"一废一库一品"11912 家企业进行全面排查，排查发现的 6363 个问题全面整改。花垣县"锰三角"矿业污染整治成效明显，铅锌矿权由 35 个整合成 6 个，锰矿权由 31 个整合成 4 个，关闭电解锰企业 9 家，全县锰粉厂全部关闭，完成矿区生态修复覆土覆绿 6491 亩。

（七）突出生态环境问题整改稳步推进

出台生态环境保护工作责任规定、督察工作实施办法和重大生态环境问题责任追究办法 3 个重大文件，健全约谈、挂牌督办、区域限批 3 个重要制度，对第二轮中央环保督察交办的 5 个典型案例认真整改，严肃追责。参加省委、省政府联合督查组，向省委常委会作专题汇报，对中央交办问题开展专项督查，首次制作湖南省生态环境警示片。

（八）"夏季攻势"实现"五连胜"

强力推动污染防治攻坚战"夏季攻势"，全省新建乡镇污水处理设施280座，完成333家重点企业VOCs污染治理，34个土壤污染防治项目、205家涉镉企业和13家涉镉工业园区综合整治，对529座尾矿库开展环境风险隐患排查，完成186个涉重危险废物环境污染问题和280个砂石土矿问题整改，11大项2693项任务全部完成。

（九）"四严四基"三年行动计划圆满收官

部署并完成了148项具体任务，探索了21项制度创新，大生态环保格局逐步形成、生态环境制度机制更加健全、现代环境治理能力显著提升、一批环保工作形成品牌效应，省"四严四基"做法被省政府特刊转发、生态环境部推荐，株洲醴陵市创新的"村巡查、镇处置、县执法"三级监管机制等经验得到生态环境部推荐。

（十）园区和企业环保责任压紧压实

在全国率先开展产业园区信用评价，将绿色评价指标纳入"五好"园区考核指标，推行园区环境污染第三方治理，压紧压实园区生态环境保护责任。出台压实园区企业污染防治主体责任相关文件，制定执法事项清单和执法正面清单，建立执法联动机制，出台《湖南省生态环境损害调查办法》等6项管理制度。首次牵头开展生态环境重大事件调查，首次完成全省执法人员统一着装，全面加强监管执法。2021年，全省共查处环境违法案件2793件，处罚金额2.1586亿元；全年启动生态损害赔偿案件989件。

2021年，省生态环境厅成功牵头举办了亚太绿色低碳发展高峰论坛、六五环境日湖南主场活动、湖南省生态文明论坛年会，在省内外产生重大影响，生态文明的思想理念得到广泛传播，有效提高了人民群众的生态环境保护意识。

2021 年的工作实践，进一步深化了对生态环保工作的规律性认识，积累了一些经验。

一是始终坚持党的全面领导。湖南省生态环境厅党组把政治建设摆在首位，一以贯之地做到"以党建为引领，抓党建、强班子、带队伍、促工作"，将一切工作置于党的绝对领导之下，始终做到对标对表，坚决抓好习近平总书记对湖南重要讲话重要指示批示精神贯彻落实。

二是始终坚持习近平生态文明思想的科学指引。落实湖南省生态环境厅党组会"第一议题"制度，第一时间学习习近平总书记重要讲话重要指示批示精神，紧密结合生态环境保护工作实际，抓好融会贯通，切实用习近平生态文明思想校准航向、指导实践，确保生态环境工作始终沿着正确方向前进。

三是始终坚持战略定力。巩固深化污染防治攻坚战成效，连续 5 年发动"夏季攻势"，持续推进长江保护修复、湘江保护治理、洞庭湖生态环境整治、资江流域锑污染治理、农业农村污染治理等工作，推动生态环境质量持续改善。

四是始终坚持压实各方责任。落实生态环境保护工作责任，健全议事协调机制；持续开展污染防治攻坚战成效考核，强化结果运用；开展省级环保督察，落实例行督察、专项督查、日常督察制度，对突出生态环境问题依法依规严肃追责问责，压紧压实各级生态环境保护"党政同责、一岗双责"责任。

五是始终坚持"三个治污"。以精准、科学、依法治污为方针，坚持问题导向，聚焦重点领域、重要时间、关键因子，实施靶向攻坚。突出精准施策，实施"一库一策""一园一策""一企一策"，污染治理更加精准；突出科学治污，开展污染成因分析摸清底数，加强预警预测争取主动，推动矿涌水整治、重金属废渣处置等科技创新，提高污染治理水平；强化依法治污，进一步完善生态环境标准制度，依法依规压实企业污染治理主体责任，积极推进生态损害赔偿，从严从实查处生态环境违法行为，提高依法行政能力。

六是始终坚持有序推动绿色低碳发展。坚持先立后破的工作思路，统筹好发展与保护的关系，主动对接重大项目，在中石化岳阳炼化一体化项目、长沙惠科光电项目的排污权指标安排上，全省统筹考虑；推动"五好"园区发展，主动为园区调扩区工作做好服务，推行园区环境污染第三方治理；进一步壮大环保产业，推动打造一批龙头企业。

七是始终坚持以人民为中心。始终把解决群众身边环境问题摆上重要位置，推动完成乡镇级千人以上饮用水水源地生态环境问题整治，确保农村饮水安全；推进乡镇污水处理设施建设和农村生活污水治理，全面改善农村人居环境；开展垃圾填埋场专项督查、推进道路声屏障建设等，赢得了群众赞赏，得到群众支持。

八是始终坚持防范化解风险。一年来，扎实开展了涉镉污染源排查、涉铊专项整治、涉锑污染治理、尾矿库治理、危险废物大调查大排查大整治专项行动，高效应对处置突发环境事件，确保了生态环境安全，为经济社会发展营造良好环境。

九是始终坚持改革创新。用足用好改革这个关键一招，深入推进生态文明体制改革，建立健全生态文明体制机制，深化生态环境系统省以下垂直管理制度改革，实施"四严四基"三年行动计划，充分释放改革红利，推动生态环境治理体系和治理能力现代化。

十是始终坚持打造环保铁军。牢记总书记"政治强、本领高、作风硬、敢担当，特别能吃苦、特别能战斗、特别能奉献"嘱托，大力提倡"严肃认真、求真务实、艰苦奋斗、廉洁高效"环保作风，无论是在行政管理机构还是技术支撑单位，无论是在一线攻坚还是在后方调度，生态环境系统干部们都在岗位上奋勇拼搏、默默奉献、发光发热，共同高高擎起了生态环保铁军的光荣旗帜。

二　湖南生态环境保护工作存在的问题与不足

（一）生态环境质量持续改善压力大

2021年长株潭地区空气环境质量改善幅度不大，PM2.5浓度高出全省平均

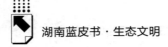

值20%；个别市州空气质量不进反退；东洞庭湖总磷浓度连续两年出现反弹；资江流域锑浓度异常引发突发环境事件，全省饮用水达标率受到影响；部分河流断面水质不稳定，147个国考断面优良率要稳定保持97.3%的压力较大。

（二）历史遗留问题整改任务艰巨

全省废弃矿山、尾矿库、矿涌水、重金属废渣污染点多面广，各类废弃矿山大部分未落实"谁开发、谁治理"要求，生态修复率不高；矿涌水治理效果有待提升，重金属污染耕地、受污染地块治理难度大，环境风险依然存在；污水管网、垃圾填埋场等城乡环境基础设施建设历史欠账仍然较多。

（三）生态环境治理能力还不够高

生态环境保护体制、机制、法规标准、政策等还不够健全，对标生态环境治理体系和治理能力现代化仍有不小差距。部分老旧城区仍存在管网"空白"现象；部分乡镇污水处理设施出现"建得起、转不动"现象。科技支撑能力还不足，基层能力需要进一步加强。存在监测网络不健全、生态红线监管能力和碳排放监测能力不足、生态环境保护信息化水平不高、综合执法能力不强等问题。

（四）绿色发展水平还不够高

产业结构、能源结构、交通结构、用地结构仍然不优，清洁生产水平不高，低碳生活方式尚未形成。全省工业化、城镇化处于增长阶段，对能源的刚性需求量在持续增加，清洁能源开发利用仍处较低水平，碳排放仍在攀升，污染物排放总量仍居高位，减污降碳协同增效压力较大。

三　2022年湖南生态环境保护工作计划

（一）全面加强党的建设

认真学习贯彻党的十九届六中全会、省第十二次党代会和习近平总书记关于湖南重要讲话重要指示批示精神，制定重点任务清单，紧盯不放，持续抓好贯彻落实，以优异成绩迎接党的二十大胜利召开。抓好习近平生态文明思想学习宣贯，通过各类宣传活动展示习近平生态文明思想的理论和实践成果。

（二）推动服务高质量发展

统筹推进服务高质量发展和碳达峰、碳中和相关工作；务实制定减污降碳协同增效方案，扎实推进"碳达峰十大行动"，推动倒逼"四个结构"调整；积极参与全国碳排放权交易市场建设，开展重点企业碳排放核查。进一步完善"三线一单"管控措施和排污许可证制度，实行企业环境信息强制披露制度。积极推行绿色低碳生活方式，引导垃圾分类，强化塑料污染全链条治理。

（三）深入打好污染防治攻坚战

深入打好蓝天、碧水、净土保卫战，扎实推进 8 个标志性战疫。推进臭氧和 PM2.5 协调治理，加强重污染天气防控，实施空气质量达标行动。推进"一江一湖四水"系统联治，深入打好长江保护修复攻坚战。巩固"千吨万人"饮用水水源地整治成果，推进"千人以上"饮用水水源地问题整治。加强农用地土壤污染防治和涉重金属矿区历史遗留固体废物整治，深入实施农用地土壤镉等重金属污染源头防治行动。推进花垣"锰三角"矿业污染综合治理，以及尾矿库污染治理。持续推进 2022 年污染防治攻坚战"夏季攻势"。

（四）抓好突出生态环境问题整改

推进中央生态环保督察反馈问题，长江经济带警示片披露问题，省级生态环保督察及专项督查问题，以及国家层面审计、巡视、督察和中央领导批示等问题整改。组织对市州开展第二轮省生态环境保护例行督察，探索开展省属国有企业督察试点；针对重点区域、重点领域、重点行业，视情开展省

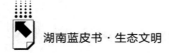

生态环保专项督查；按计划开展日常督察。组织拍摄 2022 年度湖南省生态环境警示片。

（五）加强生态保护修复

加强"一江一湖三山四水"重要生态功能区域保护，统筹推进山水林田湖草沙一体化保护和修复工程，持续推进"绿盾"自然保护地强化监督专项行动。推进国家、省级生态文明示范区创建，"两山"基地创建。制定"湖南省关于进一步加强生物多样性保护的实施意见（草稿）"，贯彻落实联合国《生物多样性公约》第十五次缔约方大会（COP15）第二阶段会议精神，配合做好相关工作。

（六）防范化解生态环境风险

制定历史欠账问题清单，持续推进整改。完善自动监控管理机制，抓好自动监控"建、管、用"闭环管理。推进园区污染源在线、视频及电子监控建设，推进园区第三方治理。加强放射源和民用核设施监管，确保辐射环境安全。精准有效做好常态化疫情防控相关环保工作，加强医疗机构医疗废水、垃圾处置监管。加强环境应急值守，做好突发环境事件的预警预报和应急响应，保障生态环境安全。

（七）加强生态环境监管执法

开展排污许可提质增效行动，加强排污许可质量审核，实行排污许可动态管理，制定排污许可管理规程，加强排污许可条例宣传，继续实施环评与排污许可制度衔接试点。建立完善各级监控中心和值班值守制度，强化监督性监测、执法监测、应急监测，强化以排污许可证为核心的全过程监管。针对突出生态环境问题开展专项执法，严厉打击生态环境违法行为，压实企业污染防治主体责任。

（八）提高生态环境治理现代化水平

完善一批生态环境保护法规标准，研究制定《湖南省地表水非饮用水源地锑环境质量标准》等地方标准。探索生态产品价值实现机制，推进排污权交易制度改革和生态环境损害赔偿制度改革，完善落实生态环境补偿、损害赔偿和资源有偿使用等制度，科学推进大气污染治理生态补偿机制。发布一批专项规划，建立规划落实调度评估机制并开展调度和定期评估。制定实施第二个"四严四基三年行动计划"方案，推进监测能力建设三年计划，推进信息化部省共建、大数据第二期建设，加强综合执法装备保障。

（九）有序推进绿色低碳循环发展

制定落实碳排放达峰行动方案，深入推进"碳达峰十大行动"。从严把好环境准入关口，严控"两高"项目，推进能源低碳绿色转型。加快建设岳阳长江经济带绿色发展示范区。推进清洁生产和能源资源节约高效利用，引导重点行业实施清洁生产改造，大力推行绿色制造，构建资源循环利用体系。推进垃圾分类和快递包装绿色转型，加强塑料污染治理，倡导绿色低碳生活方式。

B.6
践行湖南工业绿色发展
推进全省生态文明建设

湖南省工业和信息化厅

摘　要： 2021年，湖南省工信系统深入贯彻习近平生态文明思想，践行工业绿色发展理念，围绕"碳达峰、碳中和"和"三高四新"战略目标，积极推进工业绿色制造、节能降耗和资源综合利用等各项工作，开创了新局面，发展取得了新成就。下一阶段，湖南工业和信息化领域将持续推进工业节能减碳，切实提高全省工业企业能源利用效率和绿色低碳发展水平。

关键词： 节能降耗　综合利用　低碳　绿色发展

党的十八大以来，以习近平同志为核心的党中央高度重视生态文明建设，提出一系列新理念、新思想、新战略、新要求，系统形成习近平生态文明思想，指导推动我国生态文明建设取得历史性成就、发生历史性变革。湖南省工业和信息化厅坚持以习近平新时代中国特色社会主义思想为指导，深入贯彻习近平生态文明思想，切实推进工业绿色发展，工作开创了新局面，发展取得了新成就。

一　2021年湖南工信系统主要工作及成效

一年来，在湖南省委、省政府的坚强领导下，紧紧围绕"碳达峰、碳中和"和"三高四新"战略目标，坚持绿色发展理念，切实推进工业绿色制造、节能降耗和资源综合利用等各项工作，取得积极成效。2021 年，全省单位规模工业增加值能耗下降 4.6%，超额完成 3% 的年度目标任务。

（一）以"双碳"目标为引领，谋划布局工业绿色发展

1. 认真开展"双碳"研究学习

积极推进"湖南省工业领域碳达峰行动方案"编制，规划工业领域碳达峰目标路径。先后调研走访湖南大学、三一重工等 20 余家单位，完成"关于碳中和背景下湖南工业领域碳排放达峰工作的思考"调研分析报告。利用"工信大讲堂"等平台，邀请徐华清院士就"双碳"工作开展专题授课，强化工信系统干部培训学习，深入企业和园区，积极开展"双碳"政策宣讲和解读。完成工业绿色发展"十四五"规划编制，提出绿色发展 8 大任务和 5 个保障措施。完成新能源与节能产业"十四五"规划编制，为打造新能源与节能产业国家级产业集群谋篇布局。

2. 扎实推动工业企业绿色创建

湖南省下发了《关于征集 2021 年湖南省绿色制造体系创建计划的通知》，在全省征集绿色工厂、绿色园区创建计划，经企业、园区自愿申请，市州工信局或省直管试点县（市）工信部门推荐，遴选确定长沙中联重科环境产业有限公司等 80 家工业企业、长沙高新技术产业开发区等 11 家工业园区纳入绿色制造体系创建计划。同时，按照国家工信部绿色制造名单推荐工作的有关要求，积极推荐省内优质绿色制造企业和园区，申报国家级绿色工厂、绿色供应链管理企业和绿色园区，力合科技（湖南）股份有限公司等 25 家企业 2021 年获批为国家级绿色工厂、长沙经济技术开发区等 3 个园区获批为国家级绿色园区、广汽三菱汽车有限公司等 2 家企业获批为绿色供应链管理企业，获批数量居全国第 5，中部六省第 2。累积下来，湖南已创建国家级绿色工厂 100 家、绿色园区 10 家、绿色供应链企业 8 家。

3. 加大绿色设计产品培育推进力度

湖南省出台了 15 个省级绿色设计产品标准，发布了首批《湖南省绿色设计产品标准清单》，纳入首批清单目录的标准共 22 个。组织召开绿色设

计产品座谈会，制定湖南省绿色设计产品推进方案；广泛征集绿色设计产品标准，共征集绿色设计产品标准 80 余个，经专家评审，将 45 个标准列入第三批绿色设计产品标准入库计划名单。同时，积极推荐省内企业生产的 58 个绿色产品，申报国家级绿色设计产品，湖南红太阳新能源科技有限公司等企业的 42 个产品获批为国家级绿色设计产品，整体上在中部地区名列前茅。

4. 做好绿色制造项目验收考核

组织开展国家绿色制造系统集成项目验收评价工作，对长沙格力暖通等 3 个项目进行了验收评价，并成功通过专家组验收。2021 年 4 月，组织相关专家对力合科技等 4 家企业中标的 2020 年绿色供应商项目进行考核，并完成审核资料上报。长沙格力暖通等企业的 3 个国家绿色制造系统集成项目、力合科技等企业的 4 个绿色供应商项目，顺利完成验收考核，争取到中央财政资金 4200 万元的支持。

5. 组织开展绿色制造体系建设培训

在益阳市召开绿色制造体系建设培训会，邀请工信部节能司有关领导出席会议并作了发言，相关专家对新固废法和绿色工厂、绿色园区的培育创建进行宣贯和解读，国家级绿色工厂澳优乳业、绿色园区浏阳高新区在会上作了经验推广。扎实为园区和企业做好绿色技术推广服务，在湘潭经济技术开发区举办了 2021 年湖南省"绿色产品、节能技术"进园区推介活动，分享示范企业典型经验，促进绿色低碳生产和生活方式，提升企业绿色制造水平，推动工业经济绿色发展。

（二）以能源节约为导向，多措并举狠抓工业节能降耗

1. 加强工业企业节能监管

根据工信部要求和湖南工业节能监察工作的总体规划，制定了《2021 年湖南省工业节能监察工作计划》。依据企业 2020 年的实际能耗情况，梳理排查了重点用能企业，在排查工作的基础上，按照监察任务的要求和湖南的工作实际，制定了《2021 年湖南省工业专项节能监察工作实施方案》，对钢铁、水泥、数据中心等多个行业以及 2020 年违规企业进行专项监察，涉及

企业 114 家，其中 2020 年度违规企业整改落实情况专项监察企业 13 家，阶梯电价执行专项监察企业 59 家，重点高耗能行业能耗专项监察企业 39 家，数据中心能效专项监察企业 3 家；涉及年能耗总量 2560 万吨标准煤，占规模工业能耗的 40%。通过监察，发现 1 家水泥企业能耗指标超标，发现各类高耗能落后机电设备 5000 余台套，促进了卓越冶炼等多家企业高能耗生产线的退出。查出存在能耗超标行为的违规企业 1 家，已下达整改通知，要求其限期整改，以工业节能监察为抓手，有效地实施日常节能监管。

2. 培育能效标杆企业

按照《工业和信息化部办公厅 市场监督管理总局办公厅关于组织开展2021 年度重点用能行业能效"领跑者"遴选工作的通知》要求，积极组织省内高耗能行业生产企业申报能效"领跑者"，推荐 9 家企业申报国家工信部能效"领跑者"和绿色数据中心，其中湖南株冶有色金属有限公司、株洲华新水泥有限公司荣获工信部能效"领跑者"称号，湖南磐云数据中心被评为国家绿色数据中心，为全省重点用能企业树立能效标杆。同时，在省内开展了寻找重点工业行业能效"头雁"活动，从钢铁、有色、建材、石化、电力等 5 个行业的相关生产企业中筛选出了 16 家能效"头雁"，发挥行业先进能效水平的示范引领作用，有效推进高耗能行业能效对标达标。

3. 组织工业节能诊断服务

综合考虑专业水平、服务能力、企业认可等方面的要求，组织遴选了20 家优秀节能诊断服务机构。根据服务机构所擅长领域、行业特点及企业所属地域、服务能力等要素，将服务机构与接受诊断的企业精准对接，为省内 219 家企业提供了免费的节能诊断服务，涵盖水泥、有色、电力、化工等14 个行业，被诊断企业年总能耗达 514.82 万吨标煤，与同行业先进水平比较，能耗差距约为 4% 左右，总的节能潜力接近 20 万吨标准煤，相当于减碳潜力约为 52 万吨。通过专家现场的"把脉问诊"，共提出 677 条节能建议和措施，全部实施后预计每年可节能 10.53 万吨标准煤，实现经济效益 1.9亿元。

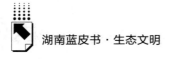

4. 推广应用先进节能技术装备

按照工信部关于开展节能技术装备产品推荐工作的要求，积极组织省内企业申报，中冶长天等企业的技术装备进入国家推荐目录。印发了《关于在省内征集节能"新技术、新装备和新产品"的通知》，共征集到近100个节能"新技术、新装备和新产品"，经过专家评审，遴选出40个项目向社会公布，通过节能监察、节能诊断、节能宣传活动等多种渠道，对遴选出的节能项目进行推广。同时，在郴州、益阳、湘潭经开区、望城经开区等地举办了多场推介活动，积极推动节能技术产品推广应用，引导工业企业采用先进适用技术装备产品，促进工业绿色、低碳、高质量发展。

5. 强化能耗标准约束

将工业企业能耗管理与落实湖南的产业政策紧密结合，依据强制性能耗标准，推进落后产能退出。湖南省工信厅会同省发改委印发了《2021年利用能耗标准依法依规推动落后产能退出工作实施方案》，以钢铁、水泥、焦化行业为重点，依法依规推动能源管理水平低、能耗达不到标准的落后产能退出，综合运用法律法规和必要的行政手段，推动高耗能行业提高能源管理水平。

（三）以绿色循环发展为方向，大力推进资源综合利用

1. 开展工业固体废物资源综合利用

积极配合推动出台了《支持有色金属资源综合循环利用产业延链强链的若干政策措施》（湘政办发〔2021〕49号），让人大代表的金点子成为促进工作的新政策；积极开展示范创建工作，永兴县经开区等2个园区、郴州雄风环保科技有限公司等7家企业和郴州金铖环保科技有限公司"稀贵金属冶炼废料资源化项目"分别获评为湖南省工业固体废物资源综合利用示范基地、示范企业和示范项目，加快推进有色金属资源综合利用产业发展。郴州市、耒阳市、湘乡市等3市纳入国家48个工业资源综合利用基地，推动全省工业固体废物资源综合利用产业向"高效、高值、规模利用"发展。根据国家工信部的安排部署，湖南省工信厅与益阳市人民政府共同举办了全

省工业系统新《中华人民共和国固体废物污染环境防治法》（以下简称《固废法》）宣贯会，组织开展新《固废法》宣贯，全面有效贯彻、落实固体废物污染防治"一法一办法"。

2. 推进新能源汽车动力蓄电池回收利用

国内首个动力电池第三方回收平台在长沙上线运营，2021 年 9 月，作为唯一被邀请省份，参与工信部新能源汽车动力蓄电池回收利用专项政策的研究推进工作，得到国家工信部充分肯定。开展新能源汽车动力电池回收利用监测工作，在全省梳理从事动力电池回收利用企业情况，加强信息采集，完善报送机制，加强对新能源汽车动力电池回收利用的监测。

3. 推动塑料污染治理和循环利用

根据《湖南省进一步加强塑料污染治理工作的实施方案》（湘发改环资〔2021〕857 号）、《湖南省塑料污染治理 2021 年工作要点》（湘发改环资〔2021〕428 号）明确的责任分工，制定塑料绿色产品标准，将湖南映宏新材股份有限公司的废塑料循环再利用塑木列入优先支持计划。开展省级固废资源综合利用示范，湖南安福环保科技有限公司、湖南同力循环经济发展有限公司等废塑料综合利用企业被评为湖南省第一批工业固废资源综合利用示范单位。

（四）以生态保护为目标，切实抓好工业领域环境治理

1. 推动环境治理产业发展

通过公布重大环保技术装备目录，对入选《国家鼓励发展的重大环保技术装备目录（2020 年版）》的 12 家环保企业 19 项技术装备编制了推广手册，在全省予以公布，搭建环保装备制造企业与需求用户有效对接渠道，积极推进全省先进环保技术装备在更大范围的应用推广。2021 年前三季度，产业链实现营业收入约 887 亿元，同比增长 15% 以上，其中环保装备及产品约 268 亿元、环境综合治理服务约 304 亿元、工业再生资源综合利用约 315 亿元，全年实现营业收入过 1150 亿元。山河智能装备股份有限公司等 8 家企业成功获评 2021 年第三批工业产品绿色设计示范企业；中联环境等 5 家企业成功获批 2021 年环保装备制造业规范条件企业。

2. 开展 VOCs 综合整治

湖南省下发了"关于做好 2021 年重点行业 VOCs 综合治理工作的通知",按照国家工信部绿色制造名单和《湖南省绿色制造体系建设管理暂行办法》的有关要求,对"重点行业 VOCs 综合治理任务清单"中涉及省级以上绿色工厂的企业,提出整改要求,对不符合绿色制造评价要求的单位将取消或撤销其绿色制造体系示范单位资格。

3. 深入推进自愿性清洁生产

贯彻落实中央深入推进重点行业清洁生产审核工作的要求,积极推动全省工业企业开展自愿性清洁生产。按照国家下发的"重点工业行业清洁生产技术推行方案",组织指导工业企业开展自愿性清洁生产审核,实施工业生产全过程控制,推广和应用清洁生产技术,优化能源使用结构,降低能耗物耗,减污增效。上半年,对 2020 年完成自愿性清洁生产审核工作的 156 家企业名单进行了公布;同时,对 2021 年拟开展自愿性清洁生产审核计划的企业名单进行公布,全省有 150 家以上企业通过自愿性清洁生产审核验收。

4. 抓好化工企业搬迁改造

根据《湖南省沿江化工企业搬迁改造实施方案》《湖南省沿江化工企业搬迁改造实施方案》的有关要求,建立了全省沿江化工企业搬迁改造工作月调度机制,加快类沿江化工企业的关闭退出工作。全省 35 家类沿江化工企业的关闭退出全部完成,同时完成了 3 家企业的异地迁建工作,圆满完成2021 年搬迁改造工作任务。

5. 强化环境保护工作职责

高度重视中央环保督察工作,成立了湖南省工信厅完成中央生态环境保护督察交办工作领导小组办公室,由厅主要领导任组长,分管领导任副组长,相关处室参加,全力支持和配合中央生态环境保护督查组,优质高效做好服务保障工作,顺利完成环保督察回头看工作。同时,根据省生态环境保护委员会《2021 年湖南省生态环境保护工作要点》等文件要求,下发了"关于落实工业和通信业 2021 年污染防治工作任务分工的通知",对全年的环境保护工作进行了任务分工,明确牵头处室,确保任务顺利完成。

二　2022年湖南工信工作发展思路

按照湖南省委、省政府生态文明体制改革工作的总体安排部署，持续推进工业节能减碳，努力提高全省工业企业能源利用效率和绿色低碳发展水平，全省单位规模工业增加值能耗下降3%左右。

（一）大力推进工业领域碳达峰工作

制定出台"湖南省工业领域碳达峰实施方案"，明确工业降碳实施路径、目标任务，积极推进工业领域低碳行动。推动传统产业低碳转型，制定碳排放、碳达峰路线图，坚决遏制"两高"项目盲目发展。开展降碳基础能力建设，鼓励支持全省工业领域开展碳排放数据碳核算体系建设，建立碳排放管理信息系统，健全工业企业碳排放报告管理机制。积极推进节能降碳设备应用，开展降碳重大工程示范。

（二）继续推进工业绿色制造体系建设

以《湖南省工业绿色"十四五"发展规划》为引领，聚焦"3+3+2"产业集群，大力推动绿色节能环保产业发展，促进传统产业转型升级，提升传统产业绿色化发展水平。大力推进绿色工厂、绿色园区示范创建，培育绿色标杆示范项目，探索开展绿色工厂、绿色园区动态管理机制和工业绿色发展年度发展报告制度。加快推进工业绿色产品标准制定，加大绿色设计产品开发力度，积极推进工业绿色设计示范企业创建，依托财政首购制度大力推进绿色设计产品推广应用。启动省级绿色供应链企业评选认定，开展绿色制造供应商培育，逐步构建数据支撑、网络共享、智能协作的绿色供应链管理体系。依托"绿博会"、低碳日、节能宣传周等平台，大力开展绿色低碳宣传，加快推动工业绿色生产消费。

（三）扎实推进工业节能降碳工作

积极推广先进适用节能低碳技术、工艺和装备，重点实施高耗能通用设备改造、长流程工业系统改造和余热余压高效回收节能技改，推动传统产业能源效率提升并迈向中高端。开展电机能效提升行动，组织一批使用工业窑炉、锅炉、电机等设备的重点用能企业开展设备节能升级。培育一批能效"领跑者"、水效"领跑者"、"能效之星"，推动重点能耗工业企业持续赶超引领。贯彻落实"节水优先"方针政策，推进工业节水减排，开展节水型企业培育和创建。加快节能监察队伍能力建设，不断提升执法能力和水平。强化工业节能监察，拓展监察执法领域和应用范围，深入实施国家重大工业专项节能监察，统筹推进重点行业、重点用能单位、重点用能设备节能监察。全面开展节能诊断服务，重点推进节能诊断服务进企业活动，在部分工业园区试点全覆盖节能诊断。推进全省工业企业节能减碳监测智慧云平台建设，积极开展能源监测大数据分析，打造全省节能监测大数据平台。

（四）着力提升工业资源综合利用水平

全面贯彻落实湘政办发〔2021〕49 号文件精神，从减量化、资源化和再利用入手，通过示范项目评定以及项目资金、税收优惠和政策引导推动工业固废资源综合利用向专业化、规范化、规模化和绿色化发展。推进郴州、耒阳、湘乡 3 个国家工业资源综合利用基地建设，做好省级工业固废资源综合利用示范基地、企业、项目认定培育工作，树立行业标杆，引导和推动工业固废综合利用产业高质量发展。组织指导企业申报再生资源行业准入公告，加强对废钢铁、废塑料、废旧轮胎等已公告再生资源利用企业的事中、事后监管，促进再生资源行业规范有序发展。积极培育发展再制造产业，制定出台省级再制造产品认定管理办法，鼓励和支持一批工程机械、汽车零部件、机电等产品以及再制造产业基地发展。

（五）加快推进新能源汽车动力蓄电池回收利用

加强动力蓄电池全生命周期溯源管理与回收利用动态监测，深入推进系统集成解决方案项目，探索推广"互联网+回收"等新型商业模式，鼓励产业链上下游企业共建共用回收渠道，建设一批集中贮存型回收服务网点，提高回收网络运行效率。推进废旧动力电池高效综合利用，提高余能检测、残值评估、重组利用、安全管理、低值电池高值再生利用等技术水平，支持获得认证的梯次产品在储能、备电、充换电等领域规模化梯次应用。加大骨干企业培育力度，打造网络完善、技术先进、管理规范的新能源汽车动力蓄电池回收利用产业链。

（六）稳步推进环境治理技术及应用产业链发展

加快组织实施《湖南省环境治理技术及应用产业链三年行动计划（2020-2022）》，着力培育一批优势骨干企业，实施一批重大产业项目，推进一批新技术装备产业化，开展补链、延链和强链。积极推进环保技术装备产业化，围绕通用机电产品、有色金属、大气治理装备、污水治理装备、环境监测仪器、高值废旧产品再制造等优势领航企业，培育一批环境治理系统解决方案供应商。探索开展环境综合治理模式创新，依托重点环境治理领航企业和相关联盟、协会，强化培训和试点示范带动作用，在全省工业园区积极推进第三方治理模式，提升环境治理服务水平，推动环保产业持续发展。开展环境治理产业先进技术及装备产品典型案例征集、评选和宣传推广活动，建立完善全省环境治理产业装备产品目录。

（七）积极配合实施工业领域环境保护工作

认真贯彻落实中央和省委、省政府各项工作部署，积极推进长江经济带发展战略，认真开展中央环保督察发现问题整改销号工作，配合开展好污染防治攻坚战、漾水流域河长制等重点工作。引导支持市州积极推进工业企业自愿性清洁生产审核，统筹开展相关法律法规和标准体系的宣贯和培训，重点推动工业园区及其重点企业开展清洁化生产改造，有效提升全省工业企业清洁化水平。

B.7
全力推进湖南城乡污水处理设施建设
写就绿色发展新答卷

湖南省住房和城乡建设厅

摘 要： 湖南省贯彻落实习近平生态文明思想，坚决扛起"守护好一江碧水"的政治责任，牢固树立"四个意识"，坚决做到"两个维护"，按照省委、省政府工作部署要求，省住建厅以推进城乡环境基础设施建设为重点，坚持统筹谋划、聚焦重点、问题导向、分类施策，着力推动城乡生活污水治理高质量发展，取得了积极的成效。

关键词： 环境基础设施 污水处理 绿色发展

近年来，湖南省委、省政府高度重视生活污水垃圾治理工作，2019年高规格召开全省推进城乡环境基础设施建设现场会，部署实施污水处理提质增效和生活垃圾治理等6项重点工程。省住建厅按照省委、省政府部署安排，以提升城乡污水垃圾收集处理效能为抓手，以改善生态环境质量为目标，狠抓设施建设和运营管理，为全省打赢污染防治攻坚战做出了积极贡献。

一 湖南城乡污水处理设施建设总体情况

截至2021年底，全省共建成163座县以上城市生活污水处理厂，总设计处理规模为987.4万吨/日，较2018年增长22.3%，其中出水排放标准执行准Ⅳ类6座、一级A标130座、一级B标27座，出水执行一级A及以上标准的处理规模达909.9万吨/日，占比92.15%；建制镇污水处理设施覆盖率达77%；全省共建成排水管网3.72万千米，较2018年增长30.5%，其中污水管网1.49万千米，雨水管网1.39万千米，合流制管网0.84万千米；全省地级城市整治前共上报生活污水直排口375个、管网空白区96.1平方千米，生活污水直排口和管网空白区已全部消除。截至2021年底，全省地级市、县级市生活污水集中收集率分别达到71.43%、38.71%，较2018年分别提升了18.66个、13.85个百分点；31个设市城市进水BOD平均浓度为76.14毫克/升，生活污水收集处理效能明显提升。纳入国家考核任务的地级城市建成区黑臭水体总数为184个，已完成整治并达到"长制久清"效果要求的182个，全省黑臭水体平均消除比例达到98.9%，圆满完成了国家"水十条"、污染防治攻坚战、《城市黑臭水体治理攻坚战实施方案》等考核目标要求。通过开展黑臭水体治理，长沙市圭塘河、龙王港，岳阳市东风湖等摘掉了"黑臭"帽子，实现了华丽转身，变成了水清岸绿的生态公园。

二　湖南推动城乡污水处理设施建设的主要工作举措

（一）科学谋划高位推动

湖南省坚持以问题为导向，立足新发展阶段、构建新发展格局，贯彻"绿水青山就是金山银山"的发展理念，以推进城乡环境基础设施建设为总揽，作为人居环境改善的民生项目、作为推动乡村振兴的重要抓手，实现社会效益和生态效益双丰收。一是开展了县以上城市污水处理提质增效、黑臭水体整治、城市生活垃圾分类等专项行动。围绕专项行动部署实施，先后召开了全省城市污水治理提质增效、城市黑臭水体整治、城镇生活垃圾焚烧处理设施建设、城市生活垃圾分类等现场会，配套出台了项目审批绿色通道及指南、雨污分流技术导则、PPP操作指引和合同文本、推进垃圾分类实施意见等多个政策和技术文件，为基层推进工作"修路架桥"。二是自启动乡镇污水处理设施建设"四年行动"（2019~2022 年）以来，全省乡镇污水处理治理水平明显提高。截至 2021 年底，全省 914 个建成（接入）污水处理设施，较 2018 年底增长 2 倍，全省建制镇污水处理设施覆盖率达到 77%。长沙、岳阳、益阳、常德、张家界等 5 市实现了 100%全覆盖，59 个县市区的建制镇污水处理设施提前全覆盖。三是加强指导督促。将城市生活污水垃圾治理重点任务纳入全省污染防治攻坚战、河长制工作考核内容，列入省政府真抓实干督察激励范围，进入全省高质量发展评价体系，倒逼各级各单位压实工作责任。湖南省住房和城乡建设厅建立厅领导联点督导工作机制，每个厅领导常年督导 1~2 个市州的污水垃圾治理情况；每年委托第三方机构开展技术服务督导。

（二）集成政策全力支持

湖南省积极完善配套政策，以乡镇污水处理设施建设四年行动实施方案为总揽，出台了贯穿项目规划、建设、运行全过程的审批绿色通道及指南、污水处理收费、财政奖补办法、PPP 操作指引和合同文本、污水排放标准、接户管建设、质量安全管理、智慧管理、规范运营管理等 20 多个政策和技术文件。坚持系统性、协同性和可操作性的原则，湖南省住建厅各部门充分发挥合力，为市县工作推进"修路架桥"，释放政策支持的原动力。同时，组织排水专项规划审核指导全覆盖，组织污水处理一体化设备测试大比武，帮助市县优化方案、节省投资，在技术上给予强有力的支撑。

（三）要素保障持续发力

湖南省出台乡镇污水处理设施建设四年行动财政奖补办法，省财政厅按总投资的 20%予以专项奖补，覆盖全省所有建制镇，支持力度前所未有。两年多来，湖南省各级政府克服疫情和经济下行压力，持续加大对乡镇污水治理的投入，财政资金、债券资金、银行资金和社会资本多路齐聚，汇流成海。财政奖补聚力，在国家没有财政专项资金支持的情况下，湖南省财政克服困难、多方筹资，安排奖补资金达 22 亿元，省发改委争取中央预算内资金 4 亿元。债券资金助力，安排一般债券 40 亿元、专项债券 17 亿元。银行贷款给力，2019 年以来，湖南省乡镇污水治理类项目在农业发展银行累计入库 158 亿元，审批 120 亿元，投放 56.4 亿元；在国开行入库 168 亿元，共授信 83.53 亿元。社会资本合力，据统计，59 个县市采用供排水一体、城乡一体、增量和存量一体等多种方式将项目打包，采取 PPP 模式，涉及总投资 284 亿元，引入社会资本 200 多亿元，多管齐下有效缓解筹资难问题。另外，积极引入社会资本参与项目建设；累计引入长江环保集团、盈峰环境、省建工集团等社会资本逾 300 亿元投入污水垃圾治理项目。

（四）责任落实不断强化

坚持目标导向、结果导向。一是湖南省将城市生活污水垃圾治理重点任务分别纳入全省污染防治攻坚战、河长制工作等考核内容，倒逼各地压实主体责任；连续两年将生活污水垃圾治理工作列入省政府真抓实干督察激励措施，将生活污水集中收集率等指标纳入全省高质量发展评价体系，对各地工作情况实施考评；湖南省住房和城乡建设厅建立厅领导联点督导工作机制，将生活污水垃圾治理、黑臭水体整治纳入重点督导内容；每年安排专项经费，委托第三方机构开展技术服务督导。二是湖南省将乡镇污水治理纳入污染防治攻坚战、河长制考核，建立省、市、县、乡镇四级督察考评机制。三是将乡镇污水处理设施建设纳入"洞庭清波"及"夏季攻势"，持续开展乡镇污水处理设施建设和运营专项评估督导。四是建立了任务清单、问题清单、责任清单 3 张清单，任务明确到人到具体时点，拉条挂账，对单销号。五是乡镇污水处理设施建设实现由"建设为主"到"建管并重"的突破。会同省发改委等 4 部门出台《关于规范和加强全省乡镇生活污水处理设施运营管理的通知》等一系列文件，进一步规范乡镇污水处理设施运营管理。

三　2022 年湖南推进城乡污水处理设施建设的思路举措

湖南省将"三高四新"战略定位和使命任务贯穿全省住房和城乡建设

事业发展全方位、全领域、全过程，推动人文住建再深入，绿色住建再创新，智慧住建再升级，清廉住建再从严。湖南省住建厅将持续深入贯彻习近平生态文明思想，落实《中共中央国务院关于深入打好污染防治攻坚战的意见》精神，按照省委、省政府的部署安排，着力补短板、强弱项，抓治理、提品质，全面提高污水垃圾收集处理设施水平和运行效率，推动减污降碳协同增效，促进生态环境质量持续好转。

（一）抓好生态环境突出问题整改

制定"问题清单、责任清单、销号清单"，对中央环保督察、长江经济带警示片等反馈的突出问题实行台账管理，逐项明确整改措施、整改时限、责任单位。湖南省住建厅持续开展厅领导联点督导和第三方技术服务督导，高质量推进现有问题整改，严防已整改问题反弹。严把问题整改销号关，对未达到销号要求的坚决不予销号。

（二）加快补齐污水管网短板

出台全省县以上城市污水管网建设改造攻坚行动实施方案、全省"十四五"城镇污水处理及资源化利用设施建设计划，加强排水管网建设改造工程质量管理，新建城区严格执行雨污分流，老旧城区逐步推进雨污分流改造，大力实施老旧管网改造、混错接改造，推进溢流污染治理；对现有污水处理能力不能满足需求的，督促加快新扩建污水处理厂。积极推广"供排一体、厂网一体、存量增量一体、建设管理一体"的管网建设和改造模式，引入社会资本参与污水处理提质增效，破解资金难题。到2025年，城市生活污水集中收集率达到70%或比2020年提高5个百分点。打好乡镇污水处理设施建设四年行动的收官之战，2022年实现全省建制镇污水处理设施基本覆盖。

（三）提高信息化管理水平

持续推进排水管网排查检测，摸清家底。指导常德市建设"智慧排水"

信息系统（标配），免费配发给其他市县使用，按照"标配+特配"方式推进信息化建设。指导株洲市、澧县、攸县推进"智慧排水"示范城市建设。

（四）加强污水处理厂及管网运营管理

指导各地研究将排水管网系统细化为"排水单元"，实行网格化管理，鼓励委托第三方开展排水管网运营维护；开展已建成项目"后评估"，对标长江经济带生态保护工作要求，配套完善省级政策措施。出台全省县以上城市生活污水处理厂运行管理等级评价管理办法，对污水处理厂运行管理开展等级评价，评价结果与评优评先、文明（园林）城市创建、资金安排挂钩，倒逼政府监管责任和企业主体责任落实；督促污水处理厂安装进水水质在线监测设施并稳定运行，对监测数据弄虚作假的企业严厉查处；建立从业人员考核培训体系，制定关键岗位人员配备标准，实行持证上岗，吸纳优秀人才进入行业，提升从业人员专业技能水平。

B.8
2021年湖南水利系统生态文明建设的成效、经验、问题和建议

湖南省水利厅

摘　要： 在湖南省委、省政府的坚强领导下，省水利厅深入贯彻习近平生态文明思想和习近平总书记"节水优先、空间均衡、系统治理、两手发力"治水思路，牢记习近平总书记殷殷嘱托，扛实长江大保护的政治责任，"一江一湖四水"系统联治，保障"水缸子"安全，全力守护好一江碧水，加快建设与经济社会发展和生态文明建设要求相适应的水生态、水安全体系，持续提升水安全保障能力。

关键词： 水利工程建设　水资源保护　水美乡村建设　河湖长制　河湖管理

一　湖南水利系统生态文明建设的成效

（一）全力推进水利工程建设

水利是基础设施建设的重要领域，对于拉动有效投资、稳定经济增长、增加就业、改善民生具有重要作用。要围绕国家水网建设总体布局，落实"十四五"水安全保障规划，多措并举加快水利工程建设，增强全省水安全保障能力。

1. 扎实做好防汛救灾准备，确保洞庭安澜

督促完成洞庭湖区秋冬修险工处置和洞庭湖区朝天口回填，组织修订完善了洞庭湖区在建重大水利工程度汛预案、主要内河内湖防汛排涝调度方案、蓄洪垸运用预案、蓄洪垸启用技术方案，完成了蓄洪垸居民财产登记工作，举办了湖区防汛抢险技术培训班，全力做好汛前准备。根据湖南省水利厅统一安排，汛期共派出 5 批次人员指导险情处置工作，为防汛提供有力技术支撑。指导市县开展松滋河东支马坡湖堤段滑坡、株洲市天元区湘江湘水湾垮坡、南湖垸油麻潭堤段外垮坡等险情处置。2021 年洞庭湖区汛情总体偏轻，未垮一库一坝、未溃一堤一垸、未发生群死群伤，有效保障了人民群众生命财产安全，确保洞庭安澜，实现了省委、省政府"五个确保"的工作目标。

2. 加快重点工程建设，筑牢生态文明基础

按照全省水安全战略规划布局，锚定洞庭湖地区新老水问题，围绕"一江一湖四水"系统联治，各项重大工程建设稳步推进。

一是推动重要蓄滞洪区建设。建成钱粮湖、共双茶、大通湖东垸三大垸共 11 个安全区、2 个安全台、3 个分洪闸，可承担城陵矶附近 50 亿立方米蓄洪任务，三垸蓄洪工程的建成进一步完善了长江中下游防洪体系。

二是提升重点易涝区排涝能力。对洞庭湖流域受灾频发、涝灾影响人口多、经济损失大、影响国家粮食安全、治理需求迫切的重点易涝区进行系统治理。2021 年完成沅南涝片、安保-安造涝片、高铁新城涝片、湘江新区涝片、汨罗江尾闾涝片、岳阳楼涝片等 8 个涝片的排涝设施建设，共新增排涝能力 1237 米^3/秒，新增和改善除涝面积 926.1 万亩，洞庭湖区整体排水能力得到明显提升，全面达到 10 年一遇的排涝标准，洞庭湖区治涝工程体系进一步完善，有效缓解了渍涝灾害，700 余万人生命财产安全更有保障，同时改善生态环境，为生态文明建设提供了有力保障。

三是强化洞庭湖北部地区分片补水调水。立足洞庭湖北部地区河湖水网布局及水文情势实际，在完成北部补水一期工程的基础上，2021 年上半年

聚焦区域内群众饮水安全这一民生急需，实施安乡县安造安昌安化垸补水工程、澧县梦溪补水工程、益阳市大通湖垸明山补水工程、益阳市大通湖南部水系连通工程、华容县护城垸补水工程、君山区君山垸补水工程等6个分片补水二期项目，涉及岳阳、常德、益阳等3市8县市区，以四口水系为主要水源，仅用半年时间完成谋划、前期和启动建设，6个项目已全面开工建设，按计划2023年全面建成，有效改善超过30万人、100万亩耕地生活生产水源条件和河湖水质。

四是完成沟渠生态疏浚工程。督促湖区29个县市区完成洞庭湖区沟渠塘坝清淤疏浚2020年度实施项目验收、考核，并组织开展省级复核和终期评估。2018~2020年湖区各地共完成6.45万千米沟渠疏浚和11.17万口塘坝清淤，全面完成洞庭湖生态环境专项整治三年行动任务，有效解决了湖区垸内沟渠塘坝淤塞、排灌不畅、水环境恶化等问题。

五是全面启动三峡后续6个项目建设，并较好完成年度计划。

六是完成大通湖、珊珀湖等两个山水林田湖草沙一体化项目建设与验收。

3. 超前谋划重大项目，强化生态文明保障

立足当前，着眼长远，明确专人专班，抓紧推进重大项目储备，为生态文明建设提供强有力的保障。

一是推进重要堤防加固前期工作，加快推进洞庭湖区松澧垸、安造垸、沅澧垸、长春垸、烂泥湖垸、华容护城垸等6个重点垸堤防加固一期工程建设，共77.2亿元项目可研，获水规总院技术审查并经水利部同意报国家发改委立项。

二是四口水系综合整治工程突破瓶颈，水利部已印发可研任务书并明确2023年完成可研报告，长江委将组织湖南、湖北两省建立高位协调机制强力推动，力争"十四五"开工建设，综合解决区域的水资源及水生态环境等突出问题。

三是启动城陵矶综合枢纽工程深化研究，着力对洞庭湖水生态系统进行再修复、再完善、再平衡，构建洞庭湖区生态水网。

四是启动 2022 年山水林田湖草沙一体化保护和修复工程水利子项目申报，争取将 7 个项目列入申报范围，申请中央补助资金 5 亿元。

（二）提高水资源集约节约利用水平

把节水摆在优先位置，全方位贯彻以水定城、以水定地、以水定人、以水定产的"四水四定"原则，从严从细管好水资源，全面提升水资源集约节约利用能力和水平。

1. 健全水资源管理制度

印发《湖南省"十四五"水资源配置及供水规划》，推进优水优用，为构建湖南水网提供水资源保障。推进建立水资源刚性约束制度，在全国率先确定地下水水量和水位指标，印发了《湖南省地下水管控指标确定方案》《湖南省主要流域水量分配方案》，健全各级行政区用水总量和效率管控指标体系，研究编制"湖南贯彻落实《水利部关于建立健全节水制度政策的指导意见》工作方案"。

2. 强化水资源保护

指导各市、县完成千人以上农村集中式饮用水水源地名录公布，进一步规范了饮用水源地管理。加强主要河流生态流量监测预警和应急调度，强化小水电站生态流量监管，部、省考评断面年内生态基流保证率实现全面达标，保障了河湖生态安全。督促指导圭塘河和涟水河完成生态保护修复工程试点水利项目建设工作，建成了山水林田湖草水利样板工程。

3. 大力推进节水工作

落实《国家节水行动湖南省实施方案》，持续开展节水载体建设和节水示范建设，争取中央投资 1982 万元，推动新建成 19 个县域节水型社会达标县、20 所节水型高校、33 家省级节水型企业、121 家省直公共机构节水型单位、300 家水利行业节水型单位，节水示范效果明显。编制《县委书记谈节水》《湖南节水科普知识读本》等 3 套书籍，世界水日·中国水周期间组织的"节水湖南，你我同行"系列宣传活动，被水利部评为"全国优秀宣传活动"，湖南省水利厅在"第二届全国节约用水知识大赛"中荣获"特别组织单位奖"。

4.深化改革创新

开展湘江流域典型区域水资源资产评估，编制完成"湘江流域典型区域水资源资产评估研究报告"。在长沙县桐仁桥灌区实现农业灌溉水权回购，指导宜章县与临武县就莽山水库供水签署水权交易框架协议。牵头完成郴州水资源可持续发展创新议程年度重点工作，完成长株潭一体化2021年度水利重点工作，向湖南省自然资源厅提供水资源等涉水资产家底，并顺利通过省人大常委会对国有自然资源资产管理情况专项报告的首次审议。

（三）夯实乡村振兴水利保障基础

立足乡村河道特点和保护发展需要，开展水系连通与水美乡村试点建设和"水美湘村"示范创建，积极推进农村水系综合整治和水生态保护治理。

1.水系连通及水美乡村试点县建设

立足乡村河道特点和保护发展需要，农村水系综合整治是满足农村群众对美好生活期盼的具体行动。加快国家水系连通及农村水系综合整治3个试点县建设，目前，岳阳县、津市市、娄星区3个试点县（市、区）已基本完成，累计完成总投资超13亿元，治理农村河道205千米、湖塘633个，部分重点集镇河段防洪能力达到20年一遇标准，岸线绿化率达90%以上，其中津市市2020年度被国家评定为优秀。

2."水美湘村"示范创建

以小微水体治理为重点，在全省范围内开展22个村创新开展"水美湘村"示范创建，着力打造"民俗民风、红色人文、自然风光、复合型"4类村庄治水样板。目前，22个项目已基本完成建设任务，累计治理农村河道23.3千米，建设生态护岸16千米，新建改造塘坝32处，整合打造人文景观50处，服务人口3.25万人，显著提升了沿河湖百姓的宜居环境和幸福指数，提高了农村水安全保障水平、农村河湖治理水平和管护能力，促进了农村产业发展。

3.农村小水源供水能力恢复

全省范围内实施农村小水源供水能力恢复三年行动，2021~2023年，湖南省级财政将每年补助2亿元，通过三年建设，力争完成投资15亿元，清淤整治小水源工程 3 万处，恢复供水能力 1 亿立方米，力争实现"小水源、大粮仓"。2021 年，50 个县（市、区）完成农村小水源供水能力恢复 11927 处，新增蓄水能力 3500 万立方米，水源保障能力和农业防灾减灾能力显著提升，有效改善了项目区人居环境。

（四）加快建设美丽幸福河湖

尊重自然、顺应自然、保护自然，从生态整体性和流域系统性出发，按照山水林田湖草沙系统治理要求，复苏河湖生态环境。

1. 深化河湖长制

一是强化组织协调。协调 19 名省级河湖长巡查河湖 40 次，召开省总河长会议、省河长办主任会议等各类会议 26 次。发布第 7 号省总河长令，完成 16 条省级河湖排污口排查建档。制定省河湖长制年度工作要点，按季度开展暗访督察和调度推进，年度 6 大类 32 项任务全面完成。

二是提升管护效能。落实《河长湖长履职规范（试行）》，创新推行责任河湖长向上级河湖长述职制度，全面建立"河长+检察长"协作机制。完成河湖长系统信息互联互通建设，启动新一轮"一河（湖）一策"（2021~2025）编制。对 16 条省级河湖实行卫星遥感季度监测，持续为长效管护增效赋能。

三是聚力问题整治。深化"洞庭清波"河长制专项行动，重点督办完成涉水问题 23 个，常宁水口山、沅陵加油码头等老大难问题得到整治。强化调度和督导，水利部交办的 20 个非法矮围、省总河长会议交办的 13 个重大问题全面销号，交办的其余 406 个问题基本完成整改。

四是加强示范引领。全年有 7 项工作经验做法被水利部推广，2 个案例入选水利部典型案例汇编，成功承办全国"强化河湖长制 建设幸福河湖"高峰论坛，省河长办做典型发言，湖南拍摄的全国首部河长制题材电影《浏阳河上》作为论坛主题电影举行首映，向全国代表同仁展示了湖南"亮色"。联合省委宣传部、团省委等开展系列宣传和志愿者活动，开展 50 个美丽河湖、50 个优秀河湖长、50 个最美河湖卫士评选，新打造乡镇样板河段 1800 多条，持续营造共建、共享、共护氛围。

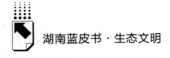

2.强化河湖管理保护

严格河湖水域、滩涂、岸线等重要水生态空间保护，编制江河湖库保护利用国土空间专项规划，强化水域空间管控。持续推进"清四乱"常态化规范化，清理整治439个河湖"四乱"问题。加强河道采砂管理，科学确定可采区、控采量，保障采砂秩序稳定可控。取消年度采砂计划刚性约束，调整禁采期和禁采时限，不断提高开采能力，2021年全省完成砂石开采8121万吨，增加财政收入近50亿元。严格涉河项目管理，确保河湖空间完整、功能完好、生态安全。

二　湖南水利系统推进生态文明建设的经验

（一）强化资金、技术保障

开展水系连通与水美乡村试点建设和"水美湘村"示范创建，推进农村水系综合整治和水生态保护治理，在不改变国家和省级财政补助等资金来源的基础上，多元化、多渠道、多层次筹措资金，吸引社会资本参与项目建设，特别是农村小水源供水能力恢复采取"以奖代补"的方式积极引导项目区群众投工投劳，为项目建设提供了坚强的资金保障。积极探索水利技术专家和村民代表联合组队的模式，以问题为导向，协商确定村庄水系综合整治的建设内容和标准，并激励引导熟悉乡村水系情况的乡贤、能人参与到项目建设中。

（二）创新推行责任河湖长向上级河湖长述职制度

强化各级河长湖长履职尽责，在已实行市级总河长通过省总河长会议向省总河长述职的基础上，全省全面推行责任河湖下级河长湖长向上级河长湖长述职制度。明确市、县、乡、村四级承担有具体河湖管护责任的河长湖长向相应责任河湖的上一级河长湖长述职。河长湖长述职每年至少开展一次，可根据实际情况，结合河长湖长巡河巡湖、河湖长会议及工作汇报等，采取会议述职或书面述职等方式进行。上一级河长湖长要在下级河长湖长述职后进行工作点评，找准存在的问题，明确整改的方向，防止流于形式，敷衍应付走过场。

（三）16条（个）省级河湖实行动态监管全覆盖

为精准推进全省河湖管护，湖南积极探索监管手段，强化河湖日常巡查，逐步推行卫星遥感、无人机、视频监控等现代手段对河湖进行动态监管，目前全省大多数河湖新增问题能及时发现和解决。为进一步深化河湖监管，助力各级河长湖长履职，由湖南省河长办牵头，省自然资源厅联合省水利厅，以季度为周期对省级领导担任河湖长的16条（个）河湖（包括长江湖南段、洞庭湖、黄盖湖、湘江、资江、沅江、澧水、浏阳河、渌水、洣水、涟水、耒水、舂陵水、舞水、酉水、溇水干流）开展卫星遥感监测，针对问题核查整改，闭环清零，不断提升河湖现代化管护水平，推动河湖管理保护与治理向纵深发展。

（四）推进用水权市场化交易

1. 开展湘江流域典型区域水资源资产评估

系统性研究提出了水资源资产核算方法和水资源资产价值量模型，赴黄材水库、株树桥水库与东江水库等湘江流域典型区域开展现场调研，围绕水资源实物量与价值量分别开展资产评估，编制了"湘江流域典型区域水资源资产评估研究报告"，分析得出典型区域现状年和规划年水资源资产价值，为湖南乃至全国水资源资产评估做出了开创性探索。

2. 加快推进用水权市场交易

加快培育水权市场，推动各地结合实际探索水权交易。长沙县桐仁桥灌区连续第三年通过国家水权交易平台完成上年度节余农业灌溉水权回购工作，回购2020年度节余水权356.12万立方米。在严控用水增量的前提下，有效盘活了水资源存量，提升了水资源的使用效率和效益，提高了灌区农户自觉节水、主动交易的积极性。指导郴州市宜章县与临武县就宜章莽山水库向临武县供水事项签署水权交易框架协议，目前两县已签订供水协议书，正在协商通过国家水权交易平台进行交易。

三 湖南水利系统面临的主要问题

推动洞庭湖生态文明建设工作还面临不少困难和挑战。

一是防洪蓄洪短板突出。三峡工程建成运行，一定程度上提升了洞庭湖区的防洪能力，但洞庭湖仍是长江中游洪水调蓄主战场，防洪蓄洪形势依然严峻。堤防设计水位偏低，由于蓄滞洪区建设滞后，不能按计划分蓄洪，湖区堤防常常逼高水位、超标准运行。

二是水资源短缺局部存在。洞庭湖区没有大型水源调蓄工程，用水水源主要依靠湖泊、河道来水，水资源调控能力不足。近年来，受江湖关系变化影响，枯期长江水进不来、洞庭湖水蓄不住，河湖水位降低，季节性干旱、断流式缺水问题凸显，除松滋西河外，其他河道年均断流达 146~266 天，四口水系沿岸地区 300 万亩耕地、280 万人口缺水问题突出。

三是水生态保护压力增大。受江湖关系变化和人类活动影响，洞庭湖水污染防治、水生态修复任务重、压力大。三峡水库和长江上游水库群陆续建成运行，在发挥巨大的防洪和发电效益的同时，也加剧了荆江河床冲刷，导致洞庭湖枯期提前、延长，洞庭湖水位相比三峡蓄水前平均下降 1~2 米，枯水期平均提前了 30 天，带来河湖生态空间缩窄、湿地碎片化问题。

四是水生态环境协同保护机制需进一步健全。洞庭湖水生态环境保护是一项系统工程，涉及江湖两利统筹、上下游共治、水陆协同和跨领域跨省域合作，但目前河湖监管能力不足、手段落后，重经济轻生态、先污染后治理的传统思维还没有完全消除，协同机制和法律法规体系还不完善，难以统筹推动四口水系综合整治等长江大保护重点工程。

四 进一步推进湖南水利系统生态文明建设的建议

（一）强化顶层设计，持续推动河湖水生态管护责任落实

1. 突出规划引领

认真落实水安全战略规划，把河湖水生态理念融入水资源开发、水环境保护、水污染防治和水生态修复各环节。

2. 推进河湖长履职

按照水利部关于河湖长履职尽责的指导意见及湖南省细化实施方案，督促各级河湖长履行河湖水生态保护职责。

3. 完善补偿机制

落实流域水生态补偿机制，鼓励各地开展多种形式的水生态补偿探索，推动建立公共财政主导、全社会共同参与的多元化河湖水生态保护投入机制。

（二）坚持系统治理，持续改善河湖水生态

1. 积极推进河湖水系连通

集中力量加快洞庭湖治理，加快推进四口水系综合治理，大力实施引调水工程，提高区域水资源调控能力，保证河湖行洪通畅。

2. 推进水污染综合整治

进一步贯彻落实水污染防治行动计划，加强城市水体污染综合治理，推进黑臭水体治理攻坚。积极开展调水引流、生态修复、排污口整治、河湖清淤等水资源保护工程建设，加强县级以上城市所处河段的河道保洁，提升城市水环境。

3. 加强河湖水域岸线空间管护

加强河道采砂规范化管理，常态化、规范化开展河湖"清四乱"整治，完成河湖划界及岸线规划并加快推进成果上图，严格涉河审批，进一步规范涉河建设项目许可。

（三）着力夯实基础，进一步健全河湖监管体系

1.严格水资源约束

坚持"节水优先"，落实国家节水行动方案，按照"把水资源作为最大的刚性约束"要求，严格取水许可、水资源论证、水利水电建设项目环境影响评估等制度，严守水资源消耗总量及强度上限、水环境质量底线、水生态保护红线。严格入河湖排污口监督管理，实行入河湖排污口登记制度，建立严格监管入河湖污染物排放的环境保护管理制度。

2.加快智慧河湖建设

推广应用"全省水利一张图"。扩大信息资源整合共享范围，完成主要业务系统整合，实现一张网、一张图、一套基础数据、一个门户。充分运用遥感比对、云计算、大数据、物联网、移动互联、人工智能、5G等技术，推动信息技术与河湖管护深度融合。

3.建立健全长效管护机制

建立河湖日常巡查制度，督促县乡村落实河湖保洁经费，明确河湖保洁员，做到"有人管、有钱管"。通过现场巡查、遥感监控等多种手段，及时发现问题、处理问题。同时依托河湖长制平台，充分发挥河湖长的组织领导和协调推动作用，推动出台重要政策，着力解决重大问题、难点问题。

（四）积极营造社会氛围

倡导先进的河湖水生态价值观和适应要求的生产生活方式，营造和谐的水文化氛围，传播与弘扬水文化，倡导与建立全民科学的河湖水生态价值观，努力形成全社会关爱河湖新风尚。

推动农业绿色发展　建设生态宜居乡村
——湖南省农业农村生态文明建设报告

湖南省农业农村厅

摘　要： 2021年，湖南省农业农村部门牢记习近平总书记"守护好一江碧水"殷殷嘱托，深入贯彻落实"绿水青山就是金山银山"发展理念，努力推动农业绿色发展、建设生态宜居乡村，在农业农村生态文明建设方面取得重要进展；但也面临一些问题和挑战，需要久久为功、持续发力。2022年要以深入打好污染防治攻坚战为重点，攻坚克难、善作善成，继续推进全省农业农村生态文明建设。

关键词： 农业　农村　生态文明建设　绿色发展　生态宜居

　　2021年，湖南省农业农村部门深入贯彻落实习近平生态文明思想、习近平总书记关于"三农"工作重要论述和对湖南重要讲话重要指示批示精神，认真落实"三高四新"战略定位和使命任务，积极开展污染防治攻坚战，扎实做好生态环境保护工作，全省农业农村生态环境质量持续改善，生态文明建设取得新成效。

一　2021年湖南农业农村生态文明建设工作主要情况

1.推动农业绿色发展

　　一是发展绿色种植业。积极开展绿色高质高效行动，全省专用型早稻、高档优质中晚稻分别达到 550 万亩、1408 万亩，同比分别增加 102 万亩、106 万亩。集成推广"早专晚优""'稻油'水旱轮作""稻田综合种养""一季稻+再生稻""特色旱杂粮"等 5 种典型绿色高质高效技术模式。全省建立稻田绿色生态种养技术示范基地 36 个，重点示范推广各类稻渔种养模式、标准化种养技术，完善种养结合生产技术体系，实现稻渔种养纯收益超过 2000 元/亩。依托水旱轮作、绿色高质高效行动项目，充分利用冬闲田种植油菜，在一季稻区冬闲田推广"稻油"模式 156.9 万亩，在双季稻区冬闲田推广"稻稻油"模式 19.1 万亩，实现油菜"菜用""肥用""花用"三结合。抓好稻油轮作三化（品种优质化、肥药减量化、全程机械化）技术示范推广。在常宁市、新田县开展蔬菜绿色高质高效创建，核心区面积达 11.8 万亩，重点推广无渣生姜绿色生产技术模式、菜心绿色高质高效生产模式；在永兴县开展冰糖橙绿色高质高效创建，核心区面积达到 5.6 万亩，重点推广柑橘去酸增糖综合优质丰产配套技术。全省水稻病虫发生面积 2.44 亿亩次，防治面积 3.01 亿亩次；草地贪夜蛾累计发生面积 42.3 万亩，防治面积 51.6 万亩。

二是发展绿色畜禽养殖业。深入推进以衡阳、永州、郴州为重点的湘南外向型优质猪肉供应区，以长沙、株洲、湘潭为重点的长株潭肉食精深加工区，以岳阳、益阳、常德为重点的洞庭湖现代农牧循环示范区，以邵阳、娄底、怀化、湘西州、张家界为重点的湘中湘西现代生态养殖示范区 4 个特色鲜明的优质湘猪优势产区集群式发展。创建 14 个国家级、59 个省级畜禽养殖标准化示范场，充分发挥行业排头兵的典型引路、示范带动作用，推动现代养殖机械化、智能化发展。实施肉牛肉羊提质增量行动，建设优质奶源基地。

三是发展绿色水产养殖业。经湖南省政府同意，发布了《湖南省养殖水域滩涂规划（2021—2030 年）》。全省各地稳步推进池塘改造和渔业基础设施建设，稻渔综合种养 506.94 万亩，同比增长 1.97%。开展了 2021 年全省水产绿色健康养殖技术推广"五大行动"，支持"五大行动"示范基地 94 家。以全省集中连片精养池塘为重点，实施养殖池塘标准化改造和尾水治理示范工程。在湘阴县、安乡县、汉寿县、沅江市等4个水产养殖大县整县推进集中连片内陆养殖池塘标准化改造和尾水治理项目，2021年实施池塘标准化改造和尾水治理42666亩。对洞庭湖区27个县市区70万亩精养池塘改造工作开展"回头看"，全面核查完成情况，按期完成审计问题整改销号。在洞庭湖区岳阳县、沅江市、汉寿县等10个水产养殖重点县开展养殖尾水监测试点。

2.加强农业面源污染治理

一是推进化肥减量。抓好中央环保督察反馈问题整改，洞庭湖区三市按照"精、调、改、替"工作路径，持续推动化肥减量化。2021年继续开展化肥使用量零增长行动，14个市州2021年农作物化肥使用量均为零增长或负增加。醴陵、常宁等14个县市区开展化肥减量增效示范县创建；浏阳、醴陵等22个县市区整县开展粪肥就地消纳、就近还田补奖试点。全省共创建化肥减量示范片1027个，示范面积147万亩，推荐发布主要农作物测土配方专用肥213个，完成测土配方施肥推广面积9835万亩次，水稻、玉米等主要农作物测土配方技术覆盖率达90%以上。肥料施用结构不断调优，推广缓释肥料、水溶肥料、生物肥料等高效新型肥料8.1万吨，施用面积377万亩；推广商品有机肥126万吨，施用面积745万亩。施肥方式持续改进，推广机械深施肥面积572万亩；全省水肥一体化技术应用面积达到78.9万亩；全年共办理肥料登记证57个。

二是推进农药减量。2021年全省农作物病虫害发生面积5.39亿亩次，防治面积6.31亿亩次。全省分作物分层级创建省级绿色防控示范区192个，其中水稻67个、玉米21个、经济作物104个，重点推广农业防治、理化诱控、生物防治、生态调控和科学用药等措施，集成展示病虫绿色防控产品、技术模式和推广应用机制等，引领带动全省推广应用。据农业植保部门调度统计，全年全省农药使用量比上年减少3.17%，完成了目标任务。积极开展科学安全用药宣传培训、广泛推广应用高效低风险药剂和农药减量助剂等农药减量措施，推进农药减量。全省14个市州回收农药包装废弃物676.13吨，已建成农药包装废弃物回收点20417个、归集贮存站554个，探索建立

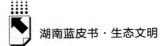
省市县乡村五级收处体系。

三是开展秸秆综合利用。在油菜收获、双抢、秋收季节及时指导市县做好秸秆禁烧工作。以饲料化与肥料化利用为重点，着力推进全省秸秆综合利用。绘制全省秸秆收储运网络、秸秆"五化"利用企业图，推出省秸秆综合利用服务平台，有效推进秸秆饲料化利用。指导全省加大肥料化利用，指导推进秸秆粉碎还田技术，成效明显。在2021年12月16日全国秸秆还田生态效应监测年度总结交流会上，湖南省等5省做了秸秆还田典型发言。10个县市区被确定为中央财政支持秸秆综合利用重点县，湘潭县被确定为绿色补偿制度试点县，绥宁县被确定为产业化试点县。湖南省农业农村厅制作相关宣传视频；还联合省生态环境厅印刷秸秆综合利用与禁烧挂图26万多份，分发至全省每个行政村。2021年全省秸秆综合利用率超过89%。

四是加强农膜回收。印发"2021年湖南省农膜回收实施方案"，明确了指导思想、基本原则、工作重点、保障措施等，有序推进农膜回收工作。进一步完善县市区农膜回收中心、乡镇回收站、村（主体）回收网点的三级回收网络。省财政2021年首次设立农膜回收专项资金500万元，支持农膜用量大或蔬菜产业规模大的5个市10个县。开展全生物降解地膜替代技术示范推广，有效减少农用残膜对环境的污染。湖南省农业农村厅联合湖南农业大学在宁乡市、赫山区、长沙县开展全省地膜覆盖替代技术监测评价实验；对全省11个农膜用量大县的20个农田地膜残留监测国控点进行监测。加强宣传引导，湖南省农业农村厅对全省每个行政村印发农膜回收彩色宣传挂图10张，并制作相关宣传视频。2021年全省农膜回收率超过82%。

五是推进畜禽粪污资源化利用。根据农业农村部直联直报系统数据和第三方评估，2021年，湖南省畜禽粪污资源化利用率为83%以上，规模养殖场粪污处理设施装备配套率为99.97%，大型规模养殖场粪污处理设施装备配套率为100%，两项指标均超过全国平均水平。在病死畜禽无害化处理与资源化利用上，湖南省以29个病死畜禽集中无害化处理中心为主体的病死畜禽集中无害化处理体系平稳运行；2021年全省养殖环节集中无害化处理病死猪 371.47 万头，病死猪集中无害化处理率达 95%以上。

3. 建设生态宜居乡村

一是推进农村人居环境整治。"1+N"政策体系基本形成。湖南省委、省政府连续 3 年将农村厕所革命列入重点民生实事项目，将农村人居环境整治提升纳入督察激励内容。全面推行"首厕过关带动每厕过关"工作机制。全省 2021 年共建成农村户厕 762664 个，完成率为总任务的 76.27%，超额完成 26.27 个百分点；建成农村公厕 1024 座，完成率为 102.4%，超额完成 2.4 个百分点。2021 年 7 月 23 日，全国农村厕所革命现场会在衡阳市召开，中共中央政治局委员、国务院副总理胡春华出席会议并讲话，湖南省作大会交流发言。持续推进城乡一体化垃圾治理体系建设，2021 年全省新建成乡镇垃圾中转站 103 座；取缔拆除小型垃圾焚烧设施 200 多座；以生活垃圾"减量化、资源化、无害化"为目标，在全省开展农村垃圾分类，垃圾减量率达 70%左右，农村保洁员总数达 13.8 万人，约 40%的村庄建立了自愿付费制度。加强农村生活污水治理，605 个村完成农村生活污水治理任务，治理国家优先管控类农村黑臭水体 34 条。完成全省农村集中式生活污水处理设施排查，设施正常运行率 96%，对未正常运行设施分类制定改造方案。衡阳县农村生活污水治理模式和沅江市农村黑臭水体治理模式被生态环境部推介。全年创建 301 个省级美丽乡村示范村、100 个省级特色精品乡村，推进 38 个省级全域美丽乡村示范镇（乡）创建，建设一批秀美屋场、五美庭院，村庄（建制村）绿化覆盖率达 64.22%。

二是以乡村治理为重要抓手，推进农业农村生态文明建设。湖南省农业农村厅指导做好津市市、零陵区等 6 个县市区的全国乡村治理体系建设试点，宁乡市大成桥镇等 5 个镇、浏阳市沿溪镇沙龙村等 49 个村全国第一批乡村治理示范镇村创建工作；组织推荐长沙县青山铺镇等 5 个镇、长沙县春华镇春华山村等 50 个村为全国第二批乡村治理示范镇村。积极开展省级示范创建，评定耒阳市大义镇等 10 个乡镇、望城区白箬铺镇黄泥铺村等 50 个村为省级乡村治理示范镇村。近 3 年全省累计 8 个案例入选全国乡村治理典型案例，其中 2021 年 4 个入选，均为全国入选案例最多的省份；近年来先后 5 次在全国会议上作典型发言。通过加强和改进乡村治理，广大农民群众生态理念深入人心，绿色生产、绿色生活意识进一步提高。

4. 进行体制机制创新

一是推动绿色发展先行区建设。2020 年中央财政首批支持浏阳市、屈原管理区开展农业绿色发展先行先试支撑体系建设试点。两地按照批复的年度实施方案，完成了试点建设任务，探索了绿色发展路径。

二是抓好生态环境损害赔偿制度改革工作。湖南省农业农村厅配合制定了《湖南省生态环境损害事件报告办法（试行）》等 2 个办法和 4 项制度。全省农业农村系统办结了生态环境部交办的 40 件生态环境损害赔偿案件线索和 56 件涉农生态环境损害赔偿案件。

三是多措并举推进长江十年禁渔。强化长效机制，推进依法治渔。2021 年 12 月 3 日，湖南省第十三届人民代表大会常务委员会第二十七次会议通过了《关于促进和保障长江流域禁捕工作的决定》，从法制层面促进和保障禁捕工作。湖南省农业农村厅联合省发展改革委、省公安厅、省财政厅、省交通运输厅、省市场监管局印发了执法长效管理机制的实施意见等，确保禁捕执法监管责任落实到位，确保长江十年"禁渔令"有效执行。2021 年 11 月，湖南省农业农村厅联合省人民检察院、省高级人民法院、省公安厅印发了"关于办理长江流域非法捕捞水产品刑事案件相关问题的联席会议纪要"的通知。全省强化立体防控，构建智慧渔政；加强网格化管理，建立监管责任网格 8302 个，落实网格管理责任人 15973 人；建立协助巡护队伍。2021 年全省累计开展淡水物种人工增殖放流活动 133 批次，放流数量共计 7.5 亿尾；珍稀濒危水生野生动物增殖放流活动累计 5 批次，放流数量共计 23.16 万尾，放流品种更加丰富。在洞庭湖（含长江湖南段）监测到的水生生物种类较 2018 年增加了近 30 种，其中鳡鱼再现洞庭湖和湘江；江豚分布区域由东洞庭湖扩展到南洞庭湖。

二　湖南农业农村推进生态文明建设存在的困难和问题

1. 法律法规及标准还有待完善

农业面源污染监测、污染物排放标准和评价体系等相关标准法规有待健全和完善。如近年来国家大力推行生态环境损害补偿制度，但目前环境损害赔偿鉴定领域还存在环境损害鉴定机构数量少、力量薄弱，环境损害鉴定评估技术规范和技术总纲等发展滞后的问题，导致生态损害后追责很难到位、赔偿不能及时。再如国家和省级层面的法律法规，没有明确对规模以下养殖场的监管执法主体和具体处罚条款，也没有专门的污染物排放标准，存在污染行为发生后执法难以到位问题。

2. 农业生态环境保护面临保生态和保供给的双重压力

湖南省是农业大省，肩负着重要农产品稳产保供的政治责任。要解决种植面积"只增不减"、化肥农药使用量"只减不增"的矛盾，需要平衡的问题多，工作压力大。另外，全省分散经营的农户占比仍然较高，制约了农业面源污染防治新技术、新模式的推广。畜禽养殖规模化、标准化程度还不高，制约了畜禽粪污资源化利用。此外，从事农业面源污染防治的第三方服务组织的覆盖面还不大、质量还不高等。

3. 农业生态环境保护面临资金、技术与人员保障的三大瓶颈

资金方面，由于农业面源污染防治无经济效益，资金仅靠政府投入，很难满足实际需要。如已开展的农业面源污染综合治理工程项目，要求整县推进，但每个县 3000 万~5000 万元的投入，实际只能在 2~3 个乡镇的 3~5 个村域进行工程建设，综合治理难以覆盖到全域。技术方面，如水体总磷削减，目前全世界都缺乏湖底底泥低成本、见效快的减磷技术。2017 年中央环保督察交办的常德市安乡县珊珀湖环保问题，安乡县举全县之力先后投入大量治理资金，使水质比 2017 年有较大改善，但如何迅速削减湖体总磷含量，一直是困扰当地党委、政府的难题。人员方面，基层从事农业生态环境保护工作的农技人员普遍存在老龄化、非专业化的问题，难以适应当前农业面源污染综合防治工作需要。

三 下一步湖南农业农村推进生态文明建设工作的打算

1.持续推进农业面源污染治理

强化监管，巩固已整改销号涉农突出生态环境问题整改成果，防止反弹。持续发力，抓好第二轮中央环保督察反馈问题整改。全面落实省总河长工作会议精神，深入推进河湖长制涉农工作。强化农业面源污染防治项目监管。积极开展"洞庭清波"部门监管专项行动。推进化肥农药减量增效，2022年推广测土配方施肥面积9800万亩次以上，水稻、玉米等主要农作物测土配方施肥技术覆盖率稳定在90%以上。2022年力争农作物重大病虫害总体危害损失率控制在5%以内；同步推进"五新"农药减量增效，助推全省农业绿色高质高效发展；以全国农作物病虫害绿色防控"双百创建"为契机，积极开展绿色防控示范创建活动，推动全省主要农作物绿色防控覆盖率提高4个百分点；支持专业化服务组织开展农作物病虫害应急防控，力争主要农作物病虫害专业化统防统治服务面积2800万亩以上。继续抓好秸秆、农膜等废弃物综合利用，全面回收处理农药包装废弃物，完善以种养结合为重点的粪污资源化利用机制，因地制宜推广生态健康养殖技术模式，大力推广应用多种形式的养殖尾水处理技术模式，推进水产养殖用药减量。

2.推动农业绿色发展

大力实施产业发展"万千百"工程，到2025年，全省农产品加工业产值突破2万亿元，培育1个千亿级企业，实施2个百亿级项目。打造农业优势特色千亿产业全产业链，力争2022年油料全产业链产值超过千亿元。深入开展绿色高质高效行动，创建一批"一片一种"精细粮食生产基地，力争专用型早稻、高档优质中晚稻同比均增加100万亩以上。继续抓好"稻油"轮作、稻田绿色生态种养等丰产提质增效技术的高标准示范基地建设。实施肉牛肉羊提质增量行动，大力发展湘西黄牛、浏阳黑山羊等特色畜禽业。推进水产绿色健康养殖行动，积极发展池塘标准化养殖、稻渔综合种养、大水面增殖等生态养殖模式。

3. 坚决打好十年禁渔持久战

按照"一年起好步、管得住，三年强基础、顶得住，十年练内功、稳得住"三个阶段的工作安排，发扬"钉钉子"精神，坚持不懈推动各项措施落细落地，坚定不移打好十年禁渔持久战。积极贯彻落实《湖南省人民代表大会常务委员会关于促进和保障长江流域禁捕工作的决定》和《农业农村部关于发布长江流域重点水域禁用渔具名录的通告》。实施"百县千户"跟踪帮扶，开展就业帮扶培训"暖心行动"，落实特困渔民兜底保障，实现退捕渔民应保尽保、应帮尽帮。推进智慧渔政"天网工程"建设，建立"一张图、一平台、一张网"监控体系，实现重点水域全方位、全时段有效覆盖。加强渔政执法机构建设，构建人防、物防、技防相结合的监管体系。强化重要水生生物栖息地保护，促进长江水生生物多样性恢复。

4. 实施农村人居环境整治提升五年行动

全面推行"首厕过关制"，先建工程，后建机制，高质量完成年度农村改厕任务，确保改一个，成一个，用好一个。扎实开展户厕问题摸排整改"回头看"，对问题户厕逐项整改销号，建立健全长效管护机制。扎实开展农村人居环境整治"千村提升"工程，深入实施"一市十县百镇"全域推进美丽乡村建设，创建一批省级美丽乡村示范村。

5. 加强和改进乡村治理

通过加强和改进乡村治理，促进农业农村生态文明建设，抓好全国乡村治理体系建设试点和全国乡村治理示范村镇创建工作，开展省级乡村治理示范村镇创建。加快推广运用积分制、清单制，推进乡村治理数字化，提高乡村治理水平。积极推进移风易俗。加强农村法治宣传教育。

B.10
推动湖南林业高质量发展
建设全域美丽大花园

湖南省林业局

摘　要： 本文系统总结了湖南省林业系统 2021 年生态文明建设的成效，主要从林草资源保护、生态系统质量提升、生态脱贫和生态产业发展、林业治理等 4 个方面作了总结，并提出了 2022 年的工作思路、主要目标和 6 项具体举措，为下一步的林业生态文明建设提供了路线图和任务书。

关键词： 湖南林业　生态文明　成效　思路

2021 年，湖南省林业系统认真贯彻习近平生态文明思想，全面落实省委、省政府和国家林业和草原局决策部署，深入推进生态保护、生态提质和生态惠民，圆满完成全年目标任务。全年累计完成营造林 77.98 万公顷；森林覆盖率达 59.97%，同比增长 0.01 个百分点；木材蓄积量达 6.41 亿立方米，增长 2300 万立方米；草原综合植被盖度达 87.04%，与上年度持平；湿地保护率重新核定为 70.54%；林业产业总产值达 5405 亿元，同比增长 5.9%；林业有害生物成灾率控制在 6.68‰，全省未发生重大森林火灾。全省林草资源管理、林草科技和信息化建设两项重点工作获国家林草局通报表扬。全省森林、湿地生态系统功能稳步提升，为全省生态文明建设奠定了坚实的生态根基。

一　2021年湖南林业主要工作成效

（一）林草生态资源有效保护

1. 保护地体系建设逐步完善

优化了自然保护地整合优化方案，成立了省级自然保护地评审委员会、专家委员会和省自然保护地协会，开展了省级以上自然保护区、风景名胜区、森林公园质量管理评估，自然保护地分级管理体制不断健全。稳步推进南山国家公园建设，南山国家公园管理局由邵阳市政府代管调整为省林业局直管，科学考察及符合性认定报告、社会影响评价报告和设立方案顺利通过专家评审。中央环保督察等反馈的涉林问题扎实整改，完成保护地内问题销号193个。

2. 资源监管不断从严

依法审核使用林地项目3175宗、1.09万公顷。依法开展森林督察和打击毁林专项行动，首次启动约谈机制，挂牌督办案件29起。湖南省委、省政府印发了《湖南省天然林保护修复制度实施方案》。开展了公益林优化调整及林草生态综合监测评价、天然林专项调查。组建了防火中心，扎实开展森林防火"三大一基础"活动，全省火灾次数、受害面积、损失蓄积同比减少1.7%、2.4%、19.9%。推进松材线虫病疫情防控五年攻坚行动，成功拔除1个县级疫区，全省林业有害生物发生面积同比下降13.4%，无公害防治率达88.9%。

3. 生物多样性保护持续加强

禁食野生动物后续工作圆满收官，3366户养殖户转产转型帮扶完成率达100%，奖励资金1.06亿元全部拨付到户。首次发布了《湖南省生物多样性白皮书》，组织了县域生物多样性资源调查。中华穿山甲、白肩雕等陆续在湖南发现，洞庭湖越冬候鸟达29.87万只。深入推进野猪危害防控试点，开展了打击整治非法交易野生动植物资源专项行动，组织了"爱鸟周""世界野生动植物日"等保护宣传活动。

（二）生态系统质量稳步提升

1. 国土绿化行动开展有序

完成人工造林 11.79 万公顷、封山育林 20.87 万公顷、退化林修复 9.89 万公顷、森林抚育 35.44 万公顷，实施人工种草 1340 公顷、草地改良 4160 公顷，建设省级生态廊道 8353.33 公顷。造林绿化落地上图稳步推进，国家草原自然公园试点全面铺开。湖南省政府印发了《湖南省人民政府关于推进草原生态保护修复的实施意见》《湖南省人民政府关于科学绿化的实施意见》。国家林木种质资源设施保存库湖南分库建设进展顺利，种苗监管经验获全省打击侵权假冒工作电视电话会议推介。湖南获评首批全国科学绿化试点示范省，获全国林草工作会议、全国草原保护修复推进会议、全国科学绿化研修班推介。深入开展义务植树 40 周年纪念活动，全国政协"全民义务植树行动的优化提升"远程协商会选取湖南作为分会场。

2. 湿地生态提质推动有力

完成国家级、省级湿地公园建设管理质量评估，新增省级重要湿地 39 处，发布了《洞庭湖湿地生态状况监测评估报告（2015~2020 年）》。永顺猛洞河、临澧道水河两处国家湿地公园试点建设通过验收，湿地保护管理体系更加健全。建设湿地保护修复项目 16 个，恢复湿地面积 2326.67 公顷，GEF 项目获得联合国粮农组织评估"优秀"等级，西洞庭湖国际重要湿地生态修复工程、衡东县退耕还林还湿试点入选湖南省国土空间生态修复十大范例。

3. 脆弱区生态修复落实有效

积极推进石漠化综合治理，在 21 个石漠化重点治理县实施封山育林 6800 公顷、人工造林 8153.3 公顷，全省国家石漠公园全部完成规划编制。开展了"世界防治荒漠化与干旱日"宣传，圆满完成第四次石漠化调查，按时提交了第六次沙化监测成果数据，花垣县"锰三角"林业综合治理成效明显。湖南退耕还林工程国家级验收的抽查面积保存率和计划面积保存率均达 99.97%，两项指标位居全国第一。

（三）群众绿色获得感切实增强

1. 脱贫成果更加巩固

在 51 个脱贫县落实林业资金 28.81 亿元，圆满完成城步县和平村驻村帮扶，驻和平村工作队、湖南省林业局获评全省脱贫攻坚先进集体。选派工作队进驻麻阳县富田坳村，新一轮乡村振兴驻村帮扶全面启航。持续发挥生态护林员脱贫功效，汝城县的吴树养获评全国"最美生态护林员"。

2. 产业发展更有质效

深入推进油茶产业"两个三年行动"，完成茶油小作坊升级改造 150 家、低产林改造 7.21 万公顷；湖南省政府办公厅印发了《湖南省财政支持油茶产业高质量发展若干政策措施》，"湖南茶油"上榜"中国木本油料影响力区域公共品牌"；油茶果产量创历年新高，全省油茶产业产值达 689 亿元。完成林道示范路建设 433 千米，持续开展"潇湘竹品"公用品牌建设，全省竹木产业产值达 1096 亿元。新增建设省级森林康养基地 30 个，高质量承办中国丹霞年会等节会活动，全省生态旅游与森林康养综合收入达 1206 亿元。新增 4 家国家级林下经济示范基地，打造了"慈利杜仲""新化黄精"等特色区域品牌 5 个，全省林下经济产值达 494 亿元。精心举办了湖南省花木博览会，荣获第十届中国花卉博览会 3 项金奖，全省花木产业产值达 630 亿元。

3. 城乡绿化更加精细

出台了《湖南省古树名木保护办法》，新建 25 个古树名木公园。长株潭绿心生态保护修复全面开展，林相改造持续推进，全面参与绿心中央公园规划编制。深入开展森林城市建设，中方县、湘乡市等国家森林城市加快建设，新评定"湖南省森林城市"8 个。积极开展森林乡村建设，印发了《湖南乡村绿化美化指南》，炎陵县、浏阳市等地乡村绿化美化建设如火如荼，全省村庄（建制村）、村庄居住区（自然村）绿化覆盖率分别达 64.22%、35.86%。

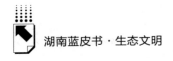

（四）林业治理体系日臻完善

1. 林业体制改革全面深化

全面推行林长制，顺利召开第一次全省总林长会议和全省全面推行林长制工作动员会议，中共湖南省委办公厅、湖南省人民政府办公厅出台了《关于全面推行林长制的实施意见》，省林长办完善了总林长令等 8 项配套制度；全省共设立林长 79004 名，基本构建了分区负责的"一长三员"网格化管护体系，全省所有县市（区）均建立了林长制。集体林权制度改革不断完善，制定了公共资源交易平台集体林权流转交易规则，集体林地承包经营纠纷调处率达 100%。持续深化国有林场改革，建设林区道路 811 千米，新建"湖南省秀美林场" 26 个，青羊湖国有林场列入全国现代国有林场试点建设单位。林业管理体制更加顺畅，林业工作纳入省政府对市州政府的绩效考核、平安建设考核，林长制纳入湖南省政府 2022 年真抓实干督察激励措施，省林业局事业单位改革顺利完成，湘西自治州古丈县等 4 个县（市）恢复设立林业局。

2. 林业科技创新成果丰硕

木本油料资源利用国家重点实验室、中国油茶科创谷、岳麓山实验室林业片区加快建设，实验室大楼主体基本建成，成立了学术委员会和专家委员会，编制了《中国油茶科创谷规划（2020-2025 年）》，成立了湖南油茶科创谷有限责任公司，新建了油茶鲜果加工与交易物流示范基地。建设国家创新联盟 4 个，建立了湖南林业咨询专家库，获部省科技奖励 11 项，其中省科技进步一等奖、梁希林业科技二等奖各 1 项。承办了第十四期"国家林草科技大讲堂"，选派各类科技特派员 200 名、乡土专家 10 名，举办了各类培训班 90 期，培训技术人员及林农 25 万人次。

3. 林业行政效能不断提升

《湖南省"十四五"林业发展规划》正式印发，12 个专项规划编制基本完成。筹集各类林业资金 59.29 亿元，较上年度增长 6.68%。林业再信息化稳步推进，完成湖南省林业大数据体系建设项目（一期）立项与财评工作。制定了《湖南省"恢复植被和林业生产条件"所需费用执行标准》，林业法治经验获全省政府立法工作人员培训班推介，湖南省林业局在全省行政执法案卷评查中获评优秀等次。58 个行政事项全部入驻省政务服务大厅，林业窗口"好差评"系统满意率达 100%，省林业局获评服务省重点建设项目先进单位、推进"放管服"改革工作突出单位。林业宣传工作亮点纷呈，关注森林活动成效明显，湖南经验获全国关注森林座谈会推介。

虽然林业部门在生态文明建设中取得了一定成效，但还存在一些问题：生态资源数量稳定增长，但质量缺乏同步增长，生态系统稳定性还有待提升；绿色大省已经成型，但生态强省建设还任重道远。林业产业发展较为粗放，生态补偿标准不高，生态产品价值实现路径不多。林业再信息化进度迟缓，基层林业专业人才匮乏，生态监测、林业执法机制有待完善，林业治理能力与生态文明建设有一定差距。

二　2022年湖南林业工作思路及重点

2022 年工作思路：以习近平生态文明思想为根本遵循，严格贯彻党的十九大和历次全会精神，坚决贯彻落实习近平总书记关于湖南工作特别是林业工作系列重要指示批示精神，认真落实省委、省政府和国家林业和草原局决策部署，以全面推行林长制为抓手，持续推进生态保护、生态提质和生态惠民，不断提升林业治理体系和治理能力现代化水平，巩固提升生态系统固碳能力，为落实省委"三高四新"战略定位和使命任务、建设全域美丽大花园贡献林业力量。

2022 年主要目标：完成营造林 26 万公顷、草地修复 6600 公顷以上、森林覆盖率达 59.98%以上、木材蓄积量增长 2300 万立方米以上、湿地保护率达 70.54%以上、草原综合植被盖度达 87%以上、林业产业总产值同比增长 6.5%以上，林业有害生物成灾率控制在国家规定的范围以内。

（一）坚持保护优先，实行最严格的林草资源管护

1. 加快自然保护地体系建设

深入推进自然保护地整合优化，妥善解决各类矛盾冲突。深化南山国家

公园建设，妥善做好范围调整、方案报批等相关工作，力争早日挂牌设立。建立健全自然保护地监督工作办法、建设项目负面清单，全面开展"绿盾巡查""洞庭清波"等专项行动，认真整改长江经济带生态环境警示片等反馈的涉林问题，坚决惩治各类违法违规行为。完善世界自然遗产保护和风景名胜区管理，加快张家界大鲵自然保护区科研救护基地迁建项目建设。

2. 加强生物多样性保护

妥善调整省重点保护野生动植物名录，全力推进县域生物多样性资源调查，加快建立生物多样性资源本底数据库。加强珍稀濒危物种保护，实施华南虎野化放归、青羊湖兰花谷等重点工程，严厉打击破坏野生动植物资源违法犯罪行为。继续开展野猪危害防控，完善野生动物致害种群调控及补偿制度。积极开展生物多样性宣教活动，加强重点野生动植物疫源、疫病监测预警和应急处置。

3. 加强林草资源监管

编制林地保护利用规划，抓好森林资源管理"一张图"年度更新，持续开展林草生态综合监测评价、森林督察和林地保护专项行动，完善林地挂牌约谈、许可检查机制。编制《湖南省天然林保护修复中长期规划（2021-2035）》，强化公益林、天然林管护。抓实古树名木就地保护、监测管理，建设一批古树名木公园。提升森林草原防火综合防控和早期处理能力，防范重特大森林火灾。实施松材线虫病疫情防控五年攻坚行动和疫木检疫执法专项行动，遏制森林病虫害蔓延势头。探索开展国有草场建设，强化草原征占用监管。

（二）坚持精准施策，开展科学绿化行动

1. 实施重点工程

完成人工造林4万公顷、封山育林6万公顷、退化林修复6万公顷、森林抚育10万公顷。完成草地修复6600公顷，持续开展国家草原自然公园试点。全面开展森林经营，积极开展碳汇林、国家储备林建设，大力调整树种结构，精准提升森林质量。加快建设国家林木种质资源设施保存库湖南分

库，强化种苗质量监管，推进良种基地升级换代。推广"互联网+全民义务植树"模式，丰富义务植树尽责形式。

2. 建设生态廊道

全面落实《湖南省省级生态廊道建设总体规划（2019～2023年）》，认真建设一批省级生态廊道，有效连接重点生态功能区和重要自然保护地，加快建设功能完备、结构稳定、纵横成网的全省生态廊道网络体系。采取自然修复与人工增绿相结合的方法，以河道外两岸造林绿化为核心，重点建设"四水"河流生态廊道，打造湘江"千里滨水走廊"。

3. 促进城乡添绿

开展长株潭绿心生态保护修复，完成"长株潭绿心地区生态提质专项规划（2021～2035年）"编制，推进绿心林相改造，积极参与绿心中央公园建设，加快建设绿心花卉园艺博览园。加大森林城市建设力度，强化对全省森林城市的动态监测和评价，着力实现"出门能见绿、开窗能赏景"。开展乡村绿化美化行动，努力建设一批森林乡村示范村，有效提升人民群众的获得感和幸福感。

（三）坚持系统推进，实施全流域湿地综合治理

1. 建设"一湖四水"生态绿环

加强洞庭湖湿地生态保护修复，编制"洞庭湖湿地生态保护与修复总体规划"，扎实开展杨树清理及迹地修复，稳妥实施东洞庭湖、南洞庭湖国际重要湿地保护与恢复工程、中央财政湿地保护修复项目及三峡后续项目建设。统筹推进山水林田湖草沙系统治理，深化小微湿地建设试点，着力构建"一湖四水"全流域生态涵养带，稳步完善湿地生态系统服务功能。

2. 完善湿地保护管理体系

贯彻实施《中华人民共和国湿地保护法》，出台《湖南省湿地保护修复"十四五"专项规划》。与国土"三调"数据对接融合，科学确定湿地面积，重点保护好具有显著生态功能的湿地。根据湿地类型、面积及重要性差异进行分级分类管理，重点抓好国家、省级重要湿地和湿地公园建设。

3.健全湿地生态监测评价

以湿地自然保护区和湿地公园为依托，统筹建立湿地生态监测评价体系，持续开展全省湿地生态监测评估、湿地公园质量管理评估，探索建立湿地监测数据共享机制，统一发布湿地生态监测评价信息，逐步与自然资源、生态环境、水利、农业农村等部门实现数据共享。

（四）坚持融合发展，培育全链条千亿产业集群

大力推动油茶、竹木、生态旅游和森林康养、林下经济、花木五大千亿产业发展，实现供应链、价值链、销售链有机融合。

1.围绕供应链优存量

调优一、二、三产业结构，实现林业产业资源由数量主导型向质量主导型转变。实施油茶"两个三年行动"等提质工程，加快推进标准化示范基地建设，不断完善林道、灌溉等林业生产基础设施，延伸林业产业发展链条。加强对林业企业的指导和服务，扶持"企业+基地+农户""企业+合作社+基地+农户"等复合经营模式，培育专业合作社、专业大户、家庭林场等新型经营主体。

2.围绕价值链强品牌

加强林业品牌建设，做优做强"湖南茶油""潇湘竹品"等公用品牌和林业特色区域品牌，丰富品牌宣传模式，着力提升林业品牌美誉度和影响力。加强林业品牌维护，建立健全品牌目录指南，加快制定品牌评价标准，对纳入目录的林业企业实行动态管理，切实保护林业品牌良好形象。加强林产品质量监管，会同市场监管部门严厉打击假冒伪劣产品。

3.围绕销售链拓市场

搭建林产品展销平台，丰富销售渠道，开拓更加广阔的林产品市场。鼓励创新营销方式，大力发展电子商务、网络直播等新模式，实现线上线下无缝衔接。利用展会、论坛、博览会等相关平台，广泛开展林业品牌展示、推介活动。引进、培养一批专门营销人才，构建立体化推广、销售网络体系。

（五）坚持创新驱动，打造林业科技创新高地

1. 全力建设"两室一谷"

统筹建设木本油料资源利用国家重点实验室、中国油茶科创谷和岳麓山实验室林业片区，科学编制建设方案，妥善做好资金筹措、立项审批、规划报建等工作，确保核心区工程如期开工。完善学术委员会和专家委员会，逐步形成"核心层+紧密层+拓展层"的创新团队架构，集中开展科研攻关，努力打造行业领先、国内一流的林业种业创新高地。

2. 全力培养林业科技人才

持续实施院士培养计划、杰出青年培养计划，着力培养一批领军人才和青年人才。发挥好重大科技项目、平台集聚人才的作用，引进和培养一批林业急需的高端人才，建设重要领域科技创新专家团队。努力营造尊重科技、尊重人才的良好氛围，激发创新创造活力。推行省带市县科研单位合作机制，加强省、市、县交流合作，大力培育基层林业科技人才。

3. 全力推广林业科技成果

加速林业科技成果转化，大力推广成熟、适用的新成果新技术。持续开展林业科技特派员帮扶、送科技下乡等行动，逐步提升基层林业科技水平。积极开展科学普及和自然教育，着力提高新时代务林人科学素质，打通林业科技成果转化"最后一公里"。

（六）坚持标本兼治，健全现代林业治理体系

1. 做深做实林长制

以全面推行林长制纳入湖南省政府真抓实干督察激励措施为抓手，建立健全考核指标体系，全面开展林长制督察考核，不断健全"一长三员"网格化管护体系，切实完善党政同责、属地负责、部门协同、全域覆盖的长效机制。组织省级林长开展常态化巡林，加快建设林长制智慧管理平台，发挥各级林长办作用，着力提升林草资源监管水平。因地制宜创新管理机制，探索富有湖南特色的政策措施，最大限度发挥林长制的制度优势。

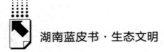

2. 加快法治化进程

加快推进林业立法，做好公益林天然林管理、油茶产业发展、野生动物致害补偿等领域的立法相关工作。编制全省林业系统"八五"普法规划，整合林业行政执法力量，探索开展综合行政执法并强化执法监督。组织实施"双随机、一公开"和行政执法案卷评查，及时调整林业部门权责清单和行政许可事项清单。

3. 完善规范化管理

健全集体林地"三权分置"运行机制，推动集体林权高效流转。深化国有林场改革，统筹推进森林管护、产业经营。抓实林业再信息化，加快建设林草生态网络感知系统。深化林业金融创新，在利用开发性金融贷款等方面出实招。推进标准化林业站建设，加强护林员管理。大力争资引项，实施预算绩效管理，强化监督检查，切实提升资金使用效率。全面提升"互联网+政务服务"水平，不断优化营商环境。

地区报告

Regional Reports

B.11

长沙市2021～2022年生态文明建设报告

长沙市发展和改革委员会　长沙市生态环境局

摘　要：　2021年，长沙市将生态文明建设融入政治、经济、文化、社会
建设各方面和全过程，坚定不移推动高质量发展，生态环境质量
持续改善，实现了"十四五"生态文明建设良好开局。2022年，
长沙市将以减污降碳协同增效为总抓手，深入打好污染防治攻坚
战，促进经济社会发展全面绿色转型，以生态环境高水平保护服
务经济社会高质量发展。

关键词：　长沙　生态文明建设　高质量发展

　　2021年，长沙市委、市政府坚持以习近平新时代中国特色社会主义思
想为指引，深入贯彻习近平生态文明思想，认真落实党的十九大及十九届历
次全会精神，自觉践行习近平总书记在湖南考察调研时的重要讲话精神，统
筹处理好生态环境保护、经济社会发展和民生保障改善的关系，持续深入打

好污染防治攻坚战，坚定不移走生态优先、绿色低碳的高质量发展道路，实现了"十四五"生态文明建设良好开局。

一 2021年长沙市生态文明建设工作实践经验与成效

2021年，长沙市各级各部门从百年党史中汲取奋进力量，把党史学习教育成果转化为推进生态文明建设的实际行动，生态文明建设取得新成就。

一是生态环境质量持续改善。2021年环境空气质量优良天数累计304天，优良率83.3%；持续巩固城市黑臭水体治理成效，无返黑返臭现象，32个国、省控考核断面平均水质优良率保持100%，县级及以上集中式生活饮用水水源地水质达标率保持100%；受污染耕地安全利用率和污染地块安全利用率达到91%以上；功能区噪声昼间达标率100%。

二是突出生态环境问题有效整改。高效配合中央第二轮生态环境保护督察，以中央和省级环保督察整改为契机，推动解决了一批历史遗留问题，及时回应了人民群众环境诉求。38项突出生态环境问题整改年度任务均已整改销号，绿心地区工业企业全面退出，长株潭"绿心"环境问题整治入选中央督察办"督察整改看成效"典型案例汇编。

三是绿色发展底色更加鲜明。积极开展大规模国土绿化行动，新建改建街角花园230个，创建人民满意公园20个，洋湖、松雅湖等5家湿地公园晋升国家级湿地公园，森林覆盖率提高至55%。有序推进碳达峰、碳中和工作，获批全国水生态文明城市、国家低碳城市试点、国家首批装配式建筑示范城市、国家建筑垃圾治理试点城市，率先在全国实现城市生活垃圾"全量焚烧"。不断深化两型示范创建，培育市级两型示范创建项目40家，打造了桃花井社区、华月湖社区、卢浮社区等典型样板，累计培育省、市级两型单位1125家，示范效应不断彰显。长株潭两型社会建设综合配套改革实验区第三阶段任务全面完成，两型社会建设成为亮丽名片。

（一）加强统筹谋划，推动生态文明建设责任落实落细

一是强化高位推动。2021年，长沙市市委常委会5次、市政府常务会6次、市领导10余次专题会研究部署生态文明建设工作，市人大常委会2次专题听取工作汇报，市政协组织对全市蓝天保卫战工作开展民主评议，市纪委市监委将突出生态环境问题整改纳入"洞庭清波"专项行动，同向发力、高位推动生态文明建设已经成为常态。

二是强化统筹协调。调整市突出环境问题整改工作领导小组、市生态环境保护委员会等议事协调机构的领导和成员单位。党委领导、政府主导生态文明建设工作更加强化，议事协调机制作用发挥更加有效。

三是强化责任落实。严格执行《长沙市生态环境保护工作责任规定》《长沙市较大生态环境问题（事件）责任追究办法》等制度规定，将污染防治攻坚目标任务完成情况纳入对区县（市）及相关单位的考核评价，生态文明建设"党政同责、一岗双责""三管三必须"责任更加明确。

（二）紧盯目标任务，深入打好污染防治攻坚战

一是深入打好蓝天保卫战。完善空气质量"点长制"，编制实施蓝天保卫战"新三年"行动计划，推动重点领域、重点行业大气污染防治。持续推进老旧小区居民家庭餐厨油烟净化治理，累计完成治理任务23.36万户。完成部分重点行业挥发性有机物综合治理，"一企一策"推动挥发性有机物企业综合整治。落实长株潭及通道传输城市联防联控，做好重污染天气预警预报、会商调度及管控措施。

二是深入打好碧水保卫战。完成湘江保护和治理第三个"三年行动计划"目标任务，编制实施"一江一湖六河"综合治理三年行动计划。完成相关"千吨万人""千人以上"饮用水水源保护区划分，推进饮用水水源地环境问题综合整治，确保饮用水安全。河长制、湖长制工作获国务院督察激励通报表扬。雨花区圭塘河、宁乡市沩水河、岳麓区后湖、浏阳市株树桥水库获评湖南省"美丽河湖优秀案例"。

三是深入打好净土保卫战。狠抓土壤污染防治问题整改，督促土壤重点监管单位完成自行监测和隐患点整改，完成近百家企业涉镉排查，土壤环境风险有效管控。完成71个行政村农村环境综合整治及相关地块调查，土壤环境质量总体安全稳定。浏阳市农村环境综合整治获得国务院督察激励通报表扬，获评湖南省政府2021年度生态环境领域真抓实干激励。

四是持续推进噪声污染防治。完成9个噪声污染防治控制示范区创建，开展"三考静音"联合执法，对全市声功能区监测站点进行夜间噪声调研，编制噪声污染防治调研报告，功能区昼间、夜间噪声达标率有所上升，声环境质量总体向好。

五是强化生态保护修复。深化"一江"（湘江）同治、严格"一心"（长株潭城市群生态绿心）保护，长株潭生态环境保护一体化取得积极进展。大力开展国土绿化行动、"绿盾"专项行动，推动生物多样性保护。10个镇（乡）、20个村通过首批市级生态文明示范创建验收。长沙县获评第五批国家级生态文明建设示范县、浏阳市获评第五批"绿水青山就是金山银山"实践创新基地，至此，长沙县、望城区、浏阳市、宁乡市全部获得了生态文明创建的国家级金字招牌。加强绿心地区生态修复，严把绿心地区建设项目准入关，严格违法违规行为处理和整改验收，成立绿心联合执法队，对"天眼"监测发现的用地变化图斑地块逐一现场核实，对违法违规用地进行实地察看、现场督办，进行整改与联合验收，工业退出用地处理取得实质性突破。有效发挥生态补偿资金使用效益，推进绿心地区基础设施配套建设，2021年下达省级生态补偿、市级奖励性补助和区级基础性补偿资金共计5562万元。

（三）强化源头管控，严格生态文明建设执法监管

落实环评审批和监管执法两个正面清单，着力构建源头严控、过程严管、后果严惩的生态环境执法监管机制。

一是强化"三线一单"分区管控。推进"三线一单"在部门规划、园区调区扩区规划、招商引资及项目环评层面的衔接和应用。长沙市"十四

五"交通运输发展规划等将"三线一单"作为编制要求和依据。深化"放管服"改革，服务省市重点项目建设，大力推进"630攻坚"（指湖南电力自2018年开始，每年的6月30日前建成一批、开工一批、储备一批电网建设项目）。实施排污许可"一证式"监管，完成相关重点管理、简化管理和登记管理排污许可核查与整改，2021年共办理近500家企业排污许可证。

二是推进生态损害赔偿。制定《长沙市生态环境损害赔偿制度改革工作实施方案》，成立长沙市生态环境损害赔偿制度改革工作领导小组，共办结6大类44件生态损害赔偿案件，环境有价、损害担责的意识显著提升。

三是严格核与辐射以及危险废物监管。按照两个100%的要求，做好疫情防控医疗废物、医疗废水收集处置。完成辐射安全隐患大排查。落实危险废物专项整治三年行动计划，推动新一轮危险废物大排查、大整治工作。

四是依法查处生态环境违法行为。加强两法衔接，形成生态环境执法合力，全年共开展各类执法行动272次，办理生态环境违法案件651起，处罚金额2300多万元，其中行政拘留26起、涉嫌环境污染犯罪4起。严厉打击涉危废及辐射安全领域违法行为，全市立案34起，罚款380万元。受理投诉举报4358件，做到件件有回音。

五是强化环境应急处置。修订《长沙市重污染天气应急预案》，启动3次重污染天气黄色预警、1次重污染天气橙色预警，全力削峰减排管控重污染天气，全年未发生一般及以上突发环境事件。

（四）坚持生态优先，夯实高质量发展绿色根基

一是做好双碳工作顶层设计。成立了以市委书记和市长为双组长的长沙市碳达峰、碳中和工作领导小组，搭建形成双碳工作"1+1+N+X"的政策体系。启动温室气体排放清单和"十四五"应对气候变化规划编制工作，开展园区、社区低碳试点示范。成功举办全国首个区域性以双碳为主题的高规格高端交流平台峰会——2021年长江中游城市群碳达峰与碳中和峰会，成立了长江经济带创新与绿色发展智库，发布了长江经济带绿色科技创新调研报告、长江中游城市群碳达峰、碳中和绿色宣言和2021年中国新能源产业发展成果案例。

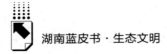

二是推动产业转型升级。大力发展智能制造、数字经济等绿色产业，智能制造装备产业集群获批国家首批战略性新兴产业集群，智能网联汽车领域聚齐4块国家级牌照。数字经济规模超3500亿元，综合排名全国城市第12位，入选国家区块链创新应用综合性试点城市。

三是严格能耗"双控"。严格开展固定资产投资项目节能审查，推进能耗在线监测系统建设，加强对企业和项目的节能监察，加强"两高"项目管理，全面梳理全市"两高"项目清单，并实施动态调整管理。编制全市"十四五"节能行动方案，强化属地政府和园区管委会主体责任，发挥能耗"双控"考核指挥棒作用，确保实现"十四五"能耗"双控"目标。

四是推动践行绿色低碳生产生活方式。开展工业、交通等各领域碳排放达峰行动，推动节能降耗减碳，推进全市公共交通绿色化。通过升级改造、异地搬迁、依法关停等措施，依法依规推动落后产能有序退出。加强塑料污染治理和长效管理机制建设，先后公布4批报备企业名单，共计46家企业、96种可替代（可降解）原料及制品。推动绿色制造示范建设，累计30多家企业入选"国家绿色工厂"，推动工业经济走出高效率、低消耗、低排放、可循环的绿色发展之路。开展绿色建筑创建行动，2021年新开工绿色建筑3200多万平方米，完成竣工验收绿色建筑1800多万平方米，推动建筑垃圾资源化利用，建筑垃圾综合利用率达到50%以上。

五是浓厚绿色发展氛围。结合世界环境日、全国节能宣传周等重要节点，加强宣传引导，广泛开展绿色生活创建，创新宣传方式，遴选两型公益宣讲员，培育两型宣教基地、两型公益组织，举办两型地铁、两型融媒体、两型宣传月等活动，建设两型主题公园跳马文化展厅、开发两型研习线路，搭建长沙市绿色积分平台，不断探索"互联网+两型"的公众参与模式，累计带动约3600万人次参与，两型社会和生态文明建设的影响力与参与度全面提升。

二 长沙市生态文明建设存在的主要问题

当前，生态文明建设进入以降碳为重点战略方向、推动减污降碳协同增效、促进经济社会发展全面绿色转型、实现生态环境质量改善由量变到质变的关键时期。经过几年的持续攻坚，长沙市生态文明建设工作成效显著，但任务依然艰巨、形势依然复杂，主要表现在如下方面。

一是绿色转型还需持续推进。从"坚决打好"到"深入打好"，意味着污染防治触及的矛盾问题层次更深、领域更广、要求也更高。如碳达峰对调整能源结构、产业结构、交通运输结构提出了更高的要求，如何推动绿色低碳发挥好经济社会结构性调整的重要引擎作用，还需要深入挖掘；减污与降碳、城市与农村、水环境和水生态、PM2.5和臭氧污染等协同治理的难度和挑战前所未有。

二是环境质量还需持续改善。生态环境质量改善从量变到质变的拐点尚未到来，重污染天气时有发生，大气污染具有反复性、复杂性和长期性，个别河流断面月度水质存在超标现象，功能区夜间噪声未实现全面达标等，实现天更蓝、水更清、地更绿任重道远。

三是问题整改还需持续深入。城乡环境基础设施还不够完善、雨污分流不彻底、农业农村面源污染、工矿污染遗留问题、噪声投诉居高不下等突出生态环境问题的整改工作任务繁重。尾矿库、自然生态破坏等生态环境风险隐患依然存在，统筹生态文明建设和经济社会发展还需要更深入的思考和实践。

三 2022年长沙市生态文明建设工作思路及重点举措

2022年，长沙市将坚持以习近平新时代中国特色社会主义思想为指导，深入学习贯彻习近平生态文明思想，坚持稳字当头、稳中求进，树牢底线意识，做到统筹兼顾，以减污降碳协同增效为总抓手，以改善环境质量为核心，更加突出精准治污、科学治污、依法治污，深入打好污染防治攻坚战，促进经济社会发展全面绿色转型，推进生态环境治理能力和治理体系现代化，以生态环境高水平保护服务经济高质量发展。

（一）抓质量，促改善，持续推动绿色低碳发展

一是实施碳排放达峰行动，加强应对气候变化。统筹有序推进碳达峰、碳中和相关工作，积极参与全国碳排放权交易市场建设，开展重点企业碳排放核查。扎实抓好营造林生产，增加绿量，提高森林质量，提升森林固碳能力。积极向国家申请气候投融资试点城市，开展绿色低碳、近零碳试点示范，做好应对气候变化能力建设。

二是强化"三线一单"硬约束。建立差别化的生态环境准入清单，坚决遏制"两高"项目盲目发展。探索开展园区规划环评碳排放评价试点，强化保障措施，推动"十四五"生态环境保护规划落地。

三是加快绿色发展转型。推动产业转型升级，严格开展能耗"双控"，实施存量项目节能改造和落后产能退出。持续深耕22条产业链，大力培育人工智能、数字经济等新兴产业，推进工业、建筑、交通等领域碳达峰碳中和，加强绿色低碳技术攻关，促进资源循环利用，大力促进产业结构、能源结构、消费结构优化升级，实现单位 GDP 能耗持续下降，厚植全面建成小康社会的绿色底色和质量成色。

四是推动形成绿色低碳生产生活方式。加强强制性清洁生产审核，引导重点行业深入实施清洁生产改造。开展绿色生活创建行动，推广绿色出行，营造绿色低碳生活新时尚。强化公众参与，加强生态文明建设宣传教育，增强全民节约意识、环保意识、生态意识。

（二）抓攻坚，补短板，强力实施环境综合治理

一是持续推动污染防治攻坚。以突出环境问题整改为重点，深入打好蓝天、碧水、净土保卫战，进一步提升重污染天气预警预报、分析研判和应对能力，落实长株潭及传输通道城市大气污染联防联控。全面落实河（湖）长制，加快推进"一江一湖六河"综合治理，扎实推进长江保护修复攻坚战、洞庭湖总磷污染治理、城镇污水处理提质增效等标志性战役。加强固体废物污染防治，大力推进垃圾分类，启动城西生活垃圾焚烧发电项目建设，

加强塑料污染全链条防治，统筹推进"无废城市"建设。分类施策、专项治理噪声污染问题，有效管控土壤污染风险。

二是统筹推进山水林田湖草系统治理。严守生态保护红线，严格落实十年禁渔，强力推进自然保护地监管，持续推进"绿盾"自然保护地问题整改，全面落实林长制，科学开展国土绿化行动，全面加强自然保护地体系建设，推进生态降碳，建设一批万亩生态公益林示范片区。加强生物多样性保护。探索开展"天空地"一体化生态系统监测体系建设，逐步构建全市自然保护地监管平台。深入推进生态文明示范系列创建工作。聚焦"一江一心两岸"重点区域，实施生态同建共保，深化长株潭生态环境保护一体化。

三是加强绿心地区生态保护和修复。严格落实绿心总规和条例要求，压实绿心保护责任，加快推进绿心中央公园规划建设，推进花博园项目建设，实现绿心地区保值增值，打造长株潭中央客厅和高品质共享空间。严格项目准入审批，及时核查天眼监测的土地新增变化，规范处置绿心地区违法违规项目和行为，修订出台《长沙市生态绿心地区违法违规行为处理办法》，建立健全绿心保护常态执法监管机制。实施好绿心生态补偿，充分发挥生态补偿资金效益，开展绿心多元化生态补偿问题研究，及时发现解决绿心地区潜在的民生发展问题。

（三）抓根本，强基础，稳步提升生态文明建设能力

严格监管执法，不断完善以排污许可制为核心的固定污染源监管体系，探索建立"一证式"监管联动机制。强化"两法衔接"，健全生态环境部门与公检法以及其他执法部门信息共享、案情通报、案件移送、协调联动等制度，依法打击生态环境违法行为。积极推动环境应急管理信息化建设，强化环境应急装备配备，不断完善和深化应急联动工作机制，提高风险防范和处置能力。夯实治理根基，推动餐饮服务业油烟污染防治、环境噪声污染防治等领域立法，强化生态文明建设法治保障，健全生态环境损害赔偿制度，深化环境信息依法披露制度改革，深化排污权交易，健全信用评价体系，推进流域生态补偿，加快构建齐抓共管、共治共享的现代环境治理体系。

B.12
株洲市2021~2022年生态文明建设报告

株洲市人民政府

摘　要： 2021年是"十四五"开局之年，株洲市深入践行习近平生态文明思想，全面贯彻落实湖南省委、省政府决策部署，切实打好污染防治攻坚战，全市生态环境持续改善。2022年，株洲市将坚持生态优先、绿色发展，继续深入打好污染防治攻坚战，确保主要污染物排放总量持续减少，重点环境问题得到有效治理，为"培育制造名城、建设幸福株洲"打下坚实的生态环境基础。

关键词： 株洲　生态文明　污染防治攻坚战　环境监管

一　2021年株洲市生态文明建设的主要做法及成效

2021年，株洲市深入贯彻落实习近平生态文明思想，全力配合完成第二轮中央环保督察，坚决打好污染防治攻坚战，全市生态环境质量稳中向好，人民群众生态环境的获得感、幸福感、安全感持续提升。

一是空气质量持续稳定。2021年株洲市区空气优良天数为310天，优良率为84.9%，居长株潭地区第1位；空气污染综合指数为3.90，居长株潭地区第1位。主要污染物PM2.5、PM10平均浓度为40微克/米^3、53微克/米^3。炎陵、茶陵、醴陵、攸县、渌口空气优良率分别为98.6%、97.8%、97.3%、95.1%、94.8%，全市空气质量持续保持稳定。

二是江河水质持续巩固。主要地表水水质达到国家Ⅲ类以上标准，其中湘江株洲段、洣水水质持续保持Ⅱ类，渌江水质基本达到Ⅱ类，饮用水源水质达标率为 100%。省控水质综合指数在湘江七市中排名第 2 位，仅次于源头水源地永州。化学需氧量、氨氮分别减排 1700 吨、140 吨，全市水环境质量稳步提升。

三是土壤环境持续改善。全市新增造林面积 9.77 万亩，森林覆盖率稳定在 62.11%，湿地保护率稳定在 71.68% 以上。工业固体废物综合利用率提升到 90%，累计安全转移危险废物 2.99 万吨。株洲市区污染地块安全利用率和污水处理厂产生污泥无害化处置率分别达到 90% 以上和 100%，污染耕地安全利用率达到 91%，全市土壤环境质量持续提升。

（一）保持定力，污染防治合力持续增强

株洲市始终坚持"管生产必须管环保、管发展必须管环保、管行业必须管环保""谁管辖、谁负责"生态环境工作要求，形成齐抓共管的工作格局。一是高位推动，压实污染防治责任。株洲市委、市政府高度重视生态环境工作，第一时间学习贯彻习近平生态文明思想及全国、全省生态环境工作有关会议精神，市委常委会议、市政府常务会议等会议多次研究部署污染防治工作，先后出台了《2021 年株洲市深入打好污染防治攻坚战工作方案》《2021 年株洲市生态环境保护工作要点》等系列文件，切实将污染防治工作的责任细化分解、层层落实。二是多级联动，构建齐抓共管格局。持续完善市生环委及其办公室运行机制，健全调度、督查、会商、约谈等长效管理制度，科学制定"株洲市 2021 年污染防治攻坚战考核评估办法"等，形成市区联动、部门协作、统一高效的工作局面。三是全民发动，增强绿色发展后劲。出台《株洲市"开门搞环保"工作实施方案（试行）》，主动开门纳谏，接受志愿者监督，力促环保问题监督无死角。成功开展全市六五环境日主场活动、生态文明"六进"活动，先后创作推出纪录片——《初心与使命》等一大批极具株洲特色的文化产品，群众参与生态环境保护的热情日益高涨。其中，原创作品《生态文明之歌》获联合国《生物多样性公约》缔约方大会第十五次会议（COP15）"优秀作品奖"，生态文明"六进"活动获评湖南省十佳案例奖。

（二）攻坚克难，突出环境问题加快整改

坚持把突出环境问题整改作为重大政治任务，全力推进突出环境问题整治。一是抓排查，实现源头防控。在全市开展多频次的"环境隐患大排查"专项行动，累计排查、交办共性问题 19 个和个性问题 487 个。重点抓好攸州工业园、醴陵垃圾填埋场环境问题的交办和整改，为株洲市"轻装上阵"迎接中央环保督察打下了坚实基础。二是抓整改，及时回应民声。持续发挥"一单五制"作用，实施问题整改动态管理，倒逼问题整改进度。截至 2021 年底，中央、省累计交办问题整改完成率为 95.9%，达到中央和省委、省政府要求的序时进度。三是抓长效，提升整改质量。对已整改到位的环境问题进行"回头看""后督察"，发现问题整改质量不高、整改存在缺漏现象，予以重新交办、整改，全年累计排查已整改到位问题 462 个，重新交办整改 38 个。特别是针对中央环保督察指出的湘江排污口、雨污合流问题，截至 2021 年底已完成湘江干流排污口排查 591 个并实现全部溯源，以及监督性监测 287 个，全面完成了"查""溯""测"任务。同时，全市改造、修复污水管网约 30 千米，污水收集处理效率得到有效提升。

（三）精准施策，大气污染防治纵深推进

坚持从工业废气、汽车尾气、面源污染等方面攻坚破题，重点抓好挥发性有机气体和臭氧的污染防治。一是突出工业点源污染治理。加强区域联动，主动与长株潭及传输通道城市开展联防联控，着力解决城市区域性、复合型大气污染问题。全面实施大气污染防治项目 42 个，其中累计整治工业窑炉 9 个，建成北汽喷漆废气治理、时代新材车间涂胶废气治理等重点行业涉气污染治理项目 33 个。持续推进挥发性有机气体"一企一策"综合整治，完成国家臭氧帮扶反馈问题整改 394 个。大力开展"碳达峰、碳中和"行动，强化煤炭总量控制，全市煤炭占一次能源比重下降 0.2%，非化石能源占一次能源比重达 14%，城市建成区 35 蒸吨/小时以下燃煤锅炉实现全淘汰。二是突出移动线源污染治理。积极推进油品升级，全市加油站、油库供应国Ⅵ

标准油实现全覆盖，在营加油站油气实现全回收。持续加强道路移动机械监管，累计查处超标机动车违法上路1749起，柴油货车闯限行区4398起，淘汰老旧柴油货车421台。大力推广新能源车辆，城市建成区新增公交车辆中新能源车占比达70%以上。三是突出生活面源污染治理。持续推进涉气污染综合整治，累计查处渣土车违规行为190起，处置违规燃放烟花爆竹警情180起，核查疑似秸秆焚烧火点49处；开展散煤巡检1299家（次），督促完成整改129家。全面落实扬尘防治"八个100%"，查处违规建筑工地420余处，渣土处置全流程监管率100%，城市建成区机械化清扫率达90%以上。

（四）标本兼治，水污染防治持续发力

坚持"预防为主、防治结合、综合治理"的原则，坚决打好"碧水攻坚战"，全市水环境质量保持稳定。一是加强水污染治理。全年实施水污染防治项目57个，其中完成14家涉铊环境风险企业环境问题整改任务25个、千吨万人饮用水水源地环境问题整改16个、乡镇污水处理设施建设项目27个。进一步加快城区老旧污水管网和雨污合流制管网改造，实施8个省级及以上工业园区规范化整治，启动3座城市生活污水处理厂扩建，确保城市建成区基本实现污水全收集、全处理。二是加强水生态保护。进一步完善了河长全面包干责任河流（段）管护的机制，累计完成32个村生活污水治理任务，整改河湖"四乱"问题37处、小水电生态流量问题137个，打捞河道各类垃圾2万余吨。全面推进长江十年禁渔行动，严肃处理涉渔举报30余件。着力实施节水示范建设，全市流域用水总量持续控制在24.4亿立方米以内，万元工业增加值用水量保持在41.5立方米以内。持续开展渌江省际样板河创建，建设湘赣边区段等示范河段3个，治理石亭段等重点河段3个，生态修复和治理店香河等重点支流3个。醴陵渌水、茶陵东阳湖获评"全省美丽河湖优秀案例"。三是加强水环境风险防范。狠抓疫情期间水污染防治工作，加强现场指导帮扶，强化废水监测和消杀，确保全市定点医院污水处理设施和接纳定点医院污水的城镇生活污水处理厂正常运行，污染物稳定达标排放。

（五）持续用力，土壤污染防治深入实施

严格按照"土10条"建体系、抓落实的要求，积极对土壤污染物削存量、控增量、防变量，全市土壤环境质量稳中有升。一是着力削减土壤污染存量。持续推进污染地块风险管控与修复治理工作，完成醴陵石景冲铅锌银矿污染地块、渌口区龙形选矿厂周边区域地块治理，累计治理面积达1.56万平方米。全面推进清水塘老工业区污染场地修复和治理，加快实施清水冶化、海利、株冶部分等地块治理，完成原鑫达冶化有限公司地块等5个地块的土壤污染治理，以及清水片区、铜霞片区等7个重金属污染片区治理。"清水塘老工业区转型发展"获"湖南省生态文明建设典型案例奖"。积极创建绿色矿山11座，完成31座矿山的地质环境治理恢复。生态修复长江经济带56座废弃露天矿山，累计治理修复面积达185.85公顷。二是着力管控土壤污染增量。加强种植业污染防控，全市测土配方施肥面积460万亩，累计减少化肥用量1069.8吨，农作物单位面积实现化肥使用量零增长。狠抓农作物农药使用总量控制，全市农药使用量为1961.02吨，较2020年减少7.8%以上。全面推进受污染耕地安全利用工作，治理受污染耕地面积76.15万亩，全市受污染耕地安全利用率达到91%左右。三是着力防范土壤污染变量。大力开展涉镉等重金属排查整治工作，新排查重点企业122次。强化固体废物与辐射管理，累计拆解废弃电器电子产品近30万套，安全转贮、转存放射源3枚。扎实做好疫情期间医疗废物处置工作，安全处置医疗废物4948.7吨，其中涉疫医疗废物达45吨。特别是针对全国人大固废执法检查指出的问题，及时建立危险废物分级分类监管机制，强力推进相关问题整改，目前6个问题全部整改到位。

（六）统筹兼顾，环境监管能力不断提升

始终强化事前、事中、事后环境监管水平，始终保持对环境违法行为高压严管态势。一是严把审批关。审批新、改、扩建项目416个，否决不符合城市发展定位和环境保护要求项目51个，建设项目环境影响评价和"三同

时"执行率达100%。疫情防控期间,大力推进"互联网+政务服务"模式,对于需要开展现场勘查、技术审查的建设项目,积极采取视频会议、航拍直播等方式进行,最大限度做到"网上办""不见面审批",实现了企业办事"一次办""网上办""零跑腿",累计行政许可项目11件,涉及投资额达13.6亿元。二是严把监管关。深入推广"电力大数据+环境监管"模式,累计安装智能监控电表337套,对企业环保设施的运行情况实行全天候掌握。"电力大数据+环境监管"模式入选全省基层改革探索100例,并获评全国基层改革优秀案例。全面实施网格化管理,健全县、乡、村三级监管体系。三是严把执法关。全力实施湘江保护"4+1"轮值巡查机制,深入开展专项执法行动,积极推进生态损害赔偿、有奖举报工作。全年环境立案查处环境违法行为322起,罚款金额1847.67万元,分别较2020年同期上升54%、97.6%。

同时,生态环境保护中还存在不少困难和挑战。水环境方面,城市和乡镇生活污水截流及雨污分流的源头治理工作不到位,城市部分水体出现返黑返臭,畜禽养殖污染治理任务繁重。大气环境方面,臭氧污染、餐饮油烟污染等有加重趋势,PM2.5离达标还有一定距离,绿色转型发展还需发力,实现"碳达峰、碳中和"目标挑战不小。土壤环境方面,历史欠账较多,治理修复难度较大,环境保护形势依然严峻。对于这些困难和挑战,将积极采取措施,切实加以解决。

二 2022年株洲市生态文明建设思路、工作重点及建议

2022年是实施"十四五"规划的关键之年,株洲市将把握新形势新要求,保持定力、持续发力,以最坚决的态度、最有力的举措,深入打好污染防治攻坚战,持续改善全市生态环境质量,努力推动生态文明建设再上新台阶。

(一)坚持合力治污,巩固齐抓共管格局

始终坚持党对生态环境工作的全面领导,全面构建听党指挥、服从命

令、能打胜仗的环境治理新体系。一是强化理论武装。深学笃用习近平生态
文明思想，认真贯彻落实市第十三次党代会精神，继续将习近平生态文明思
想作为全市各级党委（党组）理论中心组学习的重要内容，切实将学习成
果转化为推进生态文明建设、做好生态环境保护工作的强大动力和精神源
泉。二是压实防治责任。完善市生态环境保护委员会运行机制，加快出台构
建现代环境治理体系实施意见等文件，完成生态环境保护执法机构的执法序
列保障。持续优化生态环境绩效考核指标体系，进一步明确市直部门和地方
党委、政府的环境监管责任，以考核倒逼责任落实，确保"三管三必须"
"谁管辖、谁负责"生态环境要求落到实处。三是拓宽参与渠道。深入开展
生态文明创建活动，建成习近平生态文明思想成果展示基地，全力打造株洲
版"两山"理论实践基地。大力开展六五环境日、生态文明"六进"等环
境宣传教育活动，增强全民节约意识、环保意识、生态意识。坚持"开门
搞环保"，严格落实《株洲市公众举报环境违法行为奖励试行办法》等制
度，进一步完善公众参与机制，坚决打一场污染防治的人民战争。

（二）坚持重点治污，狠抓问题整改销号

坚持突出生态环境问题整改常态化，确保以问题的大解决推动生态环境
大改善。一是重预防。广角度向社会征集梳理各类生态环境问题线索，并根
据问题性质、内容，构建环保问题及时发现、快速交办、跟踪督办的工作体
系。二是抓排查。对"两区三园"、饮用水源保护区、绿心地区、"一江两
水"等各类重点区域进行多频次"拉网式"排查，确保排查到乡、到村、
到组，并通过购买服务的方式邀请第三方专业机构对株洲市重点区域、重点
行业、重点企业进行环境隐患大排查，确保环境隐患排查不留死角、不留盲
区。三是强整改。对未完成的整改问题，按照"一名牵头市级领导、一个
具体负责部门、一套整改方案"的要求，倒排工期、挂图作战、加快推进，
确保如期完成各项整改任务。特别是对于第二轮中央环保督察反馈的重点问
题，认真制定整改方案，明确时间表、任务书、路线图，逐项对账销号，切
实做到"污染消除、生态修复、群众满意、管理规范"。四是增实效。对已

完成整改的问题，继续引进第三方机构，分批逐项开展现场复核，一旦发现整改标准不高、成效不明显的情况，予以重新交办整改。对新发现的问题，无论是环保督察发现的问题，还是信访部门收集的问题、市长热线反映的问题等，都统筹起来一揽子专题研究解决，实现常态化清零。深入推进园区环境污染第三方治理，到2022年底前实现省级以上产业园区环境污染第三方治理全覆盖。

（三）坚持精准治污，推进大气污染防治

继续在"控排、控车、控尘、控烧、控煤"上下功夫，进一步提升全市空气质量。一是控排。深入开展特护期大气污染防治工作巡查，扎实完成联防联控年度任务。以减污降碳为总抓手，强化PM2.5和臭氧协同控制，加快工业炉窑深度治理、挥发性有机物综合整治，全面完成株洲高新工业园等工业挥发性有机物综合治理项目2个。二是控车。升级机动车排放标准，实施第六阶段机动车大气污染物排放标准要求。严厉打击渣土运输车辆违规行为，严禁中重型柴油货车在限行时段违规闯入限行区域，全面完成老旧车辆年度淘汰任务。同时，强化船舶污染治理。三是控尘。严格落实建筑工地扬尘防治"八个100%"，在线24小时监测规模以上施工工地扬尘。持续推进道路扬尘整治，完成城郊接合部裸露地面硬化和绿化。四是控烧。严格落实烟花爆竹禁限燃放措施，严禁秸秆、生活垃圾露天焚烧，秸秆综合利用率保持在85%以上。五是控煤。狠抓"碳达峰、碳中和"行动，严格落实能耗双控工作机制，深入推行重点行业和重点用能单位开展节能减煤降碳行动。进一步规范整治餐饮行业弃气用煤、弃气用柴等行为，严厉打击散煤生产、销售、进城运输等现象，切实做好散煤退出工作。持续推进能源消费结构调整，完成氢能全产业链等绿色能源体系项目2个。

（四）坚持靶向治污，持续提升江河水质

坚持"治理+保护"综合治水，切实做到守水有责、管水担责、护水尽责，持续提升"一江两水"水环境质量。一是加强水污染治理。启动渌水、

洣水等湘江一级支流入河排污口排查，加快整治 591 个湘江株洲段入河排污口。加大枫溪港、建宁港、凿石港、白石港等流域整治力度，严防城市黑臭水体返黑返臭。加大城市雨污分流和管网改造、修复的工作力度，提升城市污水收集处理效能。以企业和工业聚集区为重点，加快推进醴陵经开区污染源智慧平台建设，全面完成攸县工业园排水设施改造等工业废水治理项目 3 个。加快补齐城乡污水收集和处理设施短板，全力推进株洲市中心城区污水治理一期 PPP 项目、渌口区水生态环境治理 PPP 项目等建设。狠抓农村污水治理，启动醴陵澄潭江流域农村生活污水治理项目，完成茶陵洣瑶社区等区域污水管网工程、攸县酒埠江区域农村生活污水治理项目。全面加强畜禽养殖污染治理，大力整治、关闭和搬迁有污染排放的养殖场，持续推进畜禽养殖场环保设施建设和粪污资源化利用。二是加强水生态保护。大力实施梅子湖片区、朱亭河流域等水生态保护和修复项目 4 个，深入推进湘江流域东岸综合治理等项目 5 个。严格饮用水水源周边岸线资源开发，全面完成县级及以上、乡镇农村集中式水源地环境风险评估和突发环境事件应急预案备案管理。打好长江十年禁渔攻坚战，加强水生生物保护。建立"清四乱"长效机制，严厉打击非法采砂洗砂，扎实推进长江经济带生态环境突出问题整改。加强河湖连通，保障生态水量，恢复河湖生态功能，持续提升水环境容量。

（五）坚持系统治污，强化土壤污染治理

坚持分类、分批，系统性推进土壤污染防治工作，确保年度土壤污染治理目标圆满实现。一是加强土壤风险管控。加强全市污染土壤的调查、监测、评估和风险管控，启动攸县网岭矿山废弃物深加工项目，完成医疗废物收集转运系统基础设施建设项目，进一步完善疑似污染地块名单、污染地块名录和管控修复信息名录。严格落实污染地块再开发利用准入管理相关要求，积极构建多级共享的污染地块数据库及信息平台。二是加强土壤污染治理。进一步加快土壤污染治理项目建设，完成天元区三门镇含砷废渣治理、茶陵湾背钨矿废渣综合治理等 3 个项目，深入推进群丰镇长岭工业小区历史

遗留重金属污染治理。继续做好清水塘搬迁改造"后半篇文章",全面推进株冶、鑫正等地块土壤修复和风险管控,完成清水冶化、海利化工等企业地块修复治理。深入推进固体废物污染治理,加快建设攸县一般固废无害化处置中心和污泥处置项目,以及醴陵城乡生活垃圾资源化处理PPP项目,完成茶陵年处理60万吨建筑垃圾综合利用项目。三是加强自然生态保护。新增造林面积9万亩以上,启动湖南渌埠江国家湿地公园保护项目建设。加强农业面源污染防控,进一步实施污染耕地种植结构调整,持续推进化肥、农药减量增效。深入开展"绿盾"专项行动,确保"两区三园"生态环境实现良性发展。

(六)坚持依法治污,严格环境监管执法

加强各个环节环境监管,确保生态环境安全。一是源头严防。坚持以"三线一单"为依据,对于高污染、高耗能、不符合产业定位的项目坚决从源头上制止。同时,全面提升环境审批效率,扎实开展建设项目事中、事后监督专项检查,切实提高生态环境保护服务经济发展的水平。二是过程严控。深入推进"电力大数据+环境监管"模式,实现在线监测数据、企业自行检测数据等各类监测数据入网应用,加快形成立体环境监管体系。持续强化环保执法"双随机"制度,及时更新污染源日常监管动态信息库,定期公布重点排污单位名录和信息。严格落实《株洲市环境保护网格化监管实施方案》,积极构建"分块管理、网格细化、责任到人"的环境监管网格化管理模式。三是后果严惩。始终对环境违法行为实行严管重罚,积极对重点领域、重点企业深入开展湘江保护"4+1"轮值巡查等专项执法行动,严肃查处环境违法行为,守护好株洲的绿水青山。

B.13
湘潭市2021年生态环境保护工作报告

湘潭市生态环境保护委员会办公室

摘　要： 2021年，是"十四五"的开局之年，也是迈入社会主义现代化
国家新征程建设的元年。这一年，湘潭市坚决贯彻落实省委
"三高四新"战略部署，紧紧围绕生态环境质量改善这一核心，
将生态环境保护和污染防治攻坚战作为一项中心工作紧抓不放，
切实防范重大环境风险，全力推动绿色发展理念落地生根，形成
了打击环境违法犯罪的高压态势，推进污染防治工作再上新
台阶。

关键词： 污染防治　生态环境质量　湘潭市

2021年，湘潭市将深入打好污染防治攻坚战、突出环境问题整改等工
作摆在突出位置，大力提升污染治理能力、严厉打击环境违法犯罪、全力改
善生态环境质量、强力推动高质量发展，生态文明建设的举措更加有力、成
效更加凸显、成果更加惠民。

一　2021年湘潭市生态环境保护的主要成效

2021年，根据地区生产总值统一核算结果，湘潭市实现地区生产总值
（GDP）2548.35亿元，同比增长7.8%。从全年经济运行走势看，一季度增
长15.0%，上半年增长12.9%，前三季度增长9.0%，全年增长7.8%，"高
开稳走"态势明显，韧性不断增强。经济社会不断发展的同时，生态环境

质量保持稳中向好。大气环境指标全部达标。2021年湘潭市空气优良率84.4%（考核目标：不低于82%）；重污染天数为5天（考核目标：不高于5天）；PM2.5浓度43微克/米³（考核目标：不高于43微克/米³），全部达到考核目标。水环境指标全部达标。湘潭14个断面水质全部达到考核目标（跃进水库达到阶段目标），县级以上集中式饮用水水源水质达标率100%。土壤环境指标持续稳定。污染地块及受污染耕地安全利用率均达到考核目标。

（一）坚定不移走生态优先之路，彰显了政治担当

坚决扛起长江经济带"共抓大保护、不搞大开发"的政治责任，牢固树立"生态优先、绿色发展"的理念，高位推动生态文明建设落地落实。一是强化工作部署。湘潭市委常委会、市政府常务会研究生态环境保护工作形成日常制度。2021年，市委、市政府主要负责人召开专题会议5次、开展现场督察8次、专题批示10次，对港口码头污染防治、中央生态环保督察、污染防治攻坚战等工作进行专题研究和调度。二是健全体制机制。湘潭市提格了生态环境保护委员会配置，由市委书记任主任，市长任第一副主任，市委、市政府、市人大、市政协分管领导为副主任。从市直部门"三定"方案层面完善了行政执法改革，为依法行使生态环境执法权提供了坚实保障。三是完善顶层设计。湘潭市第十三次党代会提出，聚焦全面绿色转型，构建高质量生态文明体系；坚持绿水青山就是金山银山，推动空间格局、产业结构、生产方式、生活方式加快转型，打造人与自然和谐共生的美丽湘潭。同时，湘潭市出台了《湘潭市"十四五"生态环境保护规划》《湘潭市生态环境保护工作责任清单》等工作制度，出台了"三线一单"相关政策文件，在2021年5月12~14日全国"三线一单"专题研讨（浙江湖州）会议上，湘潭市作为湖南省唯一地级市代表就"三线一单"落地应用作典型发言。

（二）深入打好污染防治攻坚战，完成了年度任务

将污染防治攻坚战作为全市生态环境保护工作的重要抓手，统筹推进各项工作任务。一是坚决打赢蓝天保卫战。深化工业源污染防治，湘钢4.3米

焦炉环保提质改造项目 7、8 号焦炉均已调试运行，新二烧 360 平方米烧结机实现超低排改造；全面完成 12 个重点工业窑炉的治理设施改造升级，对 5 家 10 吨以上燃气锅炉开展低氮燃烧改造；安装涉挥发性有机化合物（VOCs）在线监测系统 23 台套，44 个挥发性有机物治理项目全部完成销号。非道路移动机械已安装环保牌照 5296 套，上牌率达到 86%。二是着力推动碧水保卫战。全面推进湘江保护和治理，第三个"三年行动计划"圆满收官；完成 8 个乡镇千人以上集中式饮用水源地环境问题整治；建成 8 个地表水水质自动监测站并实现联网，设置城乡生活饮用水监测点 199 个；湘江干支流入河排污口排查整治溯源流域面积达 156.91 平方千米。扎实推进湘江流域铊污染专项整治，对 4 家涉铊企业涉及的违法问题立案查处。完成碧泉河、肖家河、王家晒河、花园河、韶河 5 条高标准县级美丽河湖建设。三是持续推进净土保卫战。印发《湘潭市土壤污染重点监管单位土壤污染隐患排查工作规程（试行）》《湘潭市土壤污染重点监管单位自行监测工作规程（试行）》两项规程，是全省首个且唯一一个印发这两项规程的市州。重点抓好涉镉污染源排查整治，完成 5 家氧化锌企业整改销号；全面推进危险废物大排查大整治，妥善处置湘钢硫黄膏非法倾倒事件，尾矿库生态环境整治工作基本完成。完成 30 个村的农村环境整治任务，其中整治村的生活污水治理率达到 60%，黑臭水体整治率达到 80%，集中式饮用水水源地规范化整治完成率达到 80%。

（三）坚决推进突出环境问题整改，解决了一批问题

在整改上级交办的突出环境问题的同时，深入推动环境问题自查自纠自改和生态环境整治工作。一是扎实推进突出生态环境问题治标治本。第一轮中央生态环保督察及"回头看"反馈的 19 项问题，除思想认识问题应持续加强、长期坚持外，其余 18 项整改任务全部完成整改销号；省生态环保督察及"回头看"反馈的 40 项问题，已完成整改销号 36 项。2021 年第二轮中央生态环保督察反馈问题涉及湘潭市 30 项整改任务，已完成整改销号 11 项。2020 年长江经济带生态环境警示片披露湘潭市 3 个问题全部完成整改销号；2021 年省生态环境警示片披露湘潭市 4 个问题全部完成整改销号。

二是深入推进环境问题自查自改。创造性地发动环保志愿者、蓝天卫士、网格员发现问题、反馈问题、解决问题，形成了政府主导、部门齐抓共管、群众共治共享的大生态环保格局，2021年湘潭市共组织巡查发现涉气环境问题2970个，其中立行立改2781个，书面交办蓝天保卫战涉气环境问题189个，均已落实整改要求；市、县、乡三级河长累计巡河6359次，开展专项治理80余次，累计解决问题2159个，发现河道保洁、河湖"八乱"问题114个，均已整改到位。三是全面加强历史遗留问题治理修复。积极推进原五矿湖铁厂区的污染土壤治理，2020年已完成土壤治理主体工程，2021年进行地下水跟踪监测，正在准备效果评估事宜；原湖铁主厂区及周边污染地下水风险管控项目，已完成风险评估、技术方案等前期工作，正加快推进设施运行和风险管控。实施湘潭市重点工业园区地下水污染地块调查评估项目，争取了省级地下水专项资金705万元，对湘潭经开区等5个园区开展了初步调查，形成了湘潭市重点工业园区地下水污染地块调查评估报告并已通过专家评审。湘潭县牛头化工有限责任公司污染地块修复二期工程已完成效果评估及总体验收；南天西厂区土壤治理二期项目，一期17万立方米污染土壤治理工程已完成；昭山农药厂治理项目，已完成污染土壤外运工作。四是切实加强"禁渔"管控。按照中央和湖南省委、省政府部署，自2020年1月1日起，湘潭市湘江流域湘潭城区段（昭山至马家河，约42千米，该段为国家级野鲤种质资源保护区）全面禁捕退捕；湘江湘潭段除野鲤国家级水产种质资源保护区以外的天然水域自2021年1月1日起实行暂定10年禁捕。全市223户渔民378人全部上岸转产，打击非法捕捞形成常态高压震慑态势，湘潭市湘江干流"电、毒、炸"等恶性破坏生态环境和渔业资源的情形已基本消失。

（四）严肃查处生态环境违法行为，守住了环境底线

2021年，在做好"六稳六保"工作的同时，从严打击生态环境领域的违法行为。严格查处企业环境违法行为，2021年全市立案查处环境违法案件113件，处罚金约1009万元，其中2起查封扣押，6起行政移送（行政

拘留 6 人），3 起刑事移送（刑事拘留 1 人）；案件总数、罚款总金额分别较上年同比增长 110.4%、157.4%。严格查处扬尘污染问题，2021 年共查改扬尘问题 532 个，下发停工或限期整改通知单 367 份，对裸露黄土控尘专项整治开展不力的项目进行了集中约谈，共约谈各责任主体 31 家，对未落实"六个 100%"要求的项目立案 11 起，共计罚款 39 万元；查处违规渣土车辆及商砼散装货运运输车辆 292 辆，处罚 83.02 万元，整治道路扬尘污染 609 起。严格查处餐饮油烟污染问题，督促餐饮服务行业安装高效的油烟净化设施，2021 年，全市共计查处露天烧烤 72 起，治理油烟污染 301 起，加装油烟净化器 200 个，处罚 9000 元。严格查处涉林、非法捕捞、违规燃放烟花爆竹、破坏环境资源等问题，2021 年湘潭市共立案侦办破坏环境资源保护和涉林刑事案件 54 起，采取刑事强制措施 82 人；办理污染环境行政案件 8 起，行政拘留 9 人；深入开展集中打击非法捕捞专项行动，以"零容忍"的态度全力打击整治非法捕捞违法犯罪，2021 年，湘潭市共计完成案件侦办数 52 起，对 56 名犯罪嫌疑人采取了强制措施，办理非法捕捞行政案件 3 起，行政处罚 4 人；共查处违规燃放烟花爆竹行政案件 113 起，行政处罚 113 人。

（五）有序实施碳达峰碳中和行动，促进了绿色发展

深入推动"碳达峰、碳中和"等工作，切实推动绿色发展。积极开展应对气候变化工作，编制湘潭市"十四五"应对气候变化规划和温室气体排放清单。积极开展低碳试点工作，亚行低碳试点城市工作继续推进，第一批政策性贷款项目资金 2500 万美元已到账，湘潭中医院绿色低碳建筑项目已开工建设，湘潭市在全省碳排放投融资培训研讨中多次进行典型经验介绍；2 个发电行业重点排放单位已完成碳排放配额分配和清缴。积极开展资源再利用工作，推进湘潭县、雨湖区、岳塘区、湘潭经开区、湘潭高新区街道、社区示范片区建设，打造了湖湘、白石 2 个垃圾分类主题公园；湘潭市生活垃圾分类及分类处置终端设施建设获中央主流媒体人民网、光明网宣传报道 2 次，省级主流媒体宣传报道 5 次。推进餐厨垃圾资源化利用，餐厨垃

圾资源化利用PPP项目主体建设已基本完成，150吨/天餐厨垃圾生产线即将投产，届时将实现城区餐厨垃圾资源化处置全覆盖。

（六）强力推进生态文明理念宣教，提升了湘潭形象

全面推动生态文明理念宣传教育，不断提升人民群众生态环境获得感和满意度。一是寓宣教于活动。2021年6月5日，由湖南省生态环境厅、省文明办、湘潭市人民政府联合主办的以"人与自然和谐共生——伟人故里·大美湘潭"为主题的2021年六五环境日湖南主场活动在湘潭市举行，时任湖南省人民政府副省长陈文浩出席并讲话，湖南省生态环境厅党组书记、厅长邓立佳作主旨演讲。据统计，该主场活动收看、收听数量已累计突破1200万人次。2021年湖南六五环境日相关宣传教育工作先进经验得到生态环境部肯定，并向全国推广介绍。二是寓宣教于群众。动员群众开展宣传教育和环境保护，湘潭市环保志愿者人数众多，分布在全市各行各业，成为宣传生态文明思想，打赢污染防治攻坚战的重要力量。300余名蓝天卫士日常巡查，守护蓝天；300余名志愿者参与民间河长巡查，守护碧水。2021年7月，"湘潭民间河长项目"被评为"湖南省十佳生态环境公众参与案例"；2021年11月，湘潭市下好"五手棋"（动员提能"先手棋"、宣传教育"引导棋"、协同共治"配合棋"、日常巡查"共治棋"、意见建议"提交棋"）、助推"河长制"、全力推进民间河长队伍建设的经验做法被推荐列入水利部全面推行河长制、湖长制典型案例。三是寓宣教于创建。用"党建红"引领"生态绿"、以"生态绿"助推"党建红"，红与绿交相辉映，生态保护和文明创建相得益彰。湘潭市各区县积极开展生态文明建设示范区创建工作。2021年10月14日，在昆明召开的联合国生物多样性大会上，湘潭韶山市被授牌为第五批"国家生态文明建设示范区"。

二　2022年湘潭市生态环境保护总体思路与工作重点

2022年，是深入推进湖南省委"三高四新"战略定位和使命任务的关键之年，也是湘潭市弘扬"三牛四干"（"为民服务孺子牛、创新发展拓荒牛、

艰苦奋斗老黄牛"和"大干、快干、抓紧干、拼命干")精神的关键之年。2022年湘潭市生态环境保护工作的重点是：以习近平新时代中国特色社会主义思想为指导，全面贯彻党的十九届六中全会、湖南省第十二次党代会和湘潭市第十三次党代会精神，紧紧围绕省委"三高四新"战略定位和使命任务、市委"三牛四干"要求，坚持"科学治污、精准治污、依法治污"工作总基调，以碳达峰、碳中和行动为牵引，啃硬骨、克难关、闯新路，努力做到"五个深入"，以更高标准持续深入打好污染防治攻坚战，全面整改突出生态环境问题，推动生态环境质量稳步改善，以高水平保护推动高质量发展、创造高品质生活，不断绘制全方位推进高质量发展的绿色底色，全力建设"全域美丽大花园"。

1. 深入抓好生态环境质量改善

抓实生态环境质量改善，切实提升人民群众生态环境的获得感和满意度。空气质量方面，力争PM2.5平均浓度控制在41微克/米³以内，城市空气优良天数比率达到85%以上，城市重污染天数合计不超过4天。水环境质量方面，力争全市国、省考断面地表水水质达到或好于Ⅲ类断面比例达到考核要求；地级及以上城市集中式饮用水水源水质优良比例达到100%，地级城市黑臭水体消除比率稳定达到90%以上。土壤和地下水环境质量方面，全市土壤和地下水环境质量总体保持稳定，受污染耕地和重点建设用地安全利用率达到省级考核目标，农业面源污染得到初步管控，农村生态环境持续改善。污染物排放总量控制方面，全市氮氧化物、挥发性有机物、化学需氧量、氨氮排放总量下降比例达到省委、省政府下达任务要求。

2. 深入打好污染防治攻坚战

蓝天保卫战方面，强化长株潭区域应急信息共享与联防联控，组织完成重污染天气应急预案修订和应急减排清单更新调整，并保持动态更新，督促工业企业按照"一厂一案"要求，配套制定具体的应急响应操作方案，开展重污染天气环保-电力等大数据的联合监控，依法严厉打击不落实应急减排措施行为。碧水保卫战方面，加快沿江1千米范围内化工企业和城镇人口密集区危险化学品生产企业搬迁改造工作；切实巩固"千吨万人"饮用水水源地和县级及以上地表水型集中式饮用水水源地环境整治成效；按照

"一河（湖）一策"的要求，综合采取截污、治污、清淤、修复等措施，深入推进全市水质未达标或不稳定的重点湖库、河流的系统治理。净土保卫战方面，强化农村改厕与生活污水治理衔接，因地制宜推进农村厕所革命与生活污水治理有效衔接，优先以资源化利用方式推动粪污和污水协同治理；启动耕地土壤重金属污染成因排查，开展涉镉等重金属行业企业排查整治"回头看"，探索开展污染源头防控成效评估。

3. 深入推进突出环境问题整改

以提升人民群众生态环境获得感为抓手，厚植生态环境保护的群众基础。一是坚决抓好第二轮中央生态环保督察反馈问题整改工作。完成生物安全法贯彻落实不力、农业面源污染管控不力、矿山未严格落实"边开采、边治理"等3个问题整改验收销号工作，扎实推进黑臭水体治理工程，坚决完成年度整改任务，持续巩固港口码头环境污染、生活垃圾填埋场治理等重点领域整改成效。二是扎实抓好长江经济带生态环境警示片披露问题整改工作。组织对双马生活垃圾填埋场、湘乡皮革工业园、涓水一桥旁生活污水直排等问题开展"回头看"，严防管理不到位、污染反弹问题。组织对2021年长江经济带生态环境警示片披露的盲目上马"两高"项目、非法捕捞多发频发、违规填湖占湖、矿山生态环境破坏、生活污水直排、企业违法排污、生活垃圾填埋场渗滤液超标排放等重点领域开展全面排查，做到抓反复、反复抓。三是统筹抓好省级层面突出生态环境问题整改工作。完成湖南省生态环保督察及其"回头看"反馈3个问题整改验收销号工作，实现第一轮省生态环保督察反馈问题全面清零。配合做好第二轮省生态环保督察及省生态环境警示片拍摄，完成交办任务整改工作。四是持续抓好中央、省生态环保督察交办信访件办理工作。加大督察信访件办理力度，攻坚一批重点难点信访件，组织开展已办结信访件复查工作，提高信访件办结率，提升信访件办理质量，不断提升群众满意率。

4. 深入推动绿色低碳发展

加快出台能源、工业、交通、建筑等领域碳达峰实施方案，促进碳达峰行动落地落实。积极参与全国碳排放权交易市场建设，配合省级开展重点企业碳排放核查、企业履约监督等工作。鼓励大型企业制定碳达峰行动方案，实施碳减排示范工程。加强与亚洲开发银行等国际组织交流合作，积极推进创建国家气候投融资试点工作，推进低碳城市、适应气候变化城市试点，做好应对气候变化能力建设。强化"三线一单"成果应用和分区管控约束，坚决遏制"两高"项目盲目发展，严格落实污染物排放区域削减要求和减量替代办法。推进能源结构调整优化，大力推进风电、光伏等新能源项目开发建设。推动湘潭市交通结构转型，完善新能源汽车基础设施。加快千吨级及以上港口岸电设施全覆盖。推广清洁能源车船。鼓励园区采取综合能源方式，推广使用清洁能源、低碳能源。推进国家级生态工业示范园区、循环化改造示范试点园区、绿色工业园区等绿色园区创建工作。

5. 深入落实重点污染治理与风险防控

深化重点区域综合整治，按照"一区一策"原则，继续深化湘潭竹埠港重点区域综合整治，逐步消除区域环境风险隐患。持续推进危险废物专项整治三年行动、危险废物大排查大整治专项行动，切实加强事中、事后监管，提升危险废物信息化监管能力和水平。加强矿涌水污染治理，对全市矿涌水污染情况进行排查、调查和分类管控，因地制宜推进污染治理。高标准规划建设长株潭绿心中央公园，加强绿心地区历史遗留矿山生态修复治理。开展国际生物多样性日宣传工作，开展生物多样性资源调查，组织开展农村生物安全管理和农村生物多样性保护试点。精准有效做好常态化疫情防控相关环保工作，严格落实"两个100%"（全国所有医疗机构及设施环境监管与服务100%全覆盖，医疗废物、医疗污水及时有效收集和处理处置100%全落实）要求，及时有效收集和处理处置医疗废物、医疗污水。持续推进涉危险废物和涉重金属企业、化工园区等重点领域突发环境事件应急预案体系建设，进一步推进重点流域水环境安全风险隐患排查整治，实现重点河流环境应急"一河一策一图"全覆盖。

B.14
衡阳市2021~2022年生态文明建设报告

摘　要： 2021年，衡阳市进一步提升习近平生态文明思想认识，牢固树立生态优先、绿色发展理念，深入打好污染防治攻坚战，着力创新工作机制，严格生态环境执法，狠抓突出环境问题整改，有效化解生态环境风险，积极服务高质量发展，不断巩固生态环保基础，推动生态文明建设迈上新台阶。

关键词： 生态文明　污染防治　衡阳市

2021年，衡阳市认真贯彻落实习近平生态文明思想，坚持生态优先、绿色发展的新理念，全面落实"三高四新"战略定位和使命任务，大力推进"三强一化"建设，在高质量发展和高水平保护中行稳致远。

一　2021年衡阳市生态文明建设工作成效

2021年衡阳市生态文明建设工作成效主要体现为"四新"。

1. 体制机制开创新局面

衡阳市领导调度部署生态环境保护工作成为常态，并探索建立了周末生态环境会诊日、钉钉督导系统等工作制度，分别得到省领导的高度关注和表扬。衡阳市生环委及其办公室、市突出生态环境问题整改领导小组及其办公室的议事协调作用进一步做实，每周一晚召开联席会议，研判、会商和解决生态环境保护工作重点难点问题，成为推动环保工作有力抓手。

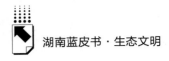

2. 中心工作取得新成效

污染防治攻坚战深入推进，236 项"夏季攻势"项目均按期完成。生态环境质量持续改善，衡阳市城区环境空气质量连续 2 年达到国家二级标准，PM2.5 浓度控制、环境空气质量优良率、Ⅲ类水体比例、劣Ⅴ类水体消除比例等指标排名一类地市前三，湘江干流铊浓度维持在标准值 50% 以下。

3. 基础保障实现新提升

污染防治设施逐步完善，98 个乡镇建成污水处理设施，2022 年将实现乡镇污水处理设施全覆盖；在线监控网络加快构建，新建铊自动监测站点 9 个；新建了一批空气小微站、空气自动监测站、水质自动监测站、国控土壤监测点位、声环境噪声点位等；成立衡阳市生态环保科技园，中科院王浩院士、上海交大孔海南教授工作团队入驻园区，为重点难点问题整治提供精准科学服务。

4. 干部队伍展现新风貌

完成了生态环境保护垂直管理制度改革，全市生态环境系统按照新的管理体制高效运转，执法体制改革基本完成，首批配发了生态环境执法制式服装，组织 43 名执法队员参加了全省生态环境保护综合行政执法队伍誓师大会，展现了衡阳生态环境保护铁军队伍的良好形象。

二 2021年衡阳市推进生态文明建设的主要做法

2021 年，衡阳市以"112346"为工作思路：持续提升对习近平生态文明思想的认识；牢固树立生态优先、绿色发展理念；扎实夯实两大能力，即环境监管监测能力和环保基础设施能力；深入打好"蓝天""碧水""净土"三大保卫战；高标准、严要求抓好"四个清单"问题整治，即中央环保督察及其"回头看"反馈问题清单、中央生态环保督察及其"回头看"交办信访件清单、长江经济带警示片披露问题清单、全国人大执法检查指出问题清单的整改；利用 6 个月时间集中攻坚，坚决完成"夏季攻势"任务。主要工作做法体现为"八个坚持"。

（一）坚持不断创新生态环保工作机制

一是创新工作协调机制。衡阳市生态环境保护委员会工作力量不断增强，从市直相关部门抽调人员成立工作专班，并明确一名市政府副处级督察专员专职负责市生环委会日常工作。建立了每周例会制度，市长或分管副市长每周星期一晚上召开生态环保联席会议，对全市生态环保重点工作进行"周调度、周会商"。在第二轮中央生态环保督察期间，每天晚上召开联席碰头会，调度研判问题整改形势。二是创新问题发现机制。建立常态化生态环境风险分析研判制度，每10天在全市开展一次生态环境问题风险分析研判；建立涉铊企业联点帮扶制度，对涉铊企业"平时三天一次、雨天一天三次"监管巡查，及时发现化解重大生态环境问题。设立市生态文明"局长热线"，2021年"局长热线"共受理解决群众反映问题157件。三是创新工作交办机制。对中央环保督察交办信访件以及涉重大生态环境舆情等紧急情况和问题，市领导亲自签批交办任务。紧盯换届关键环节，对各县市区（园区）突出生态环境问题全面梳理，以"生态环境问题整改明白账"的形式交办给新换届党政负责人和分管领导，确保换届后生态环保各项工作持续有效推进。四是创新跟踪督办机制。在全市建立了"周末环境会诊日"制度，在衡阳市生态环境局内建立了副处级以上领导干部联点督导制度，各县市区党政主要负责人、副处级以上干部利用周末时间深入一线研究推动生态环保工作，督办问题整改落实，2021年全市共开展"周末环境会诊"370余次。建立了生态环保"钉钉平台"督导系统，对700多个"夏季攻势"项目和问题实行扁平化管理，有效提高了工作效率和质量。五是创新污染治理机制。坚持科技治污，成立衡阳市生态环保科技园，中科院王浩院士、上海交大孔海南教授工作团队入驻园区，在重点难点问题整治上，科技团队第一时间介入，提供精准科学的治理方案，有效提高了治污效率和水平。建立问题整改奖补制度，衡阳市委、市政府安排1000万元资金对突出生态环境问题整改质量高、群众满意的给予专项奖补，有效提升了问题整改积极性。

（二）坚持深入推进污染防治攻坚战

湖南省下达的 9 大类 236 项年度污染防治攻坚战 "夏季攻势" 项目全部完成。大气污染防治方面，完成挥发性有机物治理项目 7 个、工业炉窑综合治理项目 9 个、生物质锅炉布袋除尘改造 142 个，对松木经开区 26 个涉气企业开展废气深度治理；积极应对气候变化，开展消耗臭氧层物质排查，初步确定重点排放单位 24 家；对空气自动监测站实行 "点位长" 制度，进一步压实大气污染防治工作责任；积极应对中重度污染天气，启动重污染天气应急响应 2 次，加强部门联防联治，督促严格落实扬尘防控、垃圾和农作物秸秆露天禁烧、冥纸冥币禁烧等各项防控措施。水污染防治方面，完成了全市千人以上和千吨万人饮用水源保护区划分、市县两级千吨万人集中式饮用水水源环境状况评估编制和乡镇级以下集中式饮用水水源基础信息调查等工作，全方位守护全市人民饮水安全。开展南岳龙荫港梅桥村断面水质超标问题综合整治，梅桥村断面水质在 2021 年 10 月底年均值已消除劣 V 类水质。组织对 11 个省级及以上工业园区开展了生态环境保护 2021 年度自我评估。衡东洣水入选湖南省美丽河湖优秀案例。土壤污染防治方面，开展了两轮涉镉等重金属污染源排查；开展土壤污染重点监管自行监测及隐患排查，公布土壤污染重点监管单位 59 家，排查隐患点 125 个；完成土壤污染治理项目 2 个、农村环境综合整治 50 个，对衡东县蓬源镇兴民村开展农村生活污水治理试点示范项目建设；严格污染地块再开发利用监管，确保污染地块安全利用。

（三）坚持狠抓突出环境问题整改

高质高效完成了配合第二轮中央生态环保督察及边督边改各项工作，第二轮中央生态环保督察信访件数量较第一轮中央生态环保督察下降 44.2%。2017 年第一轮中央生态环保督察以来，各级各类督察检查交办反馈衡阳市的 127 个突出生态环境问题完成整改 64 个、交办的 1885.5 件信访件办结 1850.5 件，突出生态环境问题整改工作高效有序推进。组织开展 "以案促改"，开展采石采砂采矿、港口码头、生活垃圾填埋场、煤矿、混凝土搅拌站、畜禽养殖等6个行业专项整治行动。积极回应人民群众生态环境诉求，共办理人大议案、政协提案16件，受理解决人民群众日常环境信访投诉600余件。

（四）坚持严格生态环境监管执法

严格落实生态环境"双随机"抽查，扎实开展"绿盾2021"、"2021年清废行动"、危险废物大排查大整治、入河排污口排查整治等专项行动，不断规范生态、固废、核与辐射、机动车排气等领域环境监管。2021年共整治自然保护地生态环境问题201个；排查整治固废问题60余个；全市1782家涉危废企业纳入了平台管理，341个固废问题得到立行立改；湘江干流衡阳段1120个入河排污口完成了排查建档和监测溯源，其中134个入河排污口完成了立行立改，4条主要支流457个入河排污口完成了排查建档；全市10039台非道路移动机械完成了编码登记，全年共查处排放不合格机动车30余台；开展核与辐射现场监督检查25批次，出具问题整改意见90份。严格生态环境执法，坚持从严从快打击生态环境违法行为，全年共立案查处环境违法案件272件，行政处罚1957.09万元，同比分别增长154%和90.39%，形成了打击生态环境违法行为的高压态势。

（五）坚持严密防范化解生态环境风险

不断树牢风险底线思维，建立了常态化生态环境风险分析研判制度，在全市开展涉铊问题排查整治，全市53家涉铊企业111个问题、3家涉铊工业园区7个问题全部完成整改，对松木化工园区、水口山工业园等重点区域开展夜间巡查。2021年以来，全市所有国控和省控断面铊等重金属浓度均未出现超标，特别是4月下旬以来，湘江干流衡阳段水质铊平均浓度稳定控制在标准值的50%以下，湘江藻类异常繁殖现象得到有效控制，守住了环境安全底线。

（六）坚持积极服务经济高质量发展

立好发展规矩，发布"三线一单"生态环境分区管控意见，对企业项目"非禁即入"。严把生态环境准入关,2021年全市共审批建设项目环评317个,对164份环评文件进行了质量抽查。做好服务文章,41项审批事项实现"一件事一次办";下放48个行业56个小项环评审批权限,建立了环境执法和环评审批正面清单制度,将165家企业列入正面清单,对27大类74类行业实行简化或豁免环评审批,全年共采取告知承诺制审批项目55个;对程序到位的审批事项承诺"审批不过夜",当好产业项目落地的"服务员"。引导绿色发展,积极推进生态文明建设示范创建,祁东县、衡山县生态文明建设规划顺利通过省级核查;扎实推进生态环境损害赔偿,启动生态环境损害赔偿案件70个、结案44个;深入推进环境信用评价综合运用,对1448家企业开展环境信用评价,对环境不良企业实施联合惩戒。实施差异执法,制定实施生态环境违法行为免罚轻罚制度,对守法企业"无事不扰",对轻微违法行为以教育提醒为主,对严重违法行为"零容忍"。

(七)坚持不断夯实生态环保基础保障

制定了《衡阳市"十四五"生态环境保护规划》,绘好了未来5年生态环境保护工作蓝图。着力提升全市环境监测能力建设,采购配置涉铊因子分析监测设备2台,在湘江流域衡阳段新建铊自动监测站点9个,大气颗粒物组分站建成验收,市城区共建成空气小微站71个,对105家重点企业安装在线监测设施571台套。着力提升生态环境监管能力,对重点污染源试点开展电力环保智慧监控,通过对污染源用电情况分析污染防治设施运行情况;添置了一批无人机、移动执法电脑、快速检测箱等执法装备;为全市生态环境执法人员统一配备执法服装。强化环境宣传,组织开展了六五环境日系列宣传活动,持续推进环保设施向公众开放,2021年共接受1700余人线上线下参观浏览。

(八)坚持持续推进干部队伍建设

着力做好垂直管理制度改革"后半篇文章"。各县市区生态环境分局人员做到应收尽收，县市区分局行政编制增加 21 个（增长 28.3%），事业编制增加 219 个（增长 35.7%），恢复（置换）19 名同志行政编制身份，解决了干部队伍多年来反映强烈的焦点问题；市生态环境保护综合行政执法支队按照内设 4 个科室、下设 7 个大队的设置，人员转隶和配置全部到位；7 个县市和 4 个城区分局全部增设副科级生态环境事务中心；各城园区分局全部由全额拨款事业单位统一转设为行政机构，全市生态环境系统机构设置不断优化。全面从严治党深入推进，进一步压实全面从严治党工作责任，形成时刻紧绷党风廉政建设思想之弦的高压态势。

三 衡阳市生态文明建设存在的主要问题

一是城区空气质量稳定达到二级标准还存在不确定性，重污染天气还没有根本消除，个别断面月度水质仍有超标现象，蒸水入湘江口、宜水入湘江口以及龙荫港梅桥村等断面水质还不能稳定达标，局部小流域水环境质量亟待改善。二是农村污染、土壤重金属污染、水口山等重点区域历史遗留污染问题治理任务还很重，采砂采石采矿、化工、建材、畜禽养殖等行业性生态环境问题还比较突出。三是城乡污水处理厂、垃圾焚烧发电、一般工业固体废物等处置设施还不完善，监测、监管、执法基础装备能力不足。

四 2022年衡阳市生态文明建设工作重点

2022 年是实施"十四五"规划关键之年，也是党的二十大召开之年，衡阳市将以习近平生态文明思想为指导，认真贯彻落实党的十九大和十九届历次全会精神、省市党代会及经济工作会议精神，深入打好污染防治攻坚战，着力解决突出生态环境问题，严格日常监管执法，严守生态环境安全底线，全面完成省委、省政府下达的各项指标任务，为贯彻落实"三高四新"战略定位和使命任务、加快推进"三强一化"（强创新、强开放、强集聚与区域中心化）建设、打造国家区域重点城市和省域副中心城市贡献生态环境力量。主要抓好以下几个方面重点工作。

（一）坚决打好污染防治攻坚战，持续改善生态环境质量

在蓝天保卫战方面，坚持问题导向，针对影响环境空气质量的PM2.5和臭氧两个主要因子开展联防联治，深入推进挥发性有机物综合治理、消耗臭氧层物质（ODS）管理和PM2.5精细化管控，进一步加强重点工业企业废气深度治理，不断提升建筑扬尘、机动车尾气、秸秆焚烧等方面精细化管理水平，积极应对重污染天气，努力实现全市环境空气质量全域达标。在碧水保卫战方面，突出"大小同治""城乡同治""水陆同治"，在实施湘江保护和治理的同时，巩固蒸水整治成果，加快推进龙荫港、宜水、白河小流域综合整治，深入推进农村饮用水源保护和黑臭水体治理，开展湘江入河排污口溯源整治，让水污染防治由大江大河向小流域拓展、由城市向农村延伸、由水下到岸上推进，让碧波荡漾的"一江四水"成为衡阳一张亮丽的名片。在净土保卫战方面，进一步加强对土壤重点企业监管，全市59家土壤重点监管企业完成自行监测和隐患排查问题整改；严格污染地块再开发利用监管，按要求有序推进土壤污染治理修复项目，确保污染地块安全利用。

（二）坚决抓好突出生态环境问题整改，持续提升人民群众获得感

落实好周末"生态环境会诊日"工作机制，推进县市区（园区）党政主要领导一线推动生态环保工作常态化。继续抓好中央、省环保督察以及长江经济带警示片披露问题等各级各类督察检查交办反馈问题整改，加强对未完成整改销号的问题整改的调度推进力度，确保整改工作按时有序推进，整改成果经得起检验。围绕中央、省环保督察指出问题，结合衡阳实际，开展重点行业专项清理整治，推进行业性问题系统解决。

（三）坚决做优环境管理服务，积极助力经济高质量发展

继续推进污染减排，为绿色经济发展留空间、腾容量。主动服务重大项

目建设，守住底线，当好参谋。推进规划环评和跟踪环评，引导园区、产业绿色发展。严守"三线一单"，严把项目环境准入关。深入推进生态环境领域"放管服"改革，对豁免审批、承诺制审批、赋权审批、容缺受理和"不过夜"审批等审批程序进行梳理集成，进一步落实环评审批和环境执法正面清单制度，持续深入推进行政审批和政务服务清单化、制度化、规范化。引导和帮助企业落实各项环境管理制度和绿色清洁生产，切实减轻企业负担。加强环境信用评价结果运用，实施联合惩戒，倒逼产业升级。

（四）坚决从严打击生态环境违法行为，保持监管执法高压态势

严格落实"双随机"监管抽查机制，针对涉重涉危等领域行业开展专项执法检查行动，依法严厉打击环境违法行为。着力实施精细化监管，加快完善环境质量自动监测、污染源电力环保智慧监控和污染在线监控等监控体系，减少非必要的现场监管执法，不断提升精准化、信息化监管水平。着力实施差别化监管，将环境信用良好的守法企业列入执法正面清单，做到"无事不扰"。

（五）坚决严密防控化解环境风险隐患，确保生态环境安全

严格落实生态环境风险分析研判制度，组织各分局每10天开展一次生态环境问题风险分析研判，针对涉重涉危等领域行业深入开展环境风险大排查、大整治，及时发现化解重大生态环境问题。加强湘江枯水期重点行业企业监管巡查力度，建立完善松木经开区、水口山经开区、大浦工业园等重点化工园区环境应急物资库，全力防范铊指标异常等水环境突出事件。加强松木经开区等重点领域异味扰民信访投诉受理，指导做好群众工作，防范重大环境舆情事件。

（六）坚决夯实生态环保基础保障，不断提升生态环境治理能力水平

进一步推进市、县两级发挥生态环境保护委员会议事协调机构作用，不

断压实生态环保工作责任，构建完善各级各部门齐抓共管的大环保工作格局。进一步为基层生态环境部门配置完善执法车辆、执法记录仪、快速监测等监管执法装备设备，分批次配置无人机等设备设施，不断提升生态环境信息化、现代化能力水平。充分发挥市生态环保科技园力量，不断提升污染治理科技支撑。

（七）坚决履行全面从严治党工作责任，全力打造生态环保铁军

以政治建设为统领，全面加强全市生态环境系统基层党组织建设和党风廉政建设。严格落实联点帮扶制度，进一步加强对基层的日常管理和指导，形成上下一条心干事业、一盘棋抓工作、一股劲促发展的生动局面。不断提升干部综合素质和能力水平，着力打造过硬生态环保铁军。

B.15

深耕绿色发展　谱写美丽邵阳新篇章

——邵阳市 2021~2022 年生态文明建设报告

邵阳市人民政府

摘　要： 2021 年，邵阳市委、市政府坚持把习近平生态文明思想作为开展生态文明建设的总遵循，以绿色发展来推动美丽邵阳建设，生态环境质量持续改善，生态文明保障能力持续提升，群众生态幸福感持续增强。2022 年，邵阳市将高位推进蓝天、碧水、净土三大战役，坚持精准治污、科学治污、依法治污，努力实现生态环境质量改善、生态环境风险降低、生态环境治理能力增强。

关键词： 生态文明　绿色发展　生态环境　邵阳市

一　2021 年邵阳市生态文明建设情况

2021 年，邵阳市忠实践行习近平生态文明思想，全面贯彻落实"三高四新"战略定位和使命任务，着力将"绿水青山"转变为"金山银山"，把生态文明建设摆在更为重要的位置，坚决打好环境保护攻坚战、持久战、突击战，"青山常在、碧水长流、空气常新"的良好生态环境成为邵阳人民的重要民生福祉，一幅美丽邵阳的新图景正徐徐展开。

（一）筑牢绿色发展理念，扛起生态优先重任

邵阳市委、市政府围绕"两山理论"和践行绿色发展的理念，切实提

高政治站位，增强"四个意识"，坚定"四个自信"，捍卫"两个确立"，做到"两个维护"，深入打好蓝天、碧水、净土三大保卫战，扎实推进中央、省级环保督察突出问题整改，全面建设生态文明。各级党委、政府认真学习贯彻习近平总书记关于生态文明建设和环境保护工作重要讲话精神，对习近平总书记推动长江经济带发展、秦岭违建别墅整治、长江流域禁捕以及视察湖南等重要讲话指示批示精神，第一时间传达学习，不折不扣贯彻落实，一以贯之推进绿色发展，坚决把邵阳生态环境保护的重任印在心里、扛在肩上、抓在手中。

（二）厚植绿色发展底色，强力推进污染防治

1. "蓝天保卫战"成效明显

持续推进全市碳达峰碳中和行动方案和生态环境专项规划编制工作。7个工业窑炉治理项目、16家企业的挥发性有机化合物（VOCs）综合治理全面完成。动态更新重污染天气应急减排项目清单，进一步夯实重污染天气应急措施，城市空气质量呈现持续改善的良好态势。市区空气质量优良天数327天，优良率89.6%，全年首次消除了重污染天气，9个县（市）空气环境质量全部达到二级质量标准。

2. "碧水保卫战"纵深推进

完善市、县、乡、村四级河长体系，构建横向到边、纵向到底的"碧水保卫战"组织机制。全力推进涉铊企业环境问题排查，建立涉铊企业整治清单，省级核查发现的10个问题已全部完成整治销号。76个乡镇级"千人以上"饮用水水源保护区环境问题清零；完成2处"千吨万人"和75处农村"千人以上"保护区的划定工作；完成32个乡镇污水处理厂建设和江北、洋溪桥、红旗渠污水处理厂提质改造。水环境质量不断改善，水环境质量综合指数排全省第5位，辖区内52个国控省控地表水断面、省市级交界断面水质和16个县级以上城市集中式饮用水水源全部达标，水质均为Ⅱ类或以上，全域地表水和饮用水水源地基本达到Ⅱ类水质。

3. "净土保卫战"稳中提质

认真开展排查整治,对 16 家涉镉企业进行全面排查,暂未发现需进行整治的涉镉污染源。加强土壤污染治理与修复,完成洞口县江口镇区域内锰矿开采遗留污染地块土壤污染风险管控项目治理。受污染耕地安全利用 53.01 万亩,安全利用率达 100%。全市森林覆盖率达 61.07%。

(三)严格执法强力整改,维护群众环境权益

邵阳市委、市政府始终坚持以人民为中心,严厉打击环境违法行为,切实提升群众生态幸福感。

1. 执法力度不断加强

持续开展生态环境执法大练兵活动,提高执法效能,先后组织开展环境保护大检查、饮用水水源地保护、清废行动、严打危险废物等一系列专项执法行动。全面推行"双随机、一公开"执法监管,将全市 1524 家企业纳入双随机抽查库。严格按部省规定的抽查频次和抽查比例,完成随机抽查企业 2000 余家次,发现并查处违法问题 145 个。办理各类环境违法案件 239 件,其中行政拘留 18 件,刑事犯罪 2 件,刑事拘留 7 人,行政处罚 218 件。推行环境信访举报投诉办理"六及时、六到位"机制,积极回应群众诉求。受理群众来信、来访及举报投诉 1492 件,受理登记率 100%、按时回复率 100%、群众满意率 99%,实现了"三率"齐升。

2. 问题整改坚决彻底

按照市委常委联县市区、市政府领导管线、市级领导联点分线督办、县市区领导和市直部门负责人领办包干的工作机制,铁腕推进环保问题整改工作,确保上级督察交办件扎实整改、彻底销号。第一轮中央生态环保督察反馈问题已清零。第二轮中央生态环保督察交办的 278 件信访件都已上报办结,交办的 1 件典型案例正按整改方案推进,1 件需要重点查处问题和 3 件需要关注的其他问题均已完成整改,反馈湖南涉及邵阳市的 28 个问题已制定整改方案并报省委、省政府,并按方案全面推进。2020 年长江经济带生态环境警示片披露邵阳市的 3 个问题已有 2 个完成整改并通过省级核查。江

北污水处理厂溢流问题已完成阶段性整改，正按时序要求推进。2021年省生态环境警示片披露邵阳市的问题已整改到位。2020年省级环保督察"回头看"交办件除2个合并到反馈问题台账一并推进外，其余192件已上报办结，反馈意见指出邵阳市六大类共39个问题，其中26个已完成销号。

3."夏季攻势"全面完成

制定出台邵阳市污染防治攻坚战2021年度工作方案、"夏季攻势"任务清单和考核细则，明确任务，量化指标，压实责任。各县市区各责任部门严格按照"一个问题、一套方案、一名领导、一名责任人、一抓到底"的要求狠抓落实，倒排工期，集中力量，强力攻坚。2021年"夏季攻势"218项任务已全部整改销号，完成率100%，多次获得省月度表彰通报。

（四）加强基础设施建设，提升生态保障能力

持续完善环境质量监测网络体系。全市建成投用30家机动车尾气监测站；建成14家水质自动监测站；邵阳市区设有5个空气自动监测站，县市均设有县级空气自动监测站；在城南公园等地设置10套噪声自动检测设备，实时显示检测结果。持续建设重点污染源在线监控平台，7家涉气、20家涉水国控重点单位、105家砖厂以及28家其他重点单位已安装自动监测设备并联网运行。

二 邵阳市生态文明建设存在的问题和挑战

邵阳市生态文明建设取得了进步和成效，但也还存在问题和短板，要过的难关、要啃的硬骨头、要治的顽瘴痼疾仍然不少。一是环境质量状况持续改善压力较大。大气环境方面：空气质量逐年改善，但市城区PM2.5年均值浓度仍未达到国家二级标准；水环境方面：2021年全市地表水52个控制断面年均值均达到Ⅱ类水质标准，但是个别断面如邵水入河口有超过Ⅱ类的现象，尤其是资江干流总磷浓度难以稳定达到Ⅱ类水质标准；土壤环境方面：全市土壤点位存在污染超标现象，新邵龙山地区锑本底值较高，治理难

度很大。二是监管执法和监测能力建设有待提升。全市生态环境系统人员编制少、年龄结构不合理、专业技术人员缺乏的问题比较突出，干部上下交流、横向交流的机制尚未建立；基层环保工作经费不足、监管监测装备保障薄弱，县（市）分局财权上收工作还未完成；生态环境综合行政执法队伍组建不到位，执法支队性质未定，内设机构未设立，与"严执法"的总要求不相适应。三是环境基础设施建设仍有短板。各地城市截排污管网不完善，老城区和城郊接合部雨污分流未到位，污水收集处理率有待提高；乡镇污水处理设施建设任务艰巨，后期运营管理和资金保障难度大；固体废物治理设施建设还有待加强，现有生活垃圾处理设施超负荷运行，餐厨垃圾未得到有效收集处理，垃圾焚烧发电站尚未建成运行。

三 2022年邵阳市生态文明建设工作思路

2022年，是党的二十大召开之年，也是贯彻落实"十四五"生态环境保护规划、打好污染防治攻坚战的关键之年，做好生态环境保护工作具有重要意义。2022年，邵阳市将始终践行"绿水青山就是金山银山"理念，弘扬伟大建党精神，全面落实"三高四新"的战略定位和使命任务，坚决扛牢生态环境保护责任，以实现减污降碳协同增效为目标，聚焦改善生态环境质量，精准治污，科学治污，依法治污，坚决打好污染防治攻坚战，高位推进蓝天、碧水、净土三大战役，努力实现生态环境质量改善、生态环境风险降低、生态环境治理能力增强。

（一）对标对表，重点突破，全力推进突出环境问题整改

1. 坚决抓好突出环境问题整改

快速推进第二轮中央生态环境保护督察典型案例邵阳县长阳矿区环境问题整改，及时完成2020年长江经济带警示片披露江北污水处理厂溢流问题整改销号，精心组织2021年长江经济带警示片披露新邵三郎庙乡金属矿和鸿发采石场问题整改。严格按照整改方案确定时间节点和整改销号要求，倒

排工期、挂图作战、快速推进，确保如期完成各项整改销号任务。

2. 用心做好第二轮省级环保督察相关工作

邵阳市将积极配合2022年湖南省委、省政府开展的第二轮省级生态环境保护督察工作，对照环保督察的标准和要求，做好安全保障、办公设施、食宿安排、现场准备等工作，确保配合省级环保督察工作有序开展。同时，坚持未雨绸缪，下好先手棋，集中力量在全市范围内开展一次全面排查，逐一落实责任，争取早日整改到位。

3. 全力打好污染防治攻坚战"夏季攻势"

按照湖南省生态环境厅任务清单，总结推广近年开展"夏季攻势"经验做法，扣紧目标任务，坚持问题导向，找准关键环节，切实增强工作的主动性和针对性。以市政府"三重点"（重点工作、重点项目、重点任务）工作为抓手，进一步健全定期调度、督察督办、考核问责等工作机制，完善约谈、挂牌督办、预警等推进措施。聚焦重点、难点突出环境问题，早动手，早谋划，高标准打好歼灭战，确保各项任务按时高质完成。

（二）加力加压，协调联动，深入打好污染防治攻坚战

1. 坚决打好"蓝天保卫战"

配合相关部门统筹推进碳达峰、碳中和相关工作，做好应对气候变化能力建设。持续在工业废气、扬尘污染、汽车尾气、面源污染等治理方面下功夫，扎实推进重污染天气消除等重点工作，全力促进空气质量根本性好转。持续推进VOCs综合整治，完成湖南和诚医药化学品有限公司等10家企业的VOCs综合治理项目。严格落实建筑工地扬尘防治"六个100%"。持续推进道路扬尘整治，推进低尘机械化湿式清扫，提高路面清扫清洁频次，加强渣土车全过程监管。进一步加强中重型柴油货车限行管控，严禁中重型柴油货车在限行时段违规闯入限行区域，全面完成老旧机动车年度淘汰任务。逐步提高市区公务用车、出租车、物流配送车辆的新能源汽车比例。

2. 持续打好"碧水保卫战"

继续实施长江流域十年禁渔，扎实推进重点流域水生物多样性恢复和水生态修复。狠抓城市水体"长治久清"，进一步完善各县市城镇污水收集管网建设，积极开展资江干流排污口溯源排查整治工作，不断提高污水收集率。全面完成53个乡镇污水处理厂建设，实现流域内较大规模的建制镇污水处理设施全覆盖，强化污水处理设施的监管，探索建立运营长效机制。加强饮用水源地保护，巩固"千吨万人"饮用水水源地整治成果，推进"千人以上"饮用水水源地问题整治。全面实行水资源消耗总量和强度双控，促进水资源节约使用、高效使用。

3. 精准打好"净土保卫战"

紧紧围绕乡村振兴战略部署，全力推进农村环境整治，确保60个任务村农村环境整治整改销号，建成20个乡镇垃圾中转站，积极指导邵东市、武冈市、新邵县、洞口县4个垃圾焚烧发电站建设，努力改善农村生态环境质量。开展污染地块和严格管控类耕地遥感监测监管、典型行业企业及周边土壤污染状况试点调查。加强农用地土壤污染防治和涉重金属矿区历史遗留固体废物整治，实施农用地土壤镉等重金属源头防控行动，开展耕地土壤污染成因排查和分析。持续加强矿涌水、废弃矿山、尾矿库污染治理，切实加强事中事后监管，提升危险废物信息化监管能力和水平。

（三）从严从实，依法行政，切实强化环境监管执法

全力强化事前事中事后环境监管，依法依规严厉打击环境违法行为。严格落实"双随机、一公开"，严格执行行政执法公示、全过程记录和法制审核制度。强化部门联动和"两法"衔接，加强生态环境部门与公检法等司法部门工作联动，健全生态环境部门和行业主管部门案件线索移交、查办、联动制度，压实企业污染防治主体责任，严厉打击环境违法犯罪行为，维护生态环境安全。建立健全环境准入负面清单，对环境负面清单项目坚决否决。继续优化完善环境信访工作机制，加强统筹管理和业务指导服务，提高办理效率和成效，切实维护人民群众合法的生态环境权益。

（四）精准精细，综合施策，积极加强自然保护地监督管理

邵阳市地处国家"两屏三带"战略布局的南方丘陵山地带，境内自然资源丰富，生态环境优良，是中国南方的重要生态安全屏障。2022 年，邵阳市将积极配合做好南山国家公园（体制）试点工作，推进生物多样性调查、观测和评估，构建以国家公园为主体的自然保护地体系，构筑生物多样性保护网络。持续抓好"绿盾"专项行动发现问题的整改，对上级指出和自查发现的问题建立台账，扎实整改，推动自然保护区执法监督进一步深化、细化和实化，确保按期完成整改销号。推动绥宁县尽快开展创建国家生态文明建设示范县相关工作，指导新邵县、邵东市、城步县开展省级生态文明建设示范县创建工作，推进新宁县创建"绿水青山就是金山银山"实践创新基地。

（五）抓细抓早，多措并举，不断提升全民生态环境保护意识

进一步规范引导广大人民群众参与监督，畅通群众反映线索和问题受理渠道，确保"问题有人接、案件有人办、进度有人督、结果有人评"，构建全民参与生态环境保护的良好氛围。加强宣传教育力度，组织好生物多样性保护日、六五环境日、低碳日等重要节点的宣传活动，集中组织开展《长江保护法》《邵阳市大气颗粒物污染防治条例》《邵阳市资江保护条例》等法律法规的宣传，确保生态环境保护意识和法律法规家喻户晓、深入人心。提前谋划、科学规划、精心策划做好湖南省第八届生态文明论坛各项筹备工作，努力办出一届极具特色、影响广泛的生态文明建设交流盛会。

B.16
岳阳市2021~2022年生态文明建设报告

岳阳市生态环境局

摘 要： 2021年，岳阳市坚决扛牢"守护好一江碧水"首倡地责任，各地各相关部门紧密配合、齐抓共管，各项环境保护目标任务较好完成。2022年，岳阳市将保持生态文明建设的战略定力，坚持按照山水林田湖草沙系统治理整体推进的总体要求，加强攻坚力度和势头，扎实推进污染防治攻坚战，确保生态环境质量持续改善。

关键词： 生态文明建设 污染防治 岳阳市

一 2021年岳阳市生态文明建设情况

2021年，在湖南省委、省政府的正确领导下，岳阳市深入学习贯彻习近平生态文明思想，坚持以长江经济带绿色发展示范区建设为统领，深入打好污染防治攻坚战，扎实推进生态文明建设取得新进展。

（一）着力抓好突出生态环境问题整改

坚持采取"一月一调度、一季一讲评、半年一通报"的方式抓好突出生态环境问题整改工作；岳阳市纪委监委持续深入开展"洞庭清波"专项行动，用政治监督护航污染防治攻坚战。2017年以来，中央、省交办岳阳市突出生态环境问题共11个方面179个，2020年底前已完成整改销号87个问题，2021 年应完成的 59 个问题已全部完成整改销号，其余 33 个问题按计划分年度整治、最迟在 2025 年底前全部完成；中央、省级交办的群众信访举报件共 1347 件，已办结 1339 件，正在办理 8 件。

（二）持续推进水环境综合整治行动

坚决抓好东洞庭湖总磷浓度偏高问题整改，先后印发《岳阳市洞庭湖域枯水期应急响应方案》《岳阳市洞庭湖域总磷浓度偏高问题整改方案》《岳阳市特别防护期水环境管控行动方案》，实行水质断面长负责制，采取加密监测预警、养殖尾水治理、排污（渍）口管控、污水处理厂尾水降磷等多项措施，落实断面水质月考核和水环境保证金制度，完成洞庭湖总磷污染控制与削减项目 38 个，洞庭湖总磷浓度总体趋稳并逐步下降。全面推行河湖长制，市县乡各级河湖长巡河 6.5 万余人次，发现的 2902 个问题整改销号率达 98%；上级交办的重大问题、一般问题、卫星遥感监测疑似问题313 个，全部完成整改。持续开展饮用水源地评估整治，完成市、县、乡三级 34 个饮用水水源地的评估或整治。推进黑臭水体的整治维护，中心城区32 处黑臭水体按"长制久清"要求加强日常维护，对华容等地 4 处黑臭水体开展了整治。持续推进城镇污水管网建设，全年完成投资 18.5 亿元，新建改造城镇污水管网（含雨水管网）215.5 千米；实现全市建制镇乡镇污水处理厂全覆盖，建立健全了长效监管和考核机制，确保了乡镇污水处理厂正常运营。

（三）全面实施空气质量达标行动

紧盯全年"城区空气质量达到二级标准"目标，突出 PM2.5、PM10 浓度下降这一重点，岳阳市、区两级抽调精干力量成立蓝天保卫战工作领导小组办公室，落实日常巡查、跟踪督办、每月通报、定期讲评约谈等制度，督促落实各项颗粒物控制措施，实现了 PM2.5、PM10 浓度双下降。持续开展涉气行业挥发性有机化合物（VOCs）治理，完成治理项目 20 个，并升级改造了10 个工业炉窑综合治理项目。加强移动源污染治理，329 台老旧柴油车注销淘汰，1453台非道路移动机械悬挂环保号牌；部门联合开展路检路查4次，检查货车738台、处罚38台。认真落实党中央、国务院和省委、省政府关于做好碳达峰碳中和与"十四五"能源消耗总量和强度"双控"工作的一系列决策部署，印发了《岳阳市"十四五"期间节能审查和监管工作的实施意见》，分解下发了《关于下达县（市、区）"十四五"能耗双控目标任务的通知》，启动"岳阳市2030年碳达峰'1+N'行动方案""'十四五'能耗双控工作方案""岳阳市'十四五'能耗存量挖潜实施方案"三个方案编制。同时，对"两高"项目进行了常态化梳理摸底，实行动态清单管理。

（四）深入开展土壤污染防治行动

持续开展涉镉等重金属重点行业企业排查，组织开展了两轮排查工作，共排查在产及关停涉重金属企业70家。注重源头防范土壤环境风险，制定并公布了全市65家土壤环境重点监管企业名单，除了未正常生产和关闭整合的10家企业外，其余55家重点企业均按要求完成了土壤污染自行监测和隐患排查。严格用地准入管理，市直单位建立了协调联动机制，会同评审了10个疑似污染地块的土壤污染状况调查报告，督促指导了4处污染地块开展风险评估。全力开展土壤项目申报和实施，完成入库中央土壤污染防治项目5个，争取到位专项资金2889万元。持续推进垃圾分类和垃圾处理设施建设，生活垃圾收集点也基本配置到位，有害垃圾收运处置体系基本建立，厨余垃圾处置项目建成并投入运营。

（五）加强农业农村污染治理

深入开展农村环境整治，完成62个村的农村生活污水治理及12条国控农村黑臭水体治理任务。全面推进秸秆综合利用和指导秸秆禁烧，组织全市59个秸秆收储点和23家秸秆综合利用加工企业作用积极收储利用；常态化开展秸秆禁烧督导，在油菜收获季节、双抢期间、中晚稻收割季节集中调度督导16次，有效管控住随意焚烧现象，全市秸秆综合利用率稳定保持在87%以上。推进受污染耕地安全利用，投入各项资金1174万元，实施治理

43.42 万亩。推进农业废弃物回收处置，建立废旧农膜堆放点 92 个，农药包装废弃物回收点 1292 个，回收农膜、农药包装废弃物 256.8 吨，全市农膜回收率达到 81%以上。推进畜禽养殖污染防治，全市现有 1868 家规模养殖场的粪污处理设施装备配套率达到 100%，粪污综合利用率达 92.4%，全市畜禽规模养殖比重达到 53%以上。

（六）大力开展生态保护和修复

扎实推进"绿盾行动"，东洞庭湖国家级自然保护区 106 个疑似问题全面完成核查和销号，8 个自然保护区问题完成整改销号。加快推进矿山生态修复，完成 10 家绿色矿山建设；全面开展历史遗留矿山图斑核查工作，核查 1481 处，确认未修复面积 683 公顷。持续开展国土绿化行动，完成人工造林 15.16 万亩、封山育林 30.4 万亩、退化林修复 10.7 万亩、森林抚育 26.1 万。加快推进湖南段长江岸线、"一湖四水"流域生态廊道建设，完成省级生态廊道增绿扩量建设任务 2.25 万亩，长江岸线提质改造 3459 亩，成功申报长江岸线复绿项目作为湖南省首届国土空间生态修复十大范例。全面推行林长制，印发《岳阳市关于全面推行林长制实施方案》，建立市林长令等 7 项配套制度，明确各级林长 4693 名，划分森林资源管护网格 2823 个，护林员、监管员、执法员"三员"管护体系初步构建。加强生物多样性保护，全面启动生物多样性资源本底调查，以东洞庭湖区域生物多样性观测与保护为重点，多次开展环洞庭湖越冬水鸟、麋鹿和湿地植被等监测活动。继续抓好长江流域十年禁渔，严厉打击非法捕捞，违法案件大幅下降。推进生态文明示范创建，平江县荣获"全国生态文明建设示范县"称号。

（七）加强监管执法和风险防范

"有计划、全覆盖、规范化"开展日常监管随机抽查，制定生态环境综合行政执法事项清单和监督执法正面清单，组织开展涉铊企业、砖瓦行业、涉危废企业等专项执法检查行动，严厉打击了环境违法行为。2021 年，岳阳市生态环境部门共立案查处环境违法案件 184 起，处罚金额 1845.3 万元，其中查封、扣押 5 起，移送拘留 12 起，涉嫌污染犯罪移送公安机关 5 起。岳阳市公安机关打击破坏环境资源保护类犯罪立案 93 起，采取强制措施 158 人，移送起诉 141 人；办理涉野生动物类刑事案件 21 起，刑事拘留 18 人，移送起诉 27 人。加强核与辐射监管，举办 2 期辐射安全与防护培训班，开展了全市重点放射源核技术利用单位检查。扎实做好环境信访工作，全年共受理各类信访件 1428 件，均妥善解决并及时回复。积极防范环境风险，开展环境安全风险隐患大排查大整治，共排查工业园区 12 个、企事业单位 140 家，整治环境风险隐患 95 个。

（八）不断完善和强化各项保障措施

加大环保投入，向中央、省等上级部门争取环保项目资金约 9.5 亿元，市本级投入约 3.8 亿元，有效保证了生态环境整治工作的正常运行。提升科技支撑能力，邀请生态环境部南京环科所、省环科院等科研机构来岳调研指导水环境整治工作，组织开展大气污染成因解析。全力支持重点项目建设，对己内酰胺搬迁升级、150 万吨乙烯等重点项目，主动做好与企业需求对接、环评资料指导等工作。持续推进长江入河排污口排查整治工作，全面完成 1003 个排污口的分类、命名、编码和现场溯源及报告编制，对 730 个排污口开展了监测，启动了全面整治工作。

二 岳阳市生态文明建设存在的主要问题和困难

岳阳市 2021 年生态环境保护工作取得新进步，但全市生态环境保护形势依然严峻，实现生态环境质量持续改善仍面临多重挑战。

一是大气、水环境质量改善不稳固。大气环境质量受外源输入性污染影响大颗粒物持续改善已进入瓶颈期；水环境质量改善也不全面，个别国控、省控断面水质并不稳定，部分内湖水质还未达标。

二是生态环境治理保护能力仍然较弱。通过各项改革，岳阳市大环保格局初步建立，生态环保机构队伍建设不断加强，但还存在协调沟通不够、监管执法合力不强、信息化程度不高等问题，生态环境治理保护能力与监管要求还有差距。

三是生态环境共保共治氛围不够浓厚。生态环境保护的宣传教育方式还有待改进，企业自律意识、公众环保意识还有待进一步增强。

三　2022年岳阳市生态文明建设思路

2022年是全面实施"十四五"规划，深入打好污染防治攻坚战的关键之年，也是迎接党的二十大召开、推进岳阳省域副中心城市建设的重要之年。岳阳市将坚持深入贯彻习近平生态文明思想，切实扛牢"守护好一江碧水"首倡地政治责任，深入打好污染防治攻坚战，全力做到"三稳、三进"：在完成考核目标上要"稳"，在改善生态环境质量上要"进"；在确保生态环境安全上要"稳"，在完成重点工作任务上要"进"；在严格依法监管上要"稳"，在做好服务保障上要"进"。

（一）以绿色发展为统领，积极推进经济高质量发展

坚持生态优先、绿色发展之路，加快长江经济带绿色发展示范区建设。制定实施碳达峰碳中和行动方案和配套方案，推动减污降碳协同增效。坚决遏制"两高"项目盲目发展，强化节能监察，坚决把好节能审批关。规划建设长江百里绿色经济发展走廊，深化"化工围江"整治。全面推动传统产业绿色化改造升级，努力建成长江经济带制造业绿色低碳、安全高效、智慧引领的绿色发展示范区。创新开发旅游产品，发展观鸟经济，培育发展"天下洞庭"旅游品牌，努力建成国际知名水文化旅游目的地。

（二）以环境改善为目标，纵深推进污染防治攻坚战

突出生态环境问题整改。坚持月调度、季通报、半年讲评的工作制度，采取专项督察、明察暗访等措施，加强一线指导帮扶、调度督办，严格按标准组织验收销号。持续推进第二轮中央生态环保督察、省生态环保督察

"回头看"、长江经济带警示片等反馈的 38 个未完成问题整改，按时保质完成本年度 15 个问题整改销号任务。适时组织开展全市突出生态环境问题整改"回头看"，对整改情况进行全面检验，做到问题早发现、早整改、早解决，进一步巩固整改成效。加强大气污染防治，打好"蓝天保卫战"。将 PM2.5 浓度控制作为年度重点任务，全区域、全时段做好防控，打好"蓝天"保卫战。争取实现空气质量达标的历史突破。强化氮氧化物和挥发性有机物协同减排，持续做好涉气重点行业深度治理。加速老旧车辆淘汰，加强机动车和非道路移动机械污染治理；强化秸秆综合利用和禁烧管控。加强大气污染物传输通道城市联防联控，持续开展夏季臭氧和特护期大气污染物防治工作。加强中（重）度污染天气预报预警和防范应对，适时开展改善空气质量的人工增雨作业。加强水污染防治，打好"碧水"保卫战。继续推进长江入河排污口整治工作，制定"一口一策"整改方案，按时保质完成排污口整治工作。继续抓好洞庭湖水环境综合治理，持续开展东湖、黄盖湖等未达标水体专项整治。巩固市城区黑臭水体治理成效，加快污水收集配套管网建设，规范已建污水处理设施运行。加强源头水系和水质良好湖库生态保护，推进"千人以上"饮用水水源地问题整治。加强船舶、港口、码头等水污染防治。继续保持对市域范围内各重点河流、湖泊的高频次预警监测，提前发现和及时解决水环境问题，确保水质稳定向好。加强土壤污染防治，打好"净土"保卫战。开展重点行业企业用地调查、化工园区及矿山开采区地下水调查等基础调查工作，进一步掌握岳阳市土壤和地下水环境质量状况。动态更新全市土壤污染重点监管企业名单，督促落实土壤污染自行监测制度，有针对性地开展隐患排查和整治，防止土壤环境质量恶化。加强部门联防联控联动，建立农用地污染防治和建设用地准入等方面长效机制。加快生活垃圾分类投放、收集、运输、处理设施建设和运营，切实发挥好减污增效作用。农业农村污染防治方面。加大测土配方施肥投入，健全农药废弃品收集处置制度。加强畜禽水产养殖污染治理，推动种养结合和粪污综合利用，加强畜禽规模养殖场粪污处理设施监管，推进水产养殖节水减排和养殖尾水治理。加强农膜等废弃物

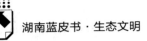
回收利用，鼓励开展农膜回收绿色补偿制度，推进秸秆综合利用长效化运行。持续开展农村环境综合整治，完善生活污水收集管网，健全生活垃圾收集、转运、处置闭环体系，选取部分农村黑臭水体开展示范整治。

（三）以保护修复为重点，坚守生态环境安全底线

落实生态保护红线管控，突出抓好以洞庭湖湿地综合治理为重点的湿地生态系统保护修复，持续对中央、省环保督察及各类执法监督反馈的已整改问题开展"回头看"，组织开展生物多样性资源外业调查。全面推进林长制工作，科学开展国土绿化，在扩大绿量、提高绿质、增强绿效上下功夫，推动森林城市创建短板指标的达标。进一步加强环境执法监管，持续开展环境执法大练兵，不断提升环境执法监管水平；在做好日常执法监管的同时，深入开展饮用水水源地、涉铊等执法专项行动，严厉打击各类环境违法行为。

（四）以健全机制为基础，不断完善保障支撑体系

进一步提高生态环境保护科技信息化水平，完善落实生态环境补偿、损害赔偿和资源有偿使用等制度。推动平江县生态产品价值实现机制试点，建立健全生态产品调查监测、价值评价、经营开发、金融支持和保护补偿机制。培育发展鱼米之乡农业区域公共品牌，拓展绿水青山向金山银山转化通道，形成一批可复制、可推广的模式经验。积极向上争取专项环保资金，保持市本级环保资金投入，加强各类资金使用监管，提升环保资金使用效益。

打造生态强市　建设美丽常德

——常德市 2021~2022 年生态文明建设报告

常德市人民政府

摘　要： 2021 年，常德市委、市政府坚定不移贯彻落实习近平生态文明思想，完整、准确、全面贯彻新发展理念，构建新发展格局，深入打好污染防治攻坚战，狠抓突出生态环境问题整改，着力提升生态环境综合监管水平，持续改善生态环境质量，实现了"十四五"生态环境保护良好开局。但同时也还存在一些问题和不足，亟待认真解决。2022 年是全面实施"十四五"规划、深入打好污染防治攻坚战的关键之年，常德市将全面落实"三高四新"战略定位和使命任务，全力推动生态环境保护工作再上新台阶，努力建设人与自然和谐共生的美丽常德。

关键词： 污染防治　生态环境　常德市

2021 年，常德市坚持以习近平新时代中国特色社会主义思想为指导，紧紧围绕全面落实"三高四新"战略定位和使命任务，始终保持生态环境保护战略定力，深入打好污染防治攻坚战，持续改善生态环境质量，狠抓突出生态环境问题整改，全力服务高质量发展，实现了"十四五"生态文明建设和生态环境保护工作的良好开局。生态环境保护工作年度考核继续保持全省先进位置，土壤污染防治、农村人居环境改善等工作获得省政府真抓实干督察激励，排污许可工作获评全省先进，"三线一单"管控工作被评为全国表现突出集体，桃花源旅游管理区获评国家"两山"实践创新基地，临澧、澧县成功创建省级生态文明建设示范县。

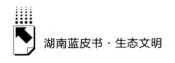

一　常德市生态文明建设的主要工作及成效

1. 生态环境质量持续改善

坚持生态优先、绿色发展，持续改善生态环境质量，碧水、蓝天、净土扮靓美丽新常德。大气方面：2021年，常德市城区优良天数312天、同比增加2天，优良率85.5%、超目标值（83%）2.5个百分点；综合指数3.65，在同组7个市州中排第3位，在全国168个重点城市中排第48位；PM2.5、PM10平均浓度分别为41微克/米^3、51微克/米^3；纳入省考核的7个县市空气质量均达到二级标准。水方面：全市46个国、省控断面水质总体改善，优良率达到89.1%；沅澧两水干流断面水质均为II类及以上；13个县级及以上饮用水水源地水质全部达标；蒋家嘴国控断面总磷浓度降到0.048毫克/升，西洞庭湖水质在洞庭湖湖体水质中率先达到III类。土壤方面：受污染耕地安全利用率、建设用地污染地块安全利用率均达到考核要求。环境安全风险方面：全市全年没有发生较大及以上环境污染事件、生态破坏事件和辐射安全事故。

2. 污染防治攻坚战推进有力

坚持以省"夏季攻势"明确常德市的9大类155项任务为重点，挂图作战、聚力攻坚，省市"2021年夏季攻势"366项任务全部完成。一是蓝天保卫战取得较好成效。聚焦重点区域、重点领域，开展工业炉窑、挥发性有机物、机动车尾气、非道路移动源、餐饮油烟、扬尘、油品、"散乱污"企业、禁烧禁燃禁炮等9大专项整治行动，全市60家有烧制工艺的砖瓦企业全部安装在线监控设备并正常运行；市城区35蒸吨及以下燃煤锅炉全部淘汰，全市火电行业和65蒸吨及以上燃煤锅炉超低排放改造、5家新型干法水泥厂脱硝升级改造、65家涉气企业VOCs综合整治全部完成；全面禁止秸秆露天焚烧，执行处罚29处；科学调整"三车"作业时间，科学调度企业错峰生产，探索形成了臭氧污染防控的有效办法。二是碧水保卫战取得较好成效。紧盯"一湖两水"，扎实推进62项洞庭湖总磷污染控制与削减任务，西洞庭湖总磷浓度同比下降20%；狠抓美丽河湖建设，西毛里湖、沅江鼎城段、桃花源水溪河获得湖南省"美丽河湖"称号；大力实施饮用水水源保护提质三年行动计划，整治饮用水水源地突出环境问题47个，全面加强"千吨万人"饮用水水源地、乡镇级千人以上集中式饮用水水源地和县级及以上城市集中式饮用水水源地环境保护，确保了人民群众饮水安全；全面开展入河（湖）排污口排查整治，创新出台入河（湖）排污口管理规定，形成了全市排污口监管"一张图"。三是净土保卫战取得较好成效。全力落实38.39万亩轻中度污染耕地安全利用、1.33万亩重度污染耕地严格管控任务，结合行政区划图、土地利用现状图、监测点位布局图，绘制了受污染耕地分布一张图，重度污染耕地全部退出水稻生产。高位推动矿产资源开发利用专项整治，全市采矿权数从2020年底237家减少到2021年底146家，矿产资源开发利用秩序彻底好转；大力开展绿色矿山建设两年攻坚行动，全市建成绿色矿山28家，32家石煤矿全部关闭退出并完成生态修复。

3. 突出环境问题整改扎实有效

2017年以来，2轮中央生态环保督察、4次长江经济带警示片、2次省生态环保督察、1次省生态环境警示片，共向常德市交办149个问题。应于2021年年底前销号的124个问题，已全部销号，销号进度和质量均居全省第一。在中央层面交办问题整改上，2020年前交办的33个问题已销号32个，余下的安乡珊珀湖水质综合治理问题已实现阶段性销号，2021年珊珀湖总磷浓度同比下降33.7%，水质稳定在Ⅳ类；第二轮中央生态环保督察交办的30个问题中应于2021年底前销号的10个问题已全部销号。通过从严加强整改，一批老大难问题得到有效解决，人民群众的生态环境获得感、幸福感、安全感持续提升，2021年常德市生态环境满意度96.4%，继续保持全省第一。

4. 生态环保综合监管水平不断提升

一是执法监管能力不断提升。始终保持从严执法高压态势，累计办理生态环境行政处罚案件160起，移送公安办理行政拘留案件13起，刑事犯罪案件3起。二是环境监测网络不断完善。在完善地表水水质监测网、环境空气质量监测网的基础上，积极开展农业污染源调查监测，完成了29个农村环境质量监测站点建设。三是环境治理体系不断健全。积极推进"四严四基"三年行动计划，在巩固 2019 年、2020 年成果的基础上，聚力推进、狠抓落实，2021 年 33 项年度任务全部完成，生态环保工作基础持续巩固。修订完善《常德市突发环境事件应急预案》，组建了应急处置队伍，建立了突发环境应急物资储备库；积极加强生态环境项目建设，出台《常德市"十四五"生态环境保护规划》；持续推进环保垂管体制改革，完善了水生态环境质量补偿机制。

5. 绿色低碳发展成效明显

一是节能减排成效明显。氮氧化物、挥发性有机物、化学需氧量、氨氮重点工程减排量分别为 6775.81 吨、815.84 吨、6263 吨、731 吨，均超额完成省定目标任务。二是绿色产业持续壮大。严格"三线一单"约束，从严把好环评审批关，建立"两高"项目清单，严控"两高"项目盲目上马。大力发展环保新兴产业，全市经济增长"含金量""含新量""含绿量"大幅提升。坚持源头严控、过程严管、后果严惩，从严开展"散乱污"企业整治，积极淘汰过剩落后产能，全市 14 家砖厂的轮窑淘汰退出。三是绿色制造推进有力。加大绿色制造体系建设推进力度，常德中车获评国家绿色工厂，中联建起的"QTZ250（7020）平头塔式起重机"、腾飞化工的"光学玻璃用硝酸钾"获评国家绿色设计产品，安福环保获评第三批工业产品绿色设计示范企业。尤其是积极开展"绿色园区"创建活动，4 个园区获评全省产业高质量发展园区，5 个园区荣获全省"五好"园区称号。四是双碳行动有序推进。坚持把碳排放影响评价纳入环评体系，全面开展重点企业碳排放核查工作，编制了温室气体排放清单，对 20 家重点碳排放企业实施日常监管；认真编制"十四五"应对气候变化专项规划；积极推行碳排放权交易，争取 7 家发电企业碳排放权交易配额 849.4 万吨，为招商引资创造了碳空间。

6. 生态文明体制改革不断深入

聚焦 12 项年度改革任务，持续深入推进生态文明体制改革，取得了较好成效。一是排污许可制度改革成效明显。出台《常德市环境影响评价和排污许可制度衔接改革试点实施方案》，积极构建以排污许可证为核心的污染源"一证式"管理制度，形成了以排污许可制为核心的固定污染源监管制度体系，打造了排污许可管理的"常德模式"，获生态环境部表彰。尤其是率先在全省开展环境影响评价告知承诺制审批试点，简化审批环节，提升审批效率，常德经开区、高新区入园项目审批时间已由原来的 20 个工作日缩短为 1 个工作日；坚持"一窗受理、一窗办结"，下放 60% 的环评审批项目，21 项审批服务事项全部进驻市民之家服务窗口。二是生态环境损害赔偿制度改革成效明显。累计办理生态环境损害赔偿案件 83 起、赔偿资金354.79 万元，实现了生态环境、自然资源、水利、农业农村、城管执法、林业 6 个部门和 9 个区县市办案全覆盖，案件查办率、查结率均居全省前列，让"谁损害、谁赔偿"的法定职责落地生根。三是河湖长制、林长制改革成效明显。推行长江十年禁渔，不断完善河湖长制考核评价体系，山水林田湖草沙系统治理格局基本形成。出台《常德市关于全面推行林长制实施方案》，建立完善"7+1"配套制度，设立"四级"林长 5732 名，构建了林长制持续规范运行的制度保障体系。

二　常德市生态文明建设存在的主要问题

尽管 2021 年常德市生态环境保护工作取得显著成绩，但与生态强市、美丽常德的总目标要求，与人民群众对优美生态环境的热切期盼，仍存在一些差距和不足。

一是持续改善生态环境质量压力大。2021 年，市城区空气质量综合指数改善率下滑，在全国 168 个重点城市中排位靠后，大气输入性污染和内源污染叠加造成重污染天气短期内难以消除；农业面源污染仍然较重，总磷控制与削减任务艰巨，全市境内天然湖库水质改善短期难以全部稳定达标。

二是深入打好污染防治攻坚战压力大。对比"碳达峰碳中和"新要求，全市高耗能的产业结构、高碳的能源结构、交通主要依赖公路的运输结构的特征，短期内均难以发生根本改变，生产和生活体系向绿色低碳转型的压力很大，实现减污降碳协同效应的目标任务非常艰巨。

三是推进生态环境治理体系和治理能力现代化压力大。垂改后生态环境工作的统筹协调及调度推进机制还没有完全理顺，需进一步加强探索和实践，做强做实区县市生环委及其办公室职能；环境监测网络不够健全、生态红线监管能力和碳排放监测能力不足、生态环境保护信息化水平不高、综合执法能力不强等问题仍比较突出。

三　2022年常德市生态文明建设的思路举措

2022年是全面实施"十四五"规划、深入打好污染防治攻坚战的关键之年。常德市将深入贯彻习近平生态文明思想和习近平总书记对湖南重要讲话重要指示批示精神，全面落实"三高四新"战略定位和使命任务，全力推动生态环境保护工作再上新台阶，以高水平生态环境保护助推经济社会高质量发展。

1. 深入打好污染防治攻坚战

持续以"夏季攻势"为抓手，深入打好污染防治攻坚战。深入打好蓝天保卫战。重点是打好重污染天气消除攻坚战、臭氧污染防治攻坚战、柴油货车污染治理攻坚战等标志性战役，加强大气面源和噪声污染治理。深入打好碧水保卫战。重点是聚焦"一湖两水"水质改善，持续打好城市黑臭水体治理攻坚战、长江保护修复攻坚战、洞庭湖综合治理攻坚战，巩固提升饮用水安全保障水平，在守护"一江碧水"中贡献常德力量。深入打好净土保卫战。重点是持续打好农业农村污染治理攻坚战、重金属污染治理攻坚战，深入推进农用地土壤污染防治和安全利用，有效管控建设用地土壤污染风险，稳步推进"无废城市"建设，加强新污染物治理，强化地下水污染协调防治。

2. 持续改善生态环境质量

坚持统筹推进，突出"提气、降碳、强生态，增水、固土、防风险"等重点，持续改善生态环境质量，让常德的天更蓝、水更清、土更净。确保到 2025 年，市城区优良天数 316 天、优良率达到 86.6%，PM2.5 降到 36 微克/米³，重污染天气不超过 2 天；地表水优良率达到 91.3%以上，城市黑臭水体基本消除；土壤污染风险得到有效管控。其中，2022 年的具体目标是：市城区环境空气质量实现优良天数 313 天，PM2.5 稳定在 40 微克/米³以下，7 个县市继续稳定在国家二级标准以内；省控及以上考核断面水质优良率达到省考核目标；土壤污染风险全面控制；全面完成省政府下达的主要污染物减排目标任务。

3. 从严加强突出生态环境问题整改

聚集第二轮中央环保督察交办的 30 个问题中暂未销号的 20 个问题，第四次长江经济带警示片交办的 2 个问题等，共 25 个问题，坚持领导带头，挂牌督办，倒排工期，一个问题一个整改方案，从严强化责任、从严加强整改，全力确保中央、省级层面交办的整治任务按期完成、顺利销号，努力实现"污染消除、生态修复、群众满意"的目标。

4. 积极防范化解重大生态环境风险

统筹发展和安全，建立健全生态环境领域重大风险隐患排查机制，加快实现各类重点污染源在线监测全覆盖。整治区域和流域性重金属污染，持续开展专项整治行动和监管执法，切实加强固体废物环境管理，确保生态环境安全。加强环境应急能力建设，进一步健全应急救援体系。

5. 着力提升生态环境治理能力

持续深化生态文明体制改革，进一步理顺生态环境工作的统筹协调及调度推进机制，做强做实市县生环委及其办公室职能；认真落实生态环境保护法律法规，积极在法治轨道上推进生态环境治理，深入推进排污许可制与环境执法监管有机衔接，认真落实生态环境损害赔偿管理制度，严厉打击违法犯罪行为；深入开展环境基础设施补短板行动，健全完善环境基础设施体系；全面提升生态环境监测自动化、标准化、信息化水平，建立健全现代化生态环境监测体系。

6. 加快推动绿色低碳发展

深入推进碳达峰行动。聚焦重点领域、重点行业，制定二氧化碳排放达

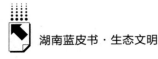

峰行动方案，深入推进碳达峰行动。坚决遏制"两高"项目盲目发展。全面梳理排查在建"两高"项目，科学有序推进拟建项目，严格落实污染物排放区域消减要求和减量替代办法，依法依规淘汰落后产能和化解过剩产能。深入推进生态文明创建。坚持尊重自然、顺应自然、保护自然，统筹生产、生活、生态空间，积极开展生态文明建设示范创建，加快形成绿色低碳生活方式，打造绿色生态宜居的美丽乡村，建设人与自然和谐共生的生态强市、美丽常德。

参考文献

《中共中央国务院关于深入打好污染防治攻坚战的意见》。

《中共中央国务院关于完整准确全面贯彻新发展理念做好碳达峰碳中和工作的意见》。

《国务院关于印发 2030 年前碳达峰行动方案的通知》。

《中共中央办公厅国务院办公厅关于推动城乡建设绿色发展的意见》。

《国家发展改革委、生态环境部、住房城乡建设部、国家卫生健康委关于加快推进城镇环境基础设施建设的指导意见》。

《中华人民共和国国民经济和社会发展第十四个五年规划和 2035 年远景目标纲要》。

《湖南省"十四五"生态环境保护规划》。

《常德市"十四五"生态环境保护规划》。

B.18
张家界市2021~2022年生态文明建设报告

张家界市生态环境局

摘　要： 2021年，张家界市委、市政府深入贯彻落实习近平生态文明思想，牢固树立"绿水青山就是金山银山"理念，以高度的政治自觉、思想自觉、行动自觉，推动全域创建国家生态文明建设示范区。2022年，张家界市将以深入打好污染防治攻坚战为抓手，全力推进蓝天、碧水、净土保卫战，着力抓实突出生态环境问题整改，努力推动环境治理体系和治理能力现代化，奋力擦亮美丽中国的"张家界名片"。

关键词： 生态文明建设　污染防治　绿色生活方式　张家界市

2021年，张家界市坚持以习近平新时代中国特色社会主义思想为指导，深入贯彻落实习近平生态文明思想，牢固树立"绿水青山就是金山银山"理念，以全域创建国家生态文明建设示范区为目标，以第二轮第三批中央生态环境保护督察为契机，以深入打好污染防治攻坚战为抓手，全力改善环境质量，加快建设生态绿色张家界，努力满足广大市民对美好环境的需求。

一　2021年张家界市生态文明建设情况

（一）环境质量总体保持稳定

2021年，张家界市中心城市环境空气优良天数357天，优良比例

97.8%；PM2.5 平均浓度为 27 微克/米^3；PM10 平均浓度为 44 微克/米^3；综合排名全省第 2，连续四年稳定达到国家二级标准。全市国控、省控、市控地表水监测断面稳定达到Ⅱ类以上水质，县级以上集中式饮用水源地水质达标率 100%。1~12 月，国控断面水质全国排名第 22 位，全省排名第 2 位。国控、省控断面水质综合指数及改善幅度获省政府真抓实干督查激励措施奖励。慈利县枧潭桥重金属监测断面 2021 年镍浓度平均值为 0.0127 毫克/升，比 2012 年的 0.255 毫克/升下降 95.02%，首次实现达标。

（二）污染防治攻坚战持续推进

一是持续推进蓝天保卫战。积极应对气候变化，启动"张家界市'十四五'应对气候变化专项规划"编制工作。严格落实重点行业错峰生产计划，南方水泥完成停窑 124.4 天，华新水泥完成停窑 91.5 天。强化机动车尾气监管，组织开展两次全市机动车尾气检验机构双随机监督执法检查，完成柴油货车路检路查及入户检查 517 台，淘汰老旧车辆 126 台；全市非道路移动机械环保标牌挂牌 2570 台。加强建筑扬尘污染管控，全市城市建成区所有工地完成"六个 100%"扬尘污染防治。积极推动秸秆综合利用和禁烧工作，全市农作物秸秆综合利用率达 89.4%，秸秆卫星监测火点较 2020 年大幅减少。推进大气环境监管监测能力建设，完成颗粒物源解析、声功能区划调整、应急减排清单更新，建成 3 套机动车尾气固定式遥感监测系统和监控平台及 1 套移动式遥感监测系统。

二是持续推进碧水保卫战。加强饮用水水源保护，累计完成 10 个县级及以上、27 个"千吨万人"、70 个"千人以上"饮用水水源保护区划定；完成市级、县级、"千吨万人"和乡镇级"千人以上"水源地环境基础状况评估工作。加快推进城镇污水处理设施建设，城市生活污水集中收集率由 2018 年的 43% 提升至 2021 年的 60.07%，提高了 17.07 个百分点；完成慈利县和桑植县污水处理厂扩建提标改造工程，新增城市（县城）污水处理能力 4 万吨/日，出水水质由一级 B 标提升至一级 A 标；新建成乡镇污水处理厂 18 个，新增污水处理能力 6690 吨/日。严格工业园区环境管理，全市 3 个工业园区均建成污水集中处理设施和在线监控设施并稳定运行，实现工业企业污水全收集、全处理、达标排放，并积极推进园区环境第三方治理，编制完成园区生态环境管理 2020 年度自评报告。启动入河排污口排查建档工作，排查辖区澧水、溇水干流入河排污口 117 个，完善入河排污口位置、类型、地理坐标、排放方式等信息，完成排污口命名和编码工作。强化枯水期水生态环境管理，开展断面水质加密监测，编制完成《张家界市枯水期地表水生态环境管理应急预案》。强化河流岸线管理保护，完成流域面积 50 平方千米以上 76 条河流河道管理范围划定，编制了 18 条重要河流岸线保护与利用规划。

三是持续推进净土保卫战。受污染耕地安全利用和严格管控，全市共完成中轻度污染耕地安全利用 13.55 万亩，重度污染耕地严格管控 0.84 万亩，完成省定目标任务。涉镉等重金属污染源排查整治，组织开展 2 轮涉镉等重金属污染源排查，排查出 1 家涉镉等重金属污染源，现已完成临时管控整治验收销号。土壤重点监管企业隐患排查，排查 8 家土壤污染重点监管单位，共整改 7 家重点监管单位土壤污染隐患 22 个。

四是持续发起"夏季攻势"。如期保质完成省定 4 大类 67 项任务整改并销号。建成 18 个乡镇污水处理厂，整治 38 个乡镇级"千人以上"饮用水水源地环境问题 58 个，整改 10 个危险废物大调查大排查问题，永定区天门山镇柏树村历史遗留污染源整治项目一期竣工验收。

（三）突出生态环境问题得到有效解决

第一轮中央生态环境保护督察及"回头看"转办的 158 件信访件完成整改 156 件，反馈意见涉及的 14 个问题完成整改 13 个；第二轮中央生态环境保护督察转办的 58 件信访件完成整改 57 件，交办重点查处和需关注的 2 件问题全部完成整改；省生态环境保护督察及"回头看"交办的 321 件信访件完成整改 315 件，反馈的 68 个问题完成整改 50 个，其余均按时序推进中。

（四）农村面源污染防治全面深入

一是大力实施化肥农药减量增效行动。通过测土配方施肥、秸秆还田、绿肥示范、酸性土壤改良、深翻耕等措施，全市化肥使用量较 2020 年减少863.5 吨，亩均减少 0.25 公斤。通过农作物病虫害绿色防控和统防统治，全市农药使用量较 2020 年减少 6.8682 吨，降幅 1.047%。

二是大力推广农膜回收利用。推广使用标准地膜、可替代地膜材料，积极探索新型全降解地膜试点，加强农膜回收利用宣传引导，2021 年农膜回收利用量 0.1617 万吨，回收率 82.67%。

三是持续开展畜禽养殖污染防治。全市 159 家规模养殖场完善粪污处理配套设施建设，规模养殖场粪污处理设施装备配套率 100%，畜禽粪污资源化利用率 90.31%。

四是示范推进农村生活污水治理。完成 10 个村居生活污水治理，其中永定区茅岩河镇洞子坊村、教子垭镇杨柳村生活。污水治理率达到 95%，沅古坪镇长潭村达到 89%；武陵源区协合乡龙尾巴居委会、索溪峪街道双星村分别达到 89%、75%；桑植县官地坪镇双桥村达到 84%；慈利县伏龙村、金坪村、长岭岗村、东方红村分别达到 60.1%、65.5%、60%、60.15%。完成农村卫生改厕 6400 户。

五是努力提升农村生活垃圾治理水平。启动农村生活垃圾治理提升三年行动，农村生活垃圾治理"五有"标准不断完善。新建和改造乡镇垃圾中转（压缩）站 9 座，全市累计建成乡镇垃圾中转（压缩）站 74 座。淘汰农村小型生活垃圾焚烧炉 8 个。每个区县建成 1 个农村生活垃圾分类试点示范乡镇。

（五）生态保护修复取得新进展

一是严格落实长江十年禁渔。清理涉渔"三无"船只 5391 艘，其中1557 艘作为生产生活用船登记挂牌，拆解 3834 艘，共奖补拆解资金 804 万元。全市共出动执法人员 2705 人次，执法车辆 616 辆次，执法船舶 88 艘次，查获非法捕捞案件 89 起（其中刑事立案 58 起，破案 55 起），抓获非法捕捞嫌疑人 126 人（其中涉刑事犯罪嫌疑人 95 人，采取刑事强制措施 94人，移送起诉 91 人），收缴渔获物 1600 余公斤，查获非法捕捞器具 78 套

（件），查扣涉案船舶 2 艘，罚款 2.9 万元。

二是扎实推进"绿盾"行动和国土绿化行动。2021 年，"绿盾"行动实地核查国家推送疑似问题 436 个，建立问题台账，积极进行整改，完成销号 401 个，销号率为 92%，未销号问题正在按整改方案强力推进。全年完成人工造林 4.15 万亩、封山育林 10 万亩、退化林修复 6 万亩、森林抚育 11.26 万亩、人工种草 0.15 万亩、草原改良 0.25 万亩，完成率分别为 115.28%、102.04%、105.26%、106.23%、100%、100%，全市森林覆盖率 71%。

三是切实加强生物多样性保护。建立张家界市野生动植物资源保护工作联席会议。林业、市场监管、公安、农业农村等部门联合开展严厉打击破坏野生动物资源违法犯罪"清风行动"、打击走私"国门利剑 2021"等专项行动。深入推进和创新野生动物致害公众责任保险。启动全市生物多样性资源本底调查工作。2021 年 5 月 22 日，林业、生态环境等多部门联合开展丰富多彩的"国际生物多样性日"主题宣传活动。

四是深入推进非煤矿山综合整治。截至 2021 年底，全市矿山从 2019 年的 254 个减少至 162 个，其中砂石土矿的数量由 2018 年的 123 个减少为 45 个，完成省控 49 个的目标任务。各区县均已完成砂石土矿专项规划编制并呈报省自然资源厅批复。制定《张家界市绿色矿山建设三年行动方案（2020-2022 年）》，截至目前，入库 3 个矿山，1 个矿山达标。完成 12 个矿山生态保护修复方案评审，8 个矿山生态保护修复分期验收。

（六）绿色生活方式成为新时尚

一是全域开展生态文明示范创建。永定区建成"绿水青山就是金山银山"实践创新基地和省级生态文明建设示范区，武陵源区建成国家生态文明建设示范区，慈利县和桑植县建成省级生态文明建设示范县。累计建成市级生态文明建设示范村镇 146 个。

二是全面推进节约型机关创建。2020 年，成功创建节约型机关 79 家。2021 年，96 家单位申报节约型机关，其中市级党政机关 14 家，县级党政机

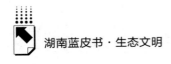

关 82 家。

三是大力发展绿色建筑。全市城镇绿色建筑新增竣工面积占新增竣工建筑总面积比例达到 57%；启动建设装配式建筑项目 31 个，总面积 44.45 万平方米，占新建建筑面积比例 29.512%。

（七）生态环境监管执法水平不断提升

一是严格生态环境行政许可。全年共完成建设项目环评审批 68 个，其中报告表项目 40 个，报告书项目 28 个；采用告知承诺制方式审批的项目 53 个，占比 78%。全年共办理排污许可发证 75 家，其中首次发证 16 家，变更发证 54 家，延续发证 5 家。

二是严格生态环境执法。大力推行"双随机、一公开"监管工作，分类建立抽查对象库 6 个，涵盖全市 1040 家抽查对象，动态更新 5 个执法人员库，共抽查企业 337 家。加大环境违法犯罪打击力度，全年共办理环境行政处罚案件 56 件，罚款 776.2213 万元，其中行政拘留案件 2 件、查封扣押案件 1 件。及时调处环境信访投诉，全市共受理环境信访投诉 361 件，环境信访处理率 100%、调处率 100%、群众满意度 100%。

三是有序推进生态环境损害赔偿制度改革。全市共办理生态环境损害赔偿案件 52 件，其中生态环境系统 8 件、自然资源和规划系统 10 件、住房城乡建设系统 14 件、水利系统 4 件、农业农村系统 7 件、林业系统 9 件。

二 张家界市生态文明建设存在的主要问题

2021 年，张家界市生态文明建设工作取得了显著成效，但离人民群众的所期所盼还存在一定差距。

1. 持续改善环境质量的压力大

张家界市水环境质量、环境空气质量居全省前列，但部分主要污染物减排压力尚未完全缓解。城市建筑工地及道路扬尘、餐饮油烟等管控工作需持续加力。柴油货车和非道路移动机械污染监管工作有待进一步加强。

2.农业农村污染问题依然突出

农村污染防治基础设施建设、资金项目安排、治理机制体制方面还比较薄弱，农药、化肥、秸秆焚烧等面源污染问题没有得到根本解决。

3.城乡环境基础设施建设滞后

城市污水管网不完善，污水收集率低。乡镇污水处理厂大多只建设截污干管，纳污支管建设滞后，影响污水收集，尚未充分发挥污染减排作用。

三 2022年张家界市生态文明建设工作安排

2022年工作目标：市中心城市PM2.5浓度控制在27微克/米³以下，市中心城市环境空气质量优良天数比例稳定维持在97%以上。全市国控、省控、市控地表水断面水质优良比例（保持Ⅱ类或优于Ⅱ类）保持100%，力争国家考核断面水质进入全国前30位，省考核断面水质全省第一；县级及以上城市集中式饮用水水源水质达到或优于Ⅱ类比例达100%。为实现以上目标，将重点抓实以下四项工作。

（一）深入打好污染防治攻坚战

一是深入打好蓝天保卫战。强化工业源深度治理。推动水泥等行业超低排放改造，实施工业窑炉和挥发性有机物综合治理，确保各行业企业大气污染物稳定达标排放；搬迁或关闭县级以上城市规划区烧制砖厂。推进移动源污染管控。加强机动车尾气定期检验机构监管、尾气路查路检及入户检查，健全和落实机动车尾气检测和维护（I/M）制度；加快国Ⅲ标准及以下老旧车辆淘汰。持续推进非道路移动机械编码登记、环保标牌挂牌和监督执法检查，推进淘汰服务年限超过15年的工程机械和农业机械。积极应对气候变化。加强大气环境监管能力建设，推进市中心城市空气自动站点设备更换和站房改造，初步建立全市大气污染防治综合管理平台，探索机动车尾气遥感监测数据和黑烟抓拍数据应用；抓好特护期大气污染防治和重污染天气应对工作，完善本市重污染天气应急预案体系，建立健全预报预警会商机制，科学预测浓度变化趋势，落实轻中度污染天气管控和重污染天气应对的各项措施。积极推进碳达峰行动。以降碳为重点战略方向，推进减污降碳协同增效，督促电厂等行业企业积极控制碳排放及配额履约工作，逐步降低万元 GDP 二氧化碳排放强度，促进经济社会发展全面绿色转型。

二是深入打好碧水保卫战。扎实推进水环境保护基础设施建设。围绕永定潭口断面、武陵源黄龙洞断面水环境质量下降问题，以永定城区、武陵源城区为重点，着力提升城市污水处理能力和显著提升污水收集能力。完成杨家溪污水处理厂扩建提标改造。启动武陵源黄龙洞片区污水处理厂及配套管网建设。开展澧水河南北两岸荷花组团、枫香岗组团截污干管建设可行性论证工作。围绕澄潭断面上游澧水两岸的截污治理，完成子午西路延伸段截污干管及支管建设、南庄坪片区雨污分流改造和永定路陈家溪桥污水截流工程，力争荷花片区的污水管网开工建设。抓紧排查慈利县蒋家坪污水处理厂、索溪峪污水处理厂、森林公园锣鼓塔污水处理厂管网，2022年完成雨污分流改造，确保污水处理厂进水化学需氧量浓度不低于 100 毫克/升。继续抓好乡镇污水处理设施建设，实现全市建制镇污水处理设施基本覆盖，保障乡镇污水处理厂正常运行。持续抓好饮用水源地规范化建设和环境问题整治。查漏补缺，全面完成全市集中式饮用水源地保护区划定工作；完成 30 个"千吨万人"和 49 个乡镇级"千人以上"水源地基础信息和构建物调查；启动并完成新划定的花岩市级水源地、新增的 3 个"千吨万人"水源地、新增的 11 个乡镇级"千人以上"水源地、31 个村级"千人以上"水源地环境问题整治工作。持续推进工业园区水环境问题整治。完成慈利工业集中区民和村临 G353 国道区域污水管网建设；积极推进工业园区第三方治理。继续开展涉铊企业排查整治行动。

三是深入打好净土保卫战。充分利用土壤污染重点监管单位隐患排查和自行监测结果，加强重点监管单位管理，推动重点监管单位切实履行法定责任，防范环境风险。进一步强化对暂不开发利用污染地块的风险管控，切实加强污染地块土壤环境监管。充分运用张家界市耕地土壤与农产品重金属污染加密调查成果等数据，持续开展耕地周边涉镉等重金属污染源排查整治及其"回头看"工作，有效切断污染源进入农田、水体的途径，切实保障人民群众生产生活安全。加强重金属污染防控，严控重点行业重金属污染物排放量。持续推进永定区天门山周边、慈利大浒矿区等区域重金属污染治理，巩固慈利县枧潭桥重金属专项监测断面镍浓度均值达标成果。进一步提升农村生活垃圾治理水平，全市50%的乡镇开展生活垃圾分类工作，新建10个乡镇垃圾中转（压缩）站，淘汰10个小型垃圾焚烧炉。

（二）强力推进突出生态环境问题整改

严格落实张家界市贯彻落实第二轮中央生态环境保护督察报告、省生态环境保护督察"回头看"及非煤矿山生态环境保护专项督查报告整改方案，以开展"洞庭清波"专项行动为抓手，对标对表中央、省生态环境保护督察要求及整改验收销号标准，对整改落实情况及时调度更新，整改一件销号一件，确保按时完成整改任务。

（三）全力守护生态环境安全

加强自然保护地和生态保护红线监管，持续推进自然保护地"绿盾"专项行动，依法加大生态破坏问题监督和查处力度，确保生态环境问题（线索）按时完成整改、销号。加强核安全监管，不断提升核与辐射安全保障能力。深入推进全域生态文明建设示范区建设，支持永定区、桑植县争创国家生态文明建设示范区，武陵源区争创"绿水青山就是金山银山"实践创新基地。积极开展"无废城市"创建。

（四）提升生态环境治理能力

持续加大生态环境执法力度，推进执法中心下移，依法严厉打击涉危废物环境违法犯罪，严肃查处环评、监测等领域弄虚作假行为。强力推进排污许可一证式执法，全面采取"双随机、一公开"抽查方式。严格落实生态环境损害赔偿制度，确保生态环境损害案件办理工作推进有序、依法合规。落实澧水、涟水流域生态保护补偿机制，倒逼全域水环境质量提升。积极构建政府主导、部门协同、企业履责、社会参与、公众监督的生态环境监测格局，建立现代化生态环境监测网络，进一步优化监测网点布局，确保监测数据真实、准确、全面。

B.19

益阳市2021~2022年生态文明
建设报告

益阳市生态环境局

摘　要： 2021年，益阳市委、市政府在湖南省委、省政府的坚强领导下，坚持以习近平生态文明思想为指引，认真践行新发展理念，以益阳市生态环境保护为重点，认真贯彻落实省委、省政府、市委、市政府所做的决策部署，坚决扛起生态环境保护的政治责任，深入打好污染防治攻坚战，各项工作取得新进展，实现污染防治攻坚战从"坚决打好"到"深入打好"的转变。

关键词： 习近平生态文明思想　污染防治攻坚战　环境质量　益阳市

2021年，益阳市委、市政府在湖南省委、省政府的坚强领导下，坚持以习近平生态文明思想为指引，认真践行新发展理念，以生态环境保护重点工作为抓手，认真贯彻落实省委、省政府、市委、市政府所做的决策部署，坚决扛起生态环境保护的政治责任，深入打好污染防治攻坚战，各项工作取得新进展，实现污染防治攻坚战从"坚决打好"到"深入打好"的转变。

一　2021年益阳市生态文明建设主要成效

（一）生态环境保护工作取得喜人成绩

2021年在湖南省生态环境厅对市州局的综合考核中，益阳市生态环境

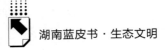

局党组连续 3 年获得"全省生态环境系统优秀班子"称号，获得湖南省生态环境保护工作考核（市州）第 1 名，较 2020 年提升四个名次，实现全省排名"三连升"，这是前所未有的成绩。

（二）环境空气质量改善明显

2021 年，益阳市中心城区环境空气质量综合指数 3.57，在全省排名第 6 位，改善幅度在全省排第 1 位，综合成绩在全省排第 1 位。市中心城区环境空气质量平均优良天数比例、PM2.5 和 PM10 平均浓度改善幅度排名均在全省排第 1 位。2021 年益阳市环境空气质量综合指数及改善幅度获得省政府"真抓实干"督查激励。

（三）水环境质量稳步提升

2021 年，益阳市 33 个国省控断面Ⅰ～Ⅲ类水质断面占比 88%，其中资江流域水质总体为优，均达到或优于Ⅲ类水质标准。南嘴、万子湖、胭脂湖断面均达国省控断面考核要求。大通湖断面总磷浓度持续改善，较 2020 年下降 1.03%，达到Ⅳ类水质。全国第一批流域水环境综合治理和可持续发展试点总结工作现场会在益阳市召开，大通湖流域治理获得全国第二批流域水环境综合治理与可持续发展试点，大通湖获评省"美丽河湖优秀案例"称号。城市建成区 14 个黑臭水体消除比例达 100%。益阳市全面推进河长制工作，获评湖南省"全面推进河长制湖长制"真抓实干成效明显市州称号。

（四）土壤环境质量稳中向好

坚持严格管控，因地制宜，推进受污染耕地安全利用，益阳市受污染地块安全利用率达 100%。指导和规范土壤污染重点监管单位，建立土壤污染隐患排查制度，消除或降低隐患。抓好资江流域锑污染防治应急处置，保障饮用水源安全。安化县成功创建省级生态文明建设示范县；桃江县在全国培训会上做了关于受污染耕地安全利用项目的先进经验交流，并在国家重点生态功能区县域生态环境质量监测与评价结果中被通报环境质量明显变好,获得奖励资金2500万元;益阳市石煤矿山修复取得实效,"矿山整治与生态修复"入选为2021年湖南生态文明建设典型案例。

(五)突出环境问题整改成效明显

坚持高位推进突出环境问题整改,2021年益阳市需销号突出环境问题30个,已全部完成销号。1020件信访件已办结1019件,办结率99.9%。2021年湖南省生态环境警示片评价益阳市突出环境问题整改实现了"凤凰涅槃";益阳市突出环境问题整改经验《铁腕整治下塞湖非法矮围 把洞庭湖变成大美湖区》被中央生态环境保护督察办公室作为典型案例予以推介(中央生态环境保护督察办公室连续三年推介益阳);益阳市生态环境综合行政执法支队信访科获评"2020~2021年生态环境信访工作中表现突出的集体";湖南省整改办在《关于2021年度突出生态环境问题整改工作情况的通报》中充分肯定了益阳生态环境督察整改工作成效,并高度赞扬了可复制、可借鉴的"益阳经验"。

(六)生态环境损害赔偿落实落地

2021年,益阳市生态环境损害赔偿工作取得明显成效,生态环境损害赔偿磋商案件已启动67起,已达成磋商协议的涉案金额303万余元,在全省走在前列,沅江市3家企业污染大气生态环境损害赔偿案入选生态环境部第二批生态环境损害赔偿磋商十大典型案例。

(七)生活垃圾处置亮点纷呈

益阳市中心城区已基本形成生活垃圾分类体系;37个社区创建垃圾分类示范片区任务基本完成。益阳市垃圾焚烧发电项目二期扩建工程投产运行,新增处理能力600吨/日,城乡生活垃圾实现"一体化"治理,中心城区生活垃圾清洁焚烧占比达到100%,益阳市生活垃圾清洁焚烧处理占比达60%以上。益阳市生活垃圾焚烧发电PPP项目成为湖南省唯一入选国家发展改革委"绿色政府和社会资本合作（PPP）项目典型案例"，供全国各地学习借鉴。

（八）生活污水治理经验广受推广

益阳市城市生活污水集中收集率较 2018 年提高了 39.3 个百分点，城市建成区污水处理厂进水生化需氧量（BOD）浓度较 2018 年提高了 38.2 个百分点，提升率分别位居全省地级城市第 1、第 4 位。《沅江高位推动科学决策实现全市乡镇污水处理设施全覆盖》被湖南日报（新湖南）、湖南住建公众号报道，"沅江模式"在全省乡镇污水处理设施建设推进现场会上被推广介绍；湖南日报对资阳区乡镇污水治理经验刊文报道推介；《安化县高位推动乡镇污水处理设施全覆盖》经验被《中国建设报》刊文报道推介。

（九）经济高质量发展和生态环境高水平保护齐头并进

推进经济高质量发展和生态环境高水平保护相统一。科学制定《益阳市碳达峰行动方案》，凝心聚力推进碳达峰行动。积极立项争资，助力生态环境保护。推进"三线一单"应用落地，落实产业准入政策，从严控制"两高"项目，并引导和倒逼园区外企业搬迁入园，形成工业集聚发展，《湖南益阳：强化"三线一单"落地应用 助力"三高四新"战略实施》在"中国环境"公众号、"生态环境部环境工程评估中心"公众号、《法制日报》等多家国家级媒体发布。加强主动服务意识，为企业送政策、送技术，避免企业"走冤枉路""花冤枉钱"。优化办事流程，为重点项目开通"绿色通道"，不断提高各项行政审批效率，2021 年共批复建设项目环境影响评价 346 个（其中辐射类项目 25 个）。持续推进排污许可证核发与延续工作，做好企事业单位环保信用评价工作。

二 2021年益阳市生态文明建设的主要经验

2021 年，面对风云变幻的国内外形势、经济下行的巨大压力、污染防治攻坚的艰巨任务，取得这些成绩，得益于习近平生态文明思想的强劲引领，得益于益阳市委、市政府的坚强领导和湖南省生态环境厅的大力支持，得益于益阳市始终保持四个坚持。

（一）始终坚持党建引领，凝心聚力谱写新篇章

益阳市始终坚持将党的建设作为绝对引领，把政治建设摆在首位，不断增强"四个意识"，坚定"四个自信"，坚决拥护"两个确立"，始终做到"两个维护"。将习近平生态文明思想作为益阳市委和全市县处级以上党委（党组）理论学习中心组专题学习重点内容，同时纳入益阳市委党校和各区县（市）党校2021年春季学期处级干部和科级干部进修班的教学日程。并通过进社区、到企业授课、播放宣传片等方式广泛宣传习近平生态文明思想理念。全市各级党组织和广大党员干部在益阳市委、市政府的领导下，坚定不移听党指挥、矢志不渝跟党走，不断完成新的使命任务。

（二）始终坚持高位推进，夯实生态环境责任

一是坚持高位推进，领导率先垂范。形成了主要领导亲自抓、分管领导具体抓、部门联动合力抓的工作推进机制。各区县（市）党委、政府和市直相关单位主要负责人亲自部署，分管领导具体抓已成常态，全力推动污染防治攻坚战工作落实落地。二是部、省关心指导，湖南省生态环境厅帮扶不遗余力。益阳市生态环境工作取得的成效，源于生态环境部、湖南省生态环境厅对益阳市生态环境保护工作的正确领导和精准帮扶。2021年以来，益阳市主动加强与生态环境部、湖南省生态环境厅工作对接，积极谋求技术指导帮扶，推动益阳市生态环境实现高水平保护。三是完善考核体系，倒逼责任落实。将8个区县（市）、16个市直部门、9个省级及以上工业园区生态环境保护工作纳入市委、市政府绩效考核体系，实现考核全覆盖。将考核结果与干部提拔使用相结合，充分发挥考核指挥棒作用。

（三）始终坚持构建大环保格局，助推高水平环境保护

紧紧依托市生环委办、市突出环境问题整改办、蓝天办、石煤矿山整治

领导小组办公室、大通湖水环境治理工作组等平台，统筹推动全市污染防治攻坚战工作。建立"1+10"（即1个生态环境保护委员会+10个行业专业委员会）工作机制，制定"网格化排查"制度，实行"四包一"突出环境问题整改排查责任体系，形成了齐抓共管、合力攻坚的大生态环保格局。科学编制《益阳市"十四五"生态环境保护规划》，以高水平规划引领高质量发展，推动建设生态益阳。

（四）始终坚持系统治理思维，精准解决突出环境问题

将提高发现和解决突出生态环境问题的能力作为一项政治任务，着力解决思路理念、工作作风、工作能力、机制体制、基础建设等方面的问题，主动发现和推动解决了一大批突出生态环境问题。与武汉大学、中国环境科学研究院、华南环境科学研究所、湖南省环科院建立战略合作关系，把脉问诊，携手共治，因地施策，推动问题解决落实，实现污染防治攻坚战从"坚决打好"到"深入打好"的转变。

三　益阳市生态文明建设存在的主要问题

（一）环境治理任务艰巨

精准治污、科学治污、依法治污落实还不到位，环境污染的传输路径和控制途径等研究还不够深入。一是大气环境质量方面。益阳市空气环境质量指标虽然达到省定考核要求，但受内源污染与外部输入性污染（益阳市处于北方污染物传输通道）叠加影响下的大气污染防治应对措施不够精准，空气环境质量易反弹，大气环境质量持续变好难度加大。二是水环境质量方面。对湖区点多面广的污染状况，措施不够持续有效，洞庭湖、大通湖总磷浓度持续下降难度大，难以达到高质量发展考核Ⅲ类水质目标要求，治理任务相当艰巨。三是土壤环境质量方面。益阳市是有色金属之乡，涉重金属污染还存在一定的风险，石煤矿山整治成果需要持续加强巩固。

（二）一些重点问题推进还有差距

部分中央生态环保督察及"回头看"、长江经济带生态环境警示片突出问题整治涉及的管网建设、垃圾填埋场等问题治理难度大。农村生活污水治理和农业面源污染治理等重点问题治理点多、面广，治理任务重。矿山、尾矿库等历史遗留问题还存在，如石煤矿山、锑污染防治、受污染耕地保护仍然任重道远。

（三）能力建设亟须提升

"十四五"期间生态环境保护面临的新形势、新挑战，特别是污染防治攻坚战由坚决打好向深入打好转变，生态环境工作触及的问题层次更深、领域更广，要求也更高，问题更加复杂，难度和挑战前所未有，面对更加复杂的形势，提升益阳市环境能力建设迫在眉睫。一是队伍素质有待提高。随着污染防治攻坚战不断深入，环保队伍综合能力与当前工作要求还不相匹配，队伍素质有待提高。二是基础能力建设需加强。益阳市监测能力和执法装备水平在全省较低，沅江、南县、大通湖监测能力还不强，中心城区无监测站。面对新的形势、新的问题，人民群众对环境信息的知晓权更加期盼，企业违法行为更加隐蔽化和科技化，目前环境监察能力和手段相对单一、执法装备水平不高、信息化相对薄弱，与当前环保形势要求还有较大差距①，监察执法、监测预警、信息能力建设、风险管控等方面有待进一步提高。

四　2022年益阳市生态文明建设工作计划

总体思路：2022年是"十四五"深入打好污染防治攻坚战关键一年，坚持以习近平新时代中国特色社会主义思想为指导，全面贯彻党的十九大和

---

① 黄润秋：《凝心聚力　稳中求进不断开创生态环境保护新局面——在2022年全国生态环境保护工作会议上的工作报告》，2022。

十九届历次全会精神，深入贯彻习近平生态文明思想和习近平总书记对湖南重要讲话重要指示批示精神，全面落实省、市党代会和"两会"精神，特别是"三高四新"战略定位和使命任务，坚持"稳字当头、稳中求进"的工作总基调，全面建设"益山益水·益美益阳"。以实现减污降碳协同增效为总抓手，以改善生态环境质量为核心，以精准治污、科学治污、依法治污为工作方针；统筹经济高质量发展、常态化疫情防控、碳排放达峰行动和生态环境保护；保持力度、拓展广度、延伸深度；深入打好污染防治攻坚战，高标准打好蓝天、碧水、净土保卫战；努力实现生态环境质量进一步改善、生态环境风险进一步降低、生态环境治理能力进一步增强，以优异成绩迎接党的二十大胜利召开。

2022年具体要做好以下重点工作。

（一）全面加强党的建设

以"党建红"引领"生态绿"，以党建促工作、抓班子、带队伍，守牢底线不动摇，依法依规推进各项工作，以高质量党建引领高水平生态环境保护。一是提高政治站位。深入贯彻党的十九大、十九届历次全会，习近平总书记对湖南重要讲话重要指示批示，省、市党代会和"两会"精神；全面落实"三高四新"战略定位和使命任务，抓好习近平生态文明思想学习贯彻和宣传，以实际行动忠诚拥护"两个确立"、坚决做到"两个维护"。二是加强党的领导。深入开展好党史学习教育，推进"五化"党支部创建，抓好上级决策部署和领导批示指示落实执行。三是加强党风廉政建设。抓严抓实意识形态工作，以案示警，严把纪律规矩戒尺，深化一体推进"不敢腐、不能腐、不想腐"，坚持打好正风肃纪反腐攻坚战、持久战。

（二）着力推动绿色低碳发展①

实施碳排放达峰行动，做好应对气候变化工作，发挥生态环境保护的引

---

① 孙金龙：《肩负起新时代建设美丽中国的历史使命》，2022。

领、优化和倒逼作用，有序推动绿色低碳发展，以生态环境"含绿量"提升发展"含金量"，努力实现经济发展和环境保护协同共进。

（三）深入打好污染防治攻坚战

按照"环境质量只能变好，不能变差"的原则，不断改善环境质量。一是深入打好蓝天保卫战。扎实推进蓝天保卫战重污染天气消除、臭氧污染防治、柴油货车污染治理三个标志性战役；继续推进和加强工业窑炉、VOCs综合治理，以柴油货车和非道路移动机械为监管重点，持续深入加强移动源污染防治。二是深入打好碧水保卫战。巩固城市黑臭水体治理成效，扎实推进洞庭湖、大通湖等重点流域综合治理等标志性战役，推进美丽河湖创建；开展入河排污口排查整治；强化污水处理基础设施建设，完善城市污水管网建设，加强水生态保护和修复，持续改善水环境质量，确保2022年国控省控断面水质优良率达到88%以上。三是深入打好净土保卫战。推进农用地土壤污染防治和安全利用，实施农用地土壤镉等重金属污染源头防治行动，巩固石煤矿治理和资江锑污染防治成效。严格建设用地土壤污染风险管控和修复名录内地块的准入管理。持续打好农业农村污染治理攻坚战，深入开展农业面源污染治理，加强农村生活污水和农村黑臭水体治理。

（四）持续抓好突出环境问题整改

把抓好中央、省级交办突出生态环境问题整改作为重要政治任务，统筹推动全国人大和省人大执法检查、长江经济带警示片、日常督察等交办问题整改。开展督查，主动发现问题，精准交办，多频调度，帮扶指导，督促整改进度，巩固整改成效，杜绝虚假整改、表面整改和敷衍整改，确保高质量完成2022年整改任务。

（五）加强生态保护监管

推进"三线一单"落地应用，建立完善生态保护红线生态破坏问题监督机制，加强生态保护红线、县域重点生态功能区生态状况监测评估。持续

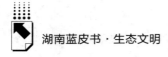

开展"绿盾"自然保护地强化监督问题整改;推进生态示范县和"绿水青山就是金山银山"实践创新基地创建。

(六)推进生态环境执法和风险防范

一是持续提高执法效能。加强生态环境领域行政执法与刑事司法衔接。聚焦大气、水、土壤、重金属污染等重点区域、行业、领域开展专项执法,开展打击重点排污单位自动监测数据弄虚作假环境违法犯罪专项行动。持续实施环评与排污许可监管行动计划,强化排污许可证事中、事后监管,严格审核已核发排污许可证质量。二是严防生态环境风险。提升自动监控管理效能,抓好自动监控"建、管、用"闭环管理,做到及时发现问题、处理问题,严防突发环境事件发生。紧盯"一废一库一品"等高风险领域,加大隐患排查。强化环境应急值守,提升应急保障能力。

(七)切实加强能力建设

进一步健全完善生态环境保护制度,深化放管服改革,强化生态环境治理能力,提高市、县生态环境监测能力和执法能力水平。争资立项上马一批治标更治本的环境治理与修复项目,减轻市、县两级财政压力。打造工作亮点,做好典型案例宣传推介,创新工作思路,力争有新的亮点、新的特色、新的经验,得到上级部门认可,形成可复制可推广的经验。

B.20
坚持生态优先　推动绿色发展

——郴州市 2021~2022 年生态文明建设报告

郴州市生态环境局

摘　要： 2021 年，郴州市坚定不移走生态优先、绿色发展之路，扎实推进突出环境问题整改、污染防治攻坚战 "夏季攻势" 等生态环境工作，全力打造 "一极六区"①。2022 年，郴州市将坚持 "稳字当头、稳中求进" 的工作总基调，以建设国家可持续发展议程创新示范区为总揽，全力做好深入打好污染防治攻坚战、绿色郴州三年攻坚行动、河湖林长制等工作，力争生态环境质量进一步改善、生态文明建设取得新进展。

关键词： 绿色发展　污染防治　郴州市

2021 年，郴州市深入贯彻党中央、国务院、省委、省政府生态环境工作决策部署，统筹做好常态化疫情防控、经济社会发展和生态文明建设工作，深入打好污染防治攻坚战，认真做好突出环境问题整改、污染治理、生态修复等各项工作，全市生态环境质量持续改善，生态环境领域改革和生态文明示范创建稳步推进，全市生态环境总体安全。

---

① "一极六区"：湖南省对接粤港澳大湾区重要增长极，国家可持续议程创新示范区、开放程度更高的自由贸易试验区、资源型产业转型开放示范区、传承红色基因推进绿色发展示范区、湘南湘西承接产业转移示范区、湘赣边区域合作示范区。

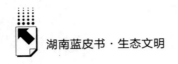

一 2021年郴州市生态文明建设总体情况

（一）生态环境质量持续改善

2021年，郴州市城区空气质量连续第四年达到国家二级标准，11个县、市、区环境空气质量平均优良天数比例达到97.3%，全市12个国控地表水考核断面达标率为100%；53个省控及以上地表水考核断面达标率为98.1%，13个县级以上饮用水源地达标率100%，全市森林覆盖率达68.01%，市城区生活垃圾无害化处理率100%，县以上城镇污水处理率95.55%。"郴州市发挥优势加大推进绿色发展力度"的典型经验做法获湖南省政府2021年重点工作综合大督查通报表扬，汝城县、桂阳县、桂东县获评国家级（省级）生态文明建设示范县，桂东、汝城、资兴三县（市）获得湖南省财政生态环境质量考核奖励，全市绿色发展指数多年稳居全省第一。

（二）主要经验做法

1. 提高政治站位，始终保持生态文明建设的战略定力

一是学深悟透笃行习近平生态文明思想。深入贯彻落实习近平总书记"绿水青山就是金山银山""守护好一江碧水""共抓大保护、不搞大开发"等重要指示精神，全面落实习近平总书记对湖南重要讲话重要指示批示精神、考察郴州重要讲话重要指示精神，坚定不移走"生态优先、绿色发展"之路。郴州市第六次党代会将"生态环境更优"确定为未来五年全市经济社会发展的七大目标之一，提出了"产业立市、创新活市、开放强市、绿色美市、协调兴市、共享富市"总要求，从"加强生态环境保护治理""推动绿色低碳循环发展""深化'红绿融合'发展"三大领域对全市未来五年生态环境保护和生态文明建设做出部署，全面建设人与自然和谐共生的美丽郴州。先后制定出台《中共郴州市委关于深入学习贯彻习近平总书记考察湖南重要讲话精神传承红色基因推进绿色发展奋力谱写新时代郴州高质量发

展新篇章的意见》《关于落实"三高四新"战略、全力打造"一极六区"，推动郴州高质量发展的意见》等纲领性文件，严格落实"三高四新"战略定位和使命任务，全力打造"一极六区"，以实在举措和实际行动推动习近平生态文明思想贯穿到郴州高质量发展各个领域、各个环节、各个层面。

二是高位部署推动生态环境工作。召开了2021年郴州市生态环境保护委员会第一次全会暨污染防治攻坚战"2021年夏季攻势"动员部署视频会议等会议，对第二轮中央生态环境保护督察迎检及反馈问题整改、污染防治攻坚战2021年"夏季攻势"、涉铊专项整治等重点工作做出安排部署，书记、市长等市领导多次听取专题汇报、召开调度会、现场调研加以推动，建立"2021年配合中央生态环境保护督察整改群"等工作调度群，要求县、市、区党政一把手、相关市直单位一把手入群，实行生态环境工作日报制，确保生态环境工作放在心上、抓在手上。市政府将生态环境治理攻坚列入全市八大重点工作，进一步压紧压实各方工作责任，实现生态环境重点工作高效推进。

三是严格环保工作考核督导。将生态环境保护工作纳入各级党委、政府领导班子和领导干部综合考核，强化责任追究，压紧压实环保工作责任。科学制定考核方案及细则，用好排查、交办、核查、约谈、专项督查各项措施。组建安全生产环境保护特别督查组、水环境特别督查组等，确保工作落实落地。

2. 强化责任担当，坚决抓好突出环境问题整改

一是坚持第二轮中央生态环境保护督察交办问题立行立改。郴州市委、市政府主要领导示范带头、亲力亲为，市委常委联片督导，特别督查组现场督办，市纪委监委全程监督，各县、市、区党政主要领导一线调度，市突出问题整改办每日通报，推动整改落实落地。全市213件中央生态环保督察交办信访件已于2021年6月11日全部办结（含阶段性办结），累计责令整改企业90家，立案处罚企业39家，罚款212.7万元，立案侦查2件，责任追究1人，约谈51人；反馈郴州市的30个问题已完成整改7个，达到序时进度23个。

二是稳步推进历次中央、省交办突出生态环境问题整改。持续推进历次中央、省生态环境保护督察及其"回头看"反馈问题等突出生态环境整改，加快补齐生态环境短板，2017~2019年中央、省级层面交办郴州市的88个突出环境问题已完成整改75个，2020年长江经济带生态环境警示片披露的1个问题达到序时进度，2020年省生态环保督察"回头看"反馈的24个问题已完成整改12个，2021年省生态环境警示片披露的9个问题已完成整改8个。郴州市整改工作获省级"洞庭清波"专项检查组一致好评，北湖芙蓉遗留砷渣治理和宜章县小造纸落后产能淘汰问题整改工作成功入选全省环保督察整改先进典型案例。

3. 严守安全底线，扎实推进涉铊专项整治行动

严格按照"污染防治攻坚战第一仗、2021年第一大重点任务、重点实施的一号重点工程"的定位要求，扎实推进涉铊（涉重涉危）专项整治行动，排查确定了全市涉铊企业60家、涉铊环境问题313个，建立了涉铊企业和工业园区清单、风险问题清单，在8个重点断面安装了铊自动监控设备，开展了9轮涉铊企业帮扶、交叉执法检查等专项执法活动，共查处涉铊企业环境违法案件17起，罚款189.25万元，查封扣押案件1起，移送环境污染犯罪案件3起。全市60家涉铊企业、313个涉铊环境问题全部完成整改，确保全市饮用水总体安全，出境断面铊浓度稳定达标，境内重点断面铊浓度持续下降。同时，认真做好"两会"、汛期、建党百年等重大时间节点应急值班值守，完成了55家企业、工业园区、饮用水水源地的应急预案备案，成功举办了2021年度湖南省突发环境事件应急演练，建立健全了市环境应急物资储备库，开展了断面水质异常排查和尾矿库污染防治"回头看"，全年未发生一起突发环境事件，全市生态环境总体安全。

4. 坚持"三个治污"，深入打好污染防治攻坚战

坚持系统治污、精准治污、依法治污，统筹推进山、水、林、田、湖、草、沙综合治理，深入打好"蓝天、碧水、净土"保卫战，全力抓好污染防治攻坚战"夏季攻势"任务落实，全市深入打好污染防治攻坚战取得阶段性战果。

一是"2021年夏季攻势"圆满收官。书记、市长及分管生态环境工作的市领导多次专题调度"夏季攻势"，将"夏季攻势"列入全市八大重点工作调度，全面实施"日报、周报、月报"制度，不断加大督查督办力度，狠抓验收销号和指导帮扶，确保任务完成质效。"2021年夏季攻势"任务9大类322

项具体任务已全部完成并销号，完成率 100%，完成率长期保持全省前列。2021 年 11 月，郴州市领导在全省"夏季攻势"点评会上作典型发言。

二是"蓝天"保卫战持续展现郴州"气质"。积极开展大气污染防治和"碳达峰、碳中和"国家低碳城市试点建设，出台《郴州市城区空气质量达标网格化管理工作实施意见》等系列文件，大力推进节能减排，持续强化机动车污染防治和非道路移动机械排放管控，稳步实施全市工业窑炉深度治理和重点行业挥发性有机物污染治理，抓实重污染天气应急措施，淘汰各类老旧车辆 6.8 万辆，市城区绿色公交比率达 100%，长输管道天然气入郴工程部分成功通气，全市风力、光伏发电装机容量 247.17 万千瓦。

三是"碧水"保卫战稳步提升郴州"水质"。大力推进可持续发展创新示范区建设，持续实施湘江流域（郴州段）保护与治理 3 个三年行动计划，稳步提升全市水环境质量。全面开展郴州市水环境突出问题整改专项行动，扎实推进 28 个水环境突出问题整改，其中 26 个完成整改，2 个持续整改。全市 567 条河流、54 座水库（湖泊）均有相应河（湖）长"认领"并定期开展巡河活动，全面完成 196 条流域面积 50 平方千米以上河流（河段）河道管理范围划界和"四乱"问题集中整治。积极推进郴州市城区黑臭水体整治，累计完成燕泉河、同心河、郴江河等流域黑臭水体治理项目 10 个。加快推进饮用水源地突出环境问题整治，荣获全省 2021 年乡镇级"千人以上"饮用水水源地生态环境整治表现突出单位。召开了郴州市东江湖保护治理委员会第二次全会，东江湖流域项目课题研究取得积极进展，湖区规模养殖场粪污处理设施配套率达 100%，限制发展区 117 家民宿（农家乐）完成整改。东江湖被省生态环境厅评为美丽河湖优秀案例，出水水质年均值稳定保持地表水 I 类标准。

四是"净土"保卫战大力优化郴州"品质"。扎实推进土壤污染防治省级先行区建设，完成市、县两级 2018～2020 年土壤污染治理与修复成效综合评估，完成两轮 308 个污染源的涉镉排查整治，安全利用受污染耕地面积 176.65 万亩、严格管控面积 10.37 万亩，耕地和建设用地安全利用率均达到省定目标；完成 76 家土壤污染重点监管企业的隐患排查、40 个行政村的农村环境综合整治和规模畜禽养殖场的随机联查任务，2 个中央专项资金土壤污染防治项目均已完成竣工验收和效果评估。扎实推进矿山复绿和绿色矿山建设，累计对 71 座矿山进行了矿山生态保护修复分期验收，全市达到绿色矿山标准的矿山 84 家，绿色矿山数量居全省首位。打好农业农村污染防治攻坚战，大力开展化肥农药零增长行动，全市化肥、农药使用量较 2020年分别下降 1.09%、5.41%，完成测土配方施肥应用面积年均稳定在732.27 万亩、主要农作物病虫害统防统治 199.1 万亩、绿色防控面积 182万亩。全市规模养殖场设施配套率达 100%，养殖粪污资源化利用率达 80%以上，农膜回收率达 81.73%。

五是固体废物管理水平不断提升。编制出台《郴州市固体废物综合处置利用产业发展与环境管理机制创新规划（2019-2022）》，深入开展危险废物大排查大整治工作，强化全市危险废物全过程监管，共排查工业园区 48 次，各类涉危险废物企业 3124 家次，形成问题清单 416 个，督促企业立行立改问题 382 个，限期整改问题 19 个，立案查处 2 个。严格危险废物转移审批跨省转入 131 批 23 万余吨，跨省转出 3 批 1.5 万吨，否决 3 批 0.7 万吨。开展危险废物专项整治三年行动集中攻坚行动、涉危危险废物环境安全隐患排查整治工作等，严厉打击固体废物特别是危险废物环境违法行为，共查处涉危险废物环境违法行为 11 起，督促企业诚信守法经营。全市危险废物产生单位和经营单位规范化管理抽查考核合格率分别达到 90% 和 95% 以上，2021 年年度考核排名全省前列。

5. 严格监管执法，严厉打击突出生态环境违法行为

坚持用最严密制度、最严格执法保护生态环境。积极开展"千吨万人"饮用水水源地、涉重金属企业环境风险排查、尾矿库环境风险隐患排查、固定污染源排污许可证清理整顿等环境执法专项行动，持续推进"双随机一公开"执法，严厉打击恶意偷排、超标排放、非法处置危险废物等行为，2021 年，全市共办理环境行政处罚案件 183 件，处罚金额 2140.61 万元。大力推进林业、渔业、河湖等其他领域生态环境执法，严惩乱砍滥伐、乱捕滥猎、电毒炸鱼、非法采砂等行为，累计办理相关行政案件 500 余件，罚款金额 1500 多万元。不断强化生态环境行政执法与刑事司法"两法衔接"，移送涉嫌污染环境、非法捕捞犯罪等案件 40 多起。全市生态环境总体安全，

近年来没有发生突发环境事件。

6. 坚持保护优先，推动经济社会可持续发展

积极践行"绿水青山就是金山银山"的发展理念，不断拓宽"绿水青山"和"金山银山"双向转换通道，用高水平保护、高标准治理推动高质量发展。

一是牢牢守住保护红线。统筹生产、生活、生态空间，建立健全以"三线一单"为核心的生态环境分区管控体系，大力推进自然保护地建设，全市有国家级生态示范区1个、自然保护区等各类保护区9个、森林湿地等主题公园17个、风景名胜区2个，全市自然保护地面积占比10.92%（不含风景名胜区），重点保护野生动植物保护率达85%。

二是加快新旧发展动能切换。不断加大对铸锻造、有色金属深加工等传统产业技改投入，持续推进科技创新，2021年全市工业技改投资同比增长18.6%，全市9个列入省重大产品创新强基项目累计投资完成年度计划的182%，全市新材料产业链、电子信息产业链、装备制造产业链等9条工业新兴优势产业链实现主营业务收入2621亿元，同比增长19.7%。郴州产业转型升级工作经验得到湖南日报宣传推介。

三是大力发展循环经济。节约资源和保护环境的空间格局、产业结构、生产方式正在加速形成，工业固废综合利用率提升到80%，工业用水重复利用率提升到85%，单位规模工业增加值能耗年均下降2.7%，永兴晶讯光电荣获2021年度"国家级绿色工厂"，永兴经开区获评"省级绿色园区"，郴州粮机等5家企业成功获评"省级绿色工厂"。华润电力、郴州氟化学有限公司等4家工业企业评选为2021年度湖南省节水型企业。

7. 推动全民参与，加快构建共建共治共享的工作格局

一是积极开展生态文明创建工作。成功创建嘉禾九老峰公园、桂阳宝岭公园等国家级、省级生态文明教育基地7个，汝城县大坪镇谭屋村等4个村庄被评为全国生态文化村。资兴市在全省第一个获批"绿水青山就是金山银山"实践创新基地，苏仙区、桂东县连续两年入选"中国最美县域榜单"，汝城县成功创建省级生态文明建设示范县。

二是广泛开展群众性环保行动。率先在全省开展垃圾分类试点工作，基本建成垃圾"大分类"体系，市城区生活垃圾无害化处理率100%，行政村生活垃圾治理覆盖率达100%。积极推广"党员河长""企业河长""退休干部河湖监督员""志愿者河长"等各类民间河长形式，全市共有各类民间河长1000余人。持续开展"捡起一片垃圾、收获一份美好""绿色守望""环境记录"等生态环境志愿服务活动，大力开展六五环境日、《生态文明教育读本》进课堂、"世界湿地日"等生态环境系列宣传活动，成功举办一系列国际国内活动，人民群众绿色发展、节能环保意识显著增强。

三是探索完善"生态补偿""跨界共治"等长效机制。东江湖流域建立了断面考核和补偿机制，2021年市级奖补资金已兑现拨付。与衡阳市签订了流域跨界断面考核补偿协议，苏仙区、资兴市、永兴县等7个县市区建立了河段保洁联动机制；与韶关市、赣州市签订三市跨区域水环境应急管理协议。积极开展生态产品价值实现机制试点，相关工作经验在全省"四严四基"试点工作经验交流会宣传推介。

（三）存在的困难和问题

经过接续努力，郴州市生态环境质量持续改善，绿色产业经济不断壮大，但环境承载能力与产业发展矛盾仍然突出，环境保护历史欠账较多，生态文明建设还面临不少挑战和困难。

一是产业结构转型升级任重道远。郴州是一座典型的资源型城市，历史上长期的无序开采，不仅留下了资源枯竭、环境污染的沉重包袱，也产生了较重的资源路径依赖，传统产业转型升级、绿色新兴产业发展壮大面临较多的困难和挑战。

二是突出生态环境问题整改压力大。需持续整改的历年中央、省环保督察交办信访件和反馈问题、长江经济带生态环境警示片披露问题等突出生态环境问题数量较多，且后续整改销号压力较大。全市涉铊涉重涉危企业、尾矿库数量在全省比重大，环境风险隐患多。

三是环境质量改善任务较为艰巨。空气质量改善进入瓶颈期，持续改善空间较小。个别断面长期超标水质改善不明显，辖区内省控及以上断面地表水环境质量指数（CWQI）在全省排名不理想，全市水环境质量形势较为严峻。

四是环保基础设施建设相对滞后。近年来，全市虽投入了大量资金不断改善污水处理等基础设施，但城市污水处理厂及配套管网建设仍不够完善，老管网改造与污水处理提质增效要求还不相适应，乡镇污水处理等环卫基础设施建设进度仍有待加快。

五是环境保护工作基础较为薄弱。生态环境保护能力建设有待加强，农村环保工作依然薄弱，生态补偿、生态文明建设公众参与、部门协同等机制还不够健全，生态环境治理体系和治理能力现代化任重道远。

二　2022年郴州生态文明建设思路及重点工作

郴州市将深入贯彻习近平生态文明思想，扎实做好"双碳"工作，深入打好污染防治攻坚战，加强自然生态保护与修复，强化生态环境风险管控，努力实现生态环境质量持续改善，确保全市生态环境安全，以优异成绩迎接党的二十大胜利召开。

（一）全面坚持生态优先绿色发展

坚持把全面贯彻落实习近平生态文明思想作为捍卫"两个确立"、增强"四个意识"、坚定"四个自信"、做到"两个维护"的试金石，坚持精准治污、科学治污、依法治污，切实增强做好生态文明建设和环境保护工作的思想自觉、政治自觉和行动自觉。立足新发展阶段，贯彻新发展理念，构建新发展格局，全面落实"三高四新"战略定位和使命任务，全力打造"一极六区"，推动经济发展与生态保护相统一，用好用活建设中国（湖南）自由贸易试验区郴州片区、湖南国家可持续发展议程创新示范区、湘南湘西承接产业转移示范区、湘赣边区乡村振兴示范区等政策机遇，大力发展绿色低碳循环发展经济，努力实现郴州高质量发展。

（二）坚决抓好突出生态环境问题整改

持续做好历年中央、省生态环境保护督察及其"回头看"反馈问题、长江经济带生态环境警示片披露问题等各类交办突出生态环境问题年度整改，部署、推动 2021 年长江经济带生态环境警示片披露问题整改，扎实开展 2022 年"洞庭清波"和"碧水郴州"专项行动，确保各项整改任务按时高效完成。积极开展突出生态环境问题整改情况开展"回头看"，做好环保督察整改培训，确保整改经得起上级、时间和人民检验。

（三）深入打好污染防治攻坚战

一是统筹推进碳达峰、碳中和，积极应对气候变化，深入推进"碳达峰十大行动"，积极参与全国碳排放权交易市场建设，扎实做好企业碳排放核查开展重点企业碳排放核查等工作，确保完成中央和省下达的目标。推进低碳城市、适应气候变化城市试点，做好应对气候变化能力建设，确保有效应对气候变化。

二是持续开展 2022 年污染防治攻坚战"夏季攻势"，着力解决群众反映强烈、对环境质量影响较大的环境问题，确保按时保质保量完成任务目标。

三是深入打好蓝天、碧水、净土三大保卫战，锚定攻坚目标，聚焦攻坚任务，强化攻坚举措，做到"四个一批"（完成一批攻坚目标、打好一批标志性战役、解决一批突出问题、建设一批污染防治和生态修复项目），推动全市生态环境质量持续改善，切实维护全市生态环境安全。

四是深入开展固体废物环境管理，大力推进危险废物专项整治三年行动、危险废物大排查大整治专项行动和危险废物规范化管理工作，加强危废转移管理和重金属总量控制，持续开展重金属超标断面达标整治，加强危废企业帮扶，严厉打击涉废违法行为，打造"一废一库一品"监管郴州模式。积极参与塑料污染全链条治理，探索"无废城市"建设和新污染物治理。

（四）不断强化环境准入和监管执法

充分运用省级、市级"三线一单"成果，严格落实管控措施，严控环境敏感区域项目建设和"两高"项目审批，切实把好环境准入关。深入贯彻《排污许可管理条例》，构建以排污许可制为核心的固定污染源监管制度体系，加快推进生态环境信用体系建设。扎实开展环评与排污许可监管行动、集中式饮用水水源地环境整治等专项行动。持续推进生态环境领域扫黑除恶，不断强化"双随机、一公开"监管执法，建立健全生态环境行政执法和刑事司法"两法衔接"机制，严格污染源自动监控管理，严厉查处人为干扰监测数据和监测数据弄虚作假行为，强化环境信访投诉办理，严惩恶意偷排、超标排污、乱砍滥伐等生态环境犯罪行为，不断提升环境日常监管水平，确保全市生态环境安全。

（五）持续推进生态保护和修复

推进长江保护修复攻坚，推进国土绿化行动，全面推进矿山生态修复、砂石土矿专项整治、绿色矿山创建。继续开展尾矿库治理，不断强化尾矿库日常监管，坚决防止环境事件发生。认真开展"绿盾"行动，不断强化自然保护地监督和风电场的环境监管，筑牢南岭生态安全屏障。开展全面禁止非法野生动物交易、食用，长江十年禁捕退捕等工作，不断强化生物多样性保护。稳步推进国家、省生态文明建设示范县创建、市生态文明建设示范镇（村）创建工作。努力做好资兴市国家"绿水青山就是金山银山"实践创新基地建设，积极开展生态环境产品价值实现机制试点，不断拓宽"绿水青山"和"金山银山"双向转换通道。

（六）坚定不移构建生态环境保护长效机制

进一步加强党对生态文明建设的领导，严格落实环保"党政同责、一岗双责"，严格落实河（湖）长制，实施领导干部自然资源资产离任审计，推进生态环境保护建设工作常态化、规范化、制度化，切实防止问题"反弹""回潮"。着力完善生态环境保护市场机制，完善排污权交易、生态补偿等制度和机制，开展生态环境损害赔偿，助推郴州生态环境保护和生态文明建设。努力做好《长江保护法》、《排污许可管理条例》、"5·22 国际生物多样性日"、六五环境日等生态环境保护宣传，开展节约型机关创建工作，进一步倡导简约适度、绿色低碳的生产生活方式，引导全市上下争当郴州生态文明的践行者、建设者、受益者。

B.21

永州市2021~2022年生态文明
建设报告

永州市生态环境局

摘　要： 按照"起步即冲刺，开局即决战"的要求，永州市坚决贯彻落实习近平生态文明思想，坚持生态优先、绿色发展，深入打好污染防治攻坚战，不断巩固和厚植绿色生态优势，持续推进生态文明建设。

关键词： 生态文明　绿色发展　永州市

2021年，永州市牢固树立"绿水青山就是金山银山"理念，坚决扛起"守护好一江碧水"的政治责任，生态文明建设取得较好成效。地表水环境质量排全国地级以上城市第18名、全省第1名；11个县区环境空气质量持续全域达到国家环境空气质量二级标准；土壤环境质量保持稳定，安全可控。全市森林覆盖率达到65.53%、木材蓄积量达到7031.48万立方米，两项核心指标连续三年实现双增长，排全省前列。祁阳市成功创建国家生态文明建设示范区，双牌县、新田县、蓝山县创建成为湖南省生态文明建设示范县。

一　2021年永州市生态文明建设情况

1.找准定位，高起点谋划生态蓝图

永州市委、市政府始终把优良生态环境作为永州最大的发展优势和

竞争优势，永州市委常委会 10 次、市政府常务会议 7 次研究生态环境保护工作，多次组织召开专题会议部署推进。永州市第六次党代会提出要"厚植生态优势，深化污染防治，推进绿色发展，精心打造'烟雨潇湘'生态品牌，努力建设人与自然和谐共生的现代化"，坚决扛起保护好湘江源头、守护好一江碧水的政治责任。聚焦精准谋划，构建发展蓝图。聘请湖南大学环境影响评价中心、湖南中润格林生态环境科技有限公司为技术支撑单位进行规划编制，经过多方征求意见以及修改完善，2021 年 12 月编制完成并印发了《永州市"十四五"生态环境保护规划》，开启生态环境新篇章。推动优化空间布局，严格生态保护红线监管。完成《永州市国土空间总体规划（2020-2035）》编制工作，按照互相"不交叉、不重叠、不冲突"的原则，完成"三条控制线"初步划定，全市生态保护红线面积由 4452.59 平方千米调整为 4434.83 平方千米。积极推进碳达峰。组织编制永州市二氧化碳排放达峰行动方案，力争全市域全方位深入推进碳达峰行动，加快走出支撑高质量发展的绿色低碳转型发展路径。

2. 强化导向，高标准整改突出问题

坚持环保为民、问题导向，全面查找梳理人民群众反映强烈的问题，从严抓实突出环境问题整改。成立了由书记和市长任组长的高规格配合中央环保督察协调联络组，建立领导包案制度、双重交办制度、督办问责制度"三项制度"。发扬"5+2""白+黑"的环保铁军作风，连续坚守岗位 40 余天，顺利完成配合督察工作，得到中央督查组的高度肯定。整改任务超额完成，省环保督察"回头看"2021 年应完成任务 20 项，已完成 22 项。信访件数量明显下降。第二轮中央环保督察信访件 150 件，较第一轮中央环保督察下降 17.6%、较第一轮中央环保督察"回头看"下降 43.4%，群众对生态环境的满意率得到切实提升。信访件祁阳长鑫建材粉尘污染和东安县自来水厂锑超标问题整改成功入选省级组织的环保督察问题整改典型示范案例。永州市突出环境问题整改得到中央第六生态环保督查组的高度肯定。

3.聚焦重点，高质量推进污染防治

深入推进大气污染防治行动。强化特护期大气污染防治，建立"3+2"重点区域大气污染防治管控微信群，聘请第三方专业技术团队驻场服务，实时分析、会商。开展建筑工地扬尘治理，全面落实扬尘防治"七个100%"。开展柴油货车污染治理，508次开展柴油货车路检路查和入户检查，全年淘汰老旧机动车783辆，发放非道路移动机械号牌3725个。强化秸秆禁烧，严格落实《永州市禁止露天焚烧专项整治工作方案》和《永州市禁止露天焚烧责任追究暂行办法》，全年通报卫星火点169个。严格落实水泥行业错峰生产，开展工业窑炉治理，江华海螺水泥有限责任公司、湖南皓志科技股份有限公司、福嘉综环科技股份有限公司、祁阳宝利铸造有限公司已完成整改销号。

深入推进水污染防治行动。14个县城污水处理厂达到一级A排放标准，全年共处理城市生活污水22275.82万吨，新建乡镇污水处理设施46处，完成全市城市排水排污管网新建、改造254.51千米，农村生活污水处理率达到73.4%，粪污资源化利用率达到93.3%。严格按照"一口一策"整治要求，完成入河排污口整治296个，中心城区污水直排口全部消除，对全市已完成整治的35处城市黑臭水体落实长效管理。开展涉铊污染专项整治，61家工业企业完成整改并销号。加强饮用水水源保护，完成了63处乡镇级"千人以上"集中式饮用水水源保护区环境问题整治，县城及以上集中式饮用水水源地水质达标率100%。常态化推进十年禁渔，积极开展长江禁捕"冬春攻势"、"渔政亮剑2021"和"三承诺一倡议"等专项执法行动，全市共办理涉渔违法违规案件113件。全面规范河道管理，全市共查处非法采砂案件25起，打击非法采砂点27处，取缔非法上砂点1处，下达执法文书87份。

深入推进土壤污染防治行动。加强土壤环境污染重点单位监管，21家土壤环境污染重点监管单位开展隐患排查、自行监测，完成排查报告和监测报告。组织开展两轮涉镉等重金属污染源排查整治，5家涉镉污染源完成风险管控措施纳入动态清单管理。严格污染地块再开发利用准入管理，6个地

195

块已完成治理修复，29 个地块已进行了风险管控且暂不开发利用。推进受污染耕地安全利用，42.39 万亩中轻度污染耕地实施了一项以上的安全利用措施，1.67 万亩严格管控区全面退出水稻种植。治理畜禽粪污和农业面源污染，推进 11 个县、市、区畜禽粪污资源化利用整县推进项目，对 2071 个养殖场户进行了提质改造，全市畜禽粪污资源化综合利用率为 93.37%，畜禽规模养殖场粪污处理设施设备配套率为 100%。大力实施化肥农药减量行动，2021 年全市化肥、农药使用量分别比上年减量 0.73%、2.3%。推进农业废弃物回收利用，秸秆综合利用率为 89.1%、农膜回收率为 82.6%。

全面完成污染防治攻坚战"夏季攻势"任务。建立了市生态环境保护委员会牵头调度督导，市直牵头部门分头部署推进，县、市、区统一具体落实的一盘棋工作格局，实施"一月一调度一推进一通报"制度。市委、市政府先后 6 次召开动员会、推进会、点评会强力部署推进。2021 年 7 月起，市生环委成立 8 个督查帮扶组，每月深入县区既督查进度，核实情况，又指导工作开展，帮助解决具体问题。对进度滞后的工作，及时发出预警函、督办函，督促县、市、区加大力度推进落实，确保工作推进、问题解决、任务落实。至 2021 年 12 月底，省里下达全市的 180 项"夏季攻势"任务已全部完成，市定 390 项任务达到时间进度要求。

4. 开拓创新，高水平推进绿色发展

全面推行林长制。顺利召开全面推行林长制工作动员会和第一次林长会议，市、县两级均按期出台工作方案和相关配套文件，"一长三员"网格化管护体系建设有序推进。

实施开发区循环化改造升级。制订了《永州市园区循环化改造方案》，现有园区在空间布局优化、产业结构调整、资源综合利用、企业清洁生产等方面实施循环化改造，推进园区实现资源化利用，降低主要污染物排放量，基本实现废水、废渣"零排放"。

大力发展绿色产业。做大做强油茶产业，完成油茶新造 10.2 万亩，建成 3 个现代林业产业园省级示范园和林之神油茶仓储交易中心。发展森林旅游产业，市植物园通过国家 4A 景区评审，创建 1 个国家级、2 个省级森林康养示范基地,全市森林旅游接待游客560万人次。

加强塑料污染治理。印发了《永州市塑料污染治理行动计划(2021-2025)》,广泛宣传开展塑料污染治理的重大意义,普及禁限塑料制品有关政策和禁限内容。

推动垂改工作落实落地。落实垂直管理改革要求,完成县区分局上收,在全省率先设立市级南北监测中心。完善市生态环境保护委员会议事规则和相关制度,制定生态环境保护工作责任规定和责任清单,出台环境保护工作责任追究办法,进一步厘清理顺各级各部门工作职责。

严格环境执法。组织开展扬尘管控专项治理、饮用水水源保护区问题专项整治、强化危险废物专项整治、三年行动集中攻坚等专项行动,从严打击环境违法行为。2021年,永州市共查处环境违法案件223起,其中行政处罚192件,处以罚款1490.99万元,同比上升38.1%。

5. 提升能力,高要求补齐生态短板

推动矿山生态修复。建设绿色矿山24个,其中国家级绿色矿山5个,省级绿色矿山10个,达标绿色矿山9个。持续推进砂石土矿专项整治行动,清理整顿各类安全、环保要求不达标的砂石土矿,总数已减至130个,完成了省里下达的指标任务。完成长江经济带废弃露天矿山生态修复任务,恢复林(草)地430.08公顷、旱地103.69公顷、建设及其他用地102.46公顷、其他用地12.14公顷。

稳步推进生态廊道建设。以"1+3"工程为重点,高标准推进湘江流域沿岸和二广、泉南、厦蓉3条高速公路两侧的省级生态廊道建设,同步推进市、县生态廊道建设,厦蓉高速沿线道县段、宁远段生态廊道在全省评估中获"优秀"。

改善农村人居环境。以"一拆二改三清四化"为抓手,强力推进"一革命四行动",改(新)建农村户用卫生厕2.65万户,建设农村公厕214座,在16个村开展了改厕化粪池尾水治理试点工作,农村卫生厕所普及率达到89.54%,农村生活污水治理率较2020年提高5.37%,农村人居环境明显改善。

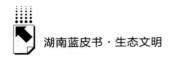

二 永州市生态文明建设存在的主要问题

1. 生态环境质量改善出现新瓶颈

生态环境质量总体上持续改善，但大气和水环境质量还不稳定，局部环境污染依然存在，持续改善压力较大。湘江流域水质保持良好，但主要断面地表水环境质量不稳定，部分水质监测因子随月度时间呈不稳定分布趋势，监测数据跨度大，部分支流水质状况变差，开展地下水监测难度大。水环境治理逐渐由单流域治理向多流域治理，由单方面治理向水环境、水生态协同治理，由单因子治理向多因子精准治理转变。PM2.5仍然是影响永州市空气质量的最主要因素，同时臭氧（O_3）污染对城市空气质量的影响日益突出，城市空气质量受气象条件和地理环境影响明显，一些行业管理粗放问题开始凸显，空气质量结构性矛盾突出，改善空气质量必须坚持颗粒物与臭氧协同治理，向规范化管理寻求突破。永州市地处湘江源头，具有高度的水环境敏感性，如何把准承接产业转移门槛和区域产业发展方向，既保住"绿水青山"，又实现"金山银山"，将是一个巨大挑战。

2. 历史遗留生态环境问题解决难度大

东安县三断面锑浓度超标问题，虽经综合治理已初见成效，但由于历史遗留问题多、锑本底值高等，彻底治理到位需要的时间长、整改任务重、压力大。土壤环境安全保障能力有待提升，零陵珠山锰矿区、非煤矿山遗留废渣等工矿污染历史遗留问题多，解决难度大，重金属污染带来的农产品安全供给风险大。永州市第三产业比重偏低，且仍以传统、低端领域为主，产业结构、能源结构、交通运输结构和农业种植结构不优，结构性污染问题依然突出。随着工业化、城镇化的深入推进，能源资源消耗持续增加，节能减排控制压力增大，给碳达峰、能耗双控、产业结构和能源结构调整、污染治理等工作带来挑战和风险。

3. 生态环境干部队伍素质有待提高

表现在业务学习氛围不浓厚，工作标准不高、要求不严，只求过得去，不求过得硬。"一岗双责"、党政同责、失职追责等理念有待深化，部门联动，齐抓共管，主动作为的氛围尚未形成。当前环境监管能力与新的形势不相适应的问题突出，突出污染问题治理、环境执法监管等方面有待增强，县、市、区基层环保队伍人员力量和装备保障薄弱，生态环境系统业务能力建设亟须加强，干部队伍素质有待进一步提高。

三 2022年永州市生态文明建设思路

1. 锚定"一个目标"

总的目标是生态文明建设走在全国前列。具体目标是：重点污染物排放总量、单位地区生产总值二氧化碳排放量和能耗持续降低；水环境质量持续改善，县级及以上城市集中式饮用水水源地水质达标率达到100%，地表水环境质量保持全国前列、全省第一；空气环境质量持续改善，县级及以上城市PM2.5年平均浓度保持在35微克/米^{3}以内，基本消除重度及以上污染天气，继续保持全市域达标；土壤污染环境风险得到有效管控，受污染耕地和重点建设用地实现安全利用和有效管控；自然生态保护监管取得积极进展。

2. 立足"两个坚持"

一是坚持生态优先。适时启动国家环境保护模范城市创建工作，鼓励冷水滩、江永积极创建省级生态文明建设示范县区，相关县区创建"绿水青山就是金山银山"创新基地，继续组织开展"绿盾行动"。推进山、水、林、田、湖、草、沙整体保护、系统修复、综合治理，强化矿山规范化管理，现有矿山、新建矿山全部达到绿色矿山标准。深入推进小水电清理整改工作，5个限期退出类电站按要求退出。抓好江永燕子山国家草原自然公园建设和管理，积极推动舜皇山国家级自然保护区并入南山国家公园体制试点后续工作，全市森林覆盖率稳定在65%以上，木材蓄积量增长150万立方米以上、湿地保护率稳定在75%以上。抓好湘江流域主要河道沿岸和二广、泉南、厦蓉3条高速公路两侧的省级生态廊道建设，市级层面重点打造"湘江零陵—祁阳段百里生态长廊"。持续推进小微湿地建设，打造4处小微湿地试点，加强湿地公园建设管理，确保江永永明河、零陵潇水两个试点顺利通过国家验收。

二是坚持绿色发展。继续编制好达峰方案和专项规划，支持有条件的地方和重点行业、重点企业率先达峰。探索建立"两山"转换新机制，规划实施碳汇发展项目，探索推进碳汇交易。鼓励有条件的县市区参与排污权、用能权、碳排放权市场化交易，支持双牌、金洞等开展碳汇经济先行区建设试点。坚守"三线一单"底线，将环境质量底线和资源利用上线作为容量管控和环境准入要求，以空间、总量和准入环境管控为切入点落实"三线一单"。坚决遏制高耗能高排放项目盲目发展，依法依规淘汰落后产能，严禁未经批准新增煤炭、钢铁、水泥、电解铝、平板玻璃等行业产能，坚决遏制"两高"项目盲目发展，严格落实污染物排放区域削减要求，对不符合规定的项目坚决停批、停建。

3. 强化"三个持续"

一是持续打好"蓝天"保卫战。严格落实特护期大气污染防治措施，强化 PM2.5 和臭氧的管控，突出建筑扬尘、渣土运输扬尘治理和城市道路扬尘治理，严格工业扬尘排放管理，全面推行绿色施工，推进低尘机械化湿式清扫作业。强化重点行业氮氧化合物深度治理，推进重点行业挥发性有机物科学治理，开展砂石土矿、砖瓦行业专项整治行动，强化污染天气应急响应，实施应急减排清单化管理，持续保持禁燃禁烧工作力度。提升永州"智慧工地"平台监管覆盖率，将全市在建项目纳入平台，实现在建项目全覆盖、全过程、全天候可视化监管。县级及以上城市 PM2.5 年平均浓度保持在 35 微克/米³ 以内，基本消除重度及以上污染天气，继续保持全市域达标。

二是持续打好"碧水"保卫战。加强饮用水水源保护区环境管理，完成县级及以上、乡镇农村集中式水源地环境风险评估和突发环境事件应急预案备案管理。推进祁阳、宁远、江华、江永等市县区城乡一体化建设，抓好农村供水保障工程建设。加快滨江新城污水处理厂建设，完成河东污水处理厂项目建设，建成区新改建市政排水排污管网 50 千米，完成乡镇污水处理设施建设 61 个、整治完成排污口 108 个。深化畜禽养殖污染治理，强化农村秸秆和粪污资源化利用，畜禽粪污资源化综合利用率达90%以上，秸秆综合利用率和地膜回收率稳步提升。持续推进湘江永州段治渔和长江流域十年禁渔，县级及以上城市集中式饮用水水源地水质达标率达到100%，地表水环境质量保持全国前列、全省第一。

三是持续打好"净土"保卫战。接续推进农村人居环境整治提升五年行动，重点抓好改厕和污水、垃圾治理，基本建成"一十百千万"乡村振兴示范区，创建省、市级美丽乡村示范村30个以上，完成60个新增农村环境整治村整治任务，全市农村卫生厕所普及率达到90%以上，农村生活污水治理率较2021年提高3个百分点，所有行政村生活垃圾基本得到有效治理。农药使用量比2021年减少0.8%，化肥使用量实现零增长；完善生活垃圾焚烧发电区域统筹，开工祁阳垃圾焚烧发电项目，启动中心城区垃圾焚烧发电扩容项目。依法开展建设用地土壤污染状况调查、风险评估，严格污染地块再开发利用准入管理，确保污染地块安全率不低于92%。实施耕地质量保护与提升行动，开展地下水型饮用水水源保护区及补给区地下水环境状况调查。

4. 提升"四个能力"

一是提升生态环境监测执法能力。继续强化生态环境监测能力提升建设，加强生态环境执法监管，理顺省、市、县三级执法职责，制定生态环境保护执法权责清单，配合建立全省统一的生态环境保护综合执法平台。出台环境违法有奖举报办法，形成打击环境违法的高压态势。

二是提升生态环境信息化能力。进一步完善机动车监控平台、重点排污企业和砖瓦行业在线监控平台管理，建立生态环境数据共享机制，加强数据整合集成，推进生态环境大数据中心建设。强化政务服务和业务应用，形成全域监控、智能监管、资源共享、高效决策的综合能力。

三是提升环境风险应急处置能力。建立生态环境风险隐患排查制度和重大生态环境风险源库，建立问题清单和整改清单，消除风险。强化生态环境应急处置能力建设，加强环境应急值守，推进应急预案、监测预警、处理处置、物资保障等体系建设，提升环境应急能力，妥善应对突发环境事件。协

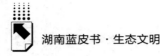

调推进涉环保项目"邻避"问题防范与化解,有效应对环境社会风险。

四是提升污染防治区域联动联治能力。建立污染防治工作联防联控制度,适时组织问题会商、任务分解、联合执法、信息共享、预警应急等污染防治措施,通报本区域污染联防联控工作进展,研究确定阶段性工作要求、工作重点和主要任务,加强协调联动,增强区域生态环境保护合力,提升区域污染防治整体水平。

B.22

注重示范引领　推进绿色发展

——怀化市 2021~2022 年生态文明建设报告

怀化市生态环境局

摘　要： 怀化市贯彻新发展理念，主动扛起生态文明建设政治责任，统筹推进全市生态文明建设和生态环境保护工作。以创建生态文明建设示范市为抓手，坚持高位推进，建立健全生态文明建设体制机制，加快推进生态创新融合发展，统筹各类城乡建设，加强突出生态环境问题整治，打好打赢污染防治攻坚战，持续提升生态环境质量，奋力建设五省边区生态文明中心城市，努力促进绿色高质量发展。

关键词： 生态文明　生态环境保护　怀化市

一　2021年怀化市生态文明建设的做法与成效

（一）摆高生态文明建设位置，建立健全生态文明建设体制机制

2021 年，怀化市委、市政府始终将生态文明建设摆在重要位置，主动扛起生态文明建设政治责任，坚持高位推进，着力健全体制机制，统筹推进全市生态文明建设和生态环境保护各项工作。

1. 坚持高位推进

怀化市委、市政府坚持"五位一体"总体布局，把生态文明建设摆在重中之重，作为深入贯彻习近平生态文明思想的重要抓手。2021 年市委第

湖南蓝皮书·生态文明

六次党代会做出了建设"三城一区"的总体部署，明确提出争创"五省边区生态文明中心城市"，并做出了整体工作安排。围绕推进生态文明城市建设，将生态环境保护作为重要切入点，成立了由市委书记任组长的市突出环境问题整改工作领导小组，由市长任主任的市生态环境保护委员会，统筹推进生态文明建设和生态环境保护。在工作推进中，坚持领导带头、高位推动，市委常委会、市政府常务会、市突出环境问题整改工作领导小组、市生环委都分别召开4次专题会议，研究部署和调度推进相关工作。在督办落实上，建立了市级领导联县督导制度，加强领导督查督办，督促工作推进落实。

2. 健全体制机制

立足生态文明建设示范创建实际，从"建立生态文明示范建设长效机制""生态文明体制改革"等方面入手，进一步探索生态文明建设和生态环境保护的有效机制和方法。制定出台了《怀化市较大生态环境问题（事件）责任追究办法》及怀化市生态环境保护工作责任清单，明确了市、县、乡三级党委和政府、市直有关单位的生态环境保护责任以及责任追究办法和措施。颁布实施《怀化市扬尘污染防治条例》，针对城市扬尘管理"顽疾"，以地方性法规的形式，明确扬尘防控的目标措施以及相关单位在扬尘防治中的职责和责任。出台了《怀化市生态环境保护底线提醒谈话制度》和《怀化市生态环境保护工作底线清单》，进一步压紧压实各级党委、政府和部门生态环保职能和责任。将生态文明建设和生态环境保护作为重要内容，纳入绩效考核，不断增加权重，并严格开展考核和结果运用，督促各级各部门带着责任和压力抓好工作落实。深化生态环境管理体制改革，完成市、县生态环境部门垂直管理改革，市生态环境局78名差额编制人员全部转为全额编制，通过人才引进、公开遴选引进生态环境专业人才35人，补充一线环境监察执法人员19人。

3. 协同发力共抓

通过强化领导高位推动和健全机制抓落实，切实构建"党委领导、政府主导、部门负责、社会参与"的齐抓共管生态文明建设和生态环境保护工作格局，全市各级各相关部门切实做到各司其职、协同发力、抓好落实。比如，在生态文明建设示范创建方面，市直部门根据市本级创建规划明确各自职责，认真研究 36 项指标，有针对性地提出创建项目和举措；已启动创建工作的 10 个县市区，围绕创建目标，认真落实各项措施，积极开展指标达标，开创了良好的创建局面。又如，在突出环境问题整改方面，针对中央、省环保督察交办的问题，各级各相关部门根据市委、市政府的责任分解，抓资金投入，抓技术扶持，确保了各项问题如期完成整改销号。与此同时，为督促各级各部门各司其职、各尽其责，压紧压实相关职能部门责任，建立了部门联动的督导工作机制，加强定期督查、定期调度，并严格开展工作考核。2021 年，怀化市委、市政府督查室、市纪委监委、市整改办以及市生态环境局、市住建局、市自然资源和规划局、市城管执法局等市直单位针对环保督察问题整改、污染防治攻坚战"夏季攻势"、乡镇污水处理厂建设、扬尘污染防治等工作开展专项督导行动 6 次，并自 2021 年 11 月中旬开始，对该年度生态文明建设和生态环境保护领域尚未完成的 72 项任务实行红码问责、黄码警告、蓝码鞭策、绿码提醒，开展一周一调度一通报。

（二）启动推进生态文明建设示范创建，促进生态创新融合发展

1. 积极推进生态文明建设示范创建

2018 年，怀化市委五届五次全会通过了《关于坚持生态优先绿色发展　贯彻落实长江经济带发展战略　全域推进五省边区生态中心市建设的决议》，提出"争创国家生态文明建设示范市"；市五届人大常委会通过了《关于加快创建国家生态文明建设示范市的决定》。根据怀化市委、市人大的决议要求，市委、市政府对生态文明建设示范创建做出具体的部署安排，市本级安排专项资金，启动开展创建规划编制工作，于 2021 年完成《湖南省怀化市生态文明建设示范市规划（2020-2030 年）》编制，并于 2022 年初颁布实施。《规划》围绕生态制度、生态安全、生态空间、生态经济、生态生活、生态文化等 6 大领域明确了 61 项基础性、引领性、示范性的重点项目，规划总投资 82.205 亿元。在具体创建工作中，坚持市、县同步进行，

条件成熟的县、市、区先试先创，2021年，鹤城区荣获国家生态文明建设示范区称号，沅陵县、溆浦县、麻阳县和洪江区荣获省级生态文明建设示范县（区）命名；怀化市已累计获得国家级生态文明建设示范县（区）命名2个（通道县、鹤城区）、省级生态文明建设示范县（市、区）命名10个，省级生态文明建设示范县总数列全省第一。同时，启动开展"绿水青山就是金山银山"实践创新基地和市级生态文明建设示范镇村创建工作，2021年，通道县开展了国家"两山"实践创新基地申报，溆浦县北斗溪镇、麻阳县兰村乡、沅陵县凉水井镇、通道县万佛山镇等24个镇村获市级生态文明建设示范镇村命名。

2.努力促进生态创新融合发展

依托生态文明建设示范市创建，积极探索将生态优势转化为经济优势。在生态农业方面，创响了芷江鸭、新晃湘老蔡牛肉、麻阳冰糖橙、沅陵碣滩茶、溆浦蜜橘、靖州杨梅、湘珍珠葡萄、"侗歌"菜油等一批"国字号""土字号""乡字号"绿色产品品牌，全市有无公害产品148个、绿色产品52个、有机农产品4个。怀化已跻身全国首批粤港澳大湾区"菜篮子"产品配送分中心，全市有粤港澳"菜篮子"生产基地61个、省级农业特色园区70个。在生态工业方面，推进六大工业新兴优势产业快速发展，新增规模工业企业80家，制造业增加值增长20%；东旭光电项目成功落户怀化高新区，第一期投资25亿元的电子保护玻璃项目实现当年签约、当年建设、当年投产；实施专精特新"小巨人"企业培育计划，新增国家级、省级专精特新"小巨人"企业2家、4家；"五好"园区创建和园区专业化建设步伐加快，园区规模工业增加值增长12%，占比65%；园区技工贸收入增长15%。在生态文化旅游方面，推出"怀化四季、自驾旅游"等精品线路，举办"徒步雪峰山·怀化森呼吸"等主题活动，成功承办湖南红色旅游博览会通道分会场、洪江黔阳古城半程马拉松等活动，有力推动疫情后文旅市场复苏，全年接待游客5030万人次，实现旅游收入400亿元；鹤城九丰现代农博园、靖州飞山成功创建4A景区，溆浦北斗溪镇成功创建湖南省特色文旅小镇。

3. 着力构建生态宜居新家园

统筹推进各类城市建设，完成创省级卫生城市复审工作，积极谋划创国家卫生城市工作；推进绿城攻坚，进一步落实中心城区"五水成廊、一心八园"绿地建设，大力推进公园、道路绿化和滨水绿地等创园绿化项目建设，并加强规划编制，强化绿线管控，进一步提升绿化日常养护管理水平；推进文明城市创建全覆盖，为全省第 4 个实现省级文明县城（城区）全覆盖的市州。推进城市生活垃圾分类工作，开展市区机关单位生活垃圾和城区餐厨垃圾分类收集运输工作，高标准建设迎丰街道、红星街道、河西街道等生活垃圾分类示范片区。在保障垃圾分类处置方面，一方面推进生活垃圾焚烧发电项目建设，市区生活垃圾焚烧发电项目已开工建设，溆浦县生活垃圾焚烧发电厂已并网发电运营；另一方面对厨余垃圾（含餐厨垃圾）统一进行规范处置，对农村生活垃圾实行集中收集转运处置。加强农村人居环境整治，完成农村户厕改造 30115 户，新建农村公厕 32 座，创建农村人居环境整治示范村 50 个、美丽乡村示范村 25 个，建设省级森林乡村 1422 个，并出台《怀化市推进畜禽养殖废弃物资源化利用实施方案》，对农村畜禽养殖废弃物开展综合治理和综合利用。

4. 不断完善生态环境保护业务制度

深入开展"四严四基"创新试点，围绕"严督察、严执法、严审批、严监控"和"基本格局、基础工作、基础数据、基本能力"，重点推进"建立生态文明示范建设长效机制"试点工作，从机制创新、制度创新、模式创新三个维度，明确相关试点任务，开展示范引领。切实建立以排污许可证制为核心的固定污染源监管制度体系，通过部门联审、重点企业现场复查等多措并举，强化排污许可证核发工作，截至 2021 年底，全市共核发排污许可证 659 张（其中重点管理 284 张、简化管理 375 张），企业自主登记 3779 张；与此同时，建立健全固定污染源排污许可证"一证式"监管执法机制，开展排污许可信息公开和证后监管试点工作，切实完善排污许可管理制度。积极探索"双碳"相关工作，拟定了"十四五"应对气候变化专项规划初稿，以 2019 年数据为基数完成 2020 年温室气体排放清单编制，建立"大气污染管控三清单"，并积极推进林业碳汇开发，结合林草湿数据、第三次国土调查数据和公益林优化工作，开展了林业碳汇资源调查，初步探查了全市的林业碳汇可开发能力。

（三）加强突出生态环境问题整治，提升生态环境质量

1. 开展污染防治攻坚战及"夏季攻势"

印发实施《怀化市污染防治攻坚战 2021 年度工作方案、"夏季攻势"任务清单、考核细则》，并围绕 2021 年污染防治攻坚战及"夏季攻势"各项工作任务，加强工作部署和调度督办，全面推动各项任务落实，截至 2021 年底，全市"夏季攻势"任务涉及 10 个方面 399 项具体任务全部完成，怀化市污染防治攻坚战"夏季攻势"工作获省政府真抓实干督查激励。同时，持续开展空气质量达标城市创建工作，成立工作专班，强化日常督查和特护期管控，共出动执法人员 1961 人次，检查在建工地 956 个，下发书面责令整改通知 20 份，现场整改和口头宣传教育 665 次。通过狠抓污染防治和环境管控，全市生态环境质量稳步提升。2021 年，怀化城区环境空气质量平均优良天数比例为 97%，环境空气质量综合指数从全省第 4 位提升到第 3 位；PM2.5、PM10 平均浓度分别为 28 微克/米³、50 微克/米³，同比分别下降 3.4% 和 5.7%，六项考核指标均达到国家环境空气质量二级标准。全市地表水水质总体为优，国家及省级监测断面水质均稳定达到 II 类以上，达标率 100%，位居全国地级城市前 30 名；全市 15 个城市集中式饮用水源地水质全部达到 II 类以上，达标率 100%。污染地块和受污染耕地安全利用率均达到 91% 以上。

2. 抓好环保督察问题整改和执法整治

制定《怀化市贯彻落实第二轮中央生态环境保护督察反馈意见整改方案》《怀化市贯彻落实省生态环境保护督察"回头看"及废弃矿山污染防治专项督查反馈意见整改方案》，对中央、省生态环保督查组交办和反馈的各项问题逐一明确牵头市领导、整改主体责任单位、督导责任单位以及整改目标、措施和完成时限，全力推动环保督察问题整改落实。截至 2021 年底，

省生态环保督察"回头看"217件信访件完成整改办结213件、56个反馈问题完成整改47个，第二轮中央生态环保督察107件信访交办件完成整改办结104件、反馈的8个个性问题完成4.5个，2021年省生态环境警示片7个披露问题全部完成整改，列入市"洞庭清波"整改清单中50个问题完成整改39个，其余问题整改均达到时序进度要求。在环境执法方面，深入开展环境安全隐患大排查、污染源日常监管随机抽查、涉重金属企业环境风险排查、"千吨万人"饮用水水源地帮扶等专项执法检查行动。2021年，全市共办理环境违法案件136件，其中一般行政处罚案件112件、处罚金额729万元，"四个配套办法"案件24件，均为移送拘留案件。此外，办理涉危险废物案件9件，其中一般行政处罚案件2件、罚款30万元；涉废矿物油及其他危险废物案件7件，均移送公安行政拘留。

3. 推进林长制改革

高效率推进改革试点，在全力推进靖州县省级林长制试点基础上，将新晃县、芷江县列为市级林长制试点县，靖州县建立了"一键掌控"的林长制智慧平台，新晃县、芷江县探索了组织保障"防护林"、增植扩绿"常青林"、造福群众"效益林"的体制机制。落实经费保障，市财政每年安排市林长办工作经费100万元，市级各林长专项经费20万元，并从生态功能转移支付资金中安排5000万元，设立林业产业发展专项资金，用于林业产业发展和林业园区建设。全面构建"林长+护林员+监管员+执法人员"的"一长三员"网格化管护体系，每个乡镇明确3~5人从事林业管理工作，每个村级网格配备护林员1~5人，分片包干负责辖区内森林资源管理。持续推行集体林地三权分置，在落实集体所有权、稳定农户承包权的基础上，进一步放活林地经营权，实现由不动产登记部门发放林地经营权证。创新林业利益联结机制，大力培育林业专业合作社、专业协会等合作组织，促进林业适度规模经营，全市建立林业专业合作组织1100多个，入社农户6万多户，经营林地面积300万亩，年经营收入35亿元。

4. 完善河长制管理

怀化市委、市政府主要领导加强巡河，现场督导太平溪、舞水河综合整治等工作。在总河长的调度示范下，各级河长积极履职，年内共巡河 15.8 万人次，市、县、乡三级河长交办整改问题 633 个。全市各乡镇均落实了"一办两员"，共落实河道保洁员 4512 人，由财政落实了工作经费，部分河段推行专业保洁，同时加强河道日常巡查，积极推广"河长+护河员"工作制度，将原有的河道保洁员的工作内容进行扩展，由其负责责任河段的日常巡查及保洁工作等，实现河道日常管护的全覆盖。开展了新一轮"一河一策"方案编制，在完成了 7 条市级、123 条县级河流"一河一策"年度目标任务的基础上，启动了新一轮 336 个（其中市级 4 个，县级 128 个，乡级 204 个）"一河一策"实施方案的编制工作。

二　2022年怀化市生态文明建设思路

2022 年是党的第二个百年奋斗目标开局之年，是党的二十大召开之年。怀化市将以习近平新时代中国特色社会主义思想为指导，认真贯彻落实习近平生态文明思想以及党中央、国务院和省委、省政府关于生态文明建设的总体部署，坚持稳中求进工作总基调，立足新发展阶段，贯彻新发展理念，构建新发展格局，以高质量发展为主题，坚决打赢打好污染防治攻坚战，推动生态环境质量持续好转，切实为人民群众提供更多优质生态产品和优美生态环境，努力建设五省边区生态文明中心城市。

（一）加大力度推进生态文明建设示范创建

认真制定"怀化市生态文明建设示范创建工作实施方案"，正式启动市本级创建工作，高质量组织实施怀化市生态文明建设示范市规划。在具体落实上，针对 36 项创建指标，进行责任分解，将创建任务和项目明确到具体的责任单位，明确年度工作目标，并纳入绩效考核，加强工作调度和考核，确保各项建设指标逐步达标，确保按期实现创建总体目标。同时，坚持市县同步、共同推进的原则，积极推进国家生态文明建设示范县（市、区）创建，争取年内尚未开展创建工作的 3 个县至少有 1 个成功创建省级生态文明建设示范县，8个已获省级生态文明建设示范县命名的县、市、区至少有1个成功创建国家生态文明建设示范县，至少有1个县成功创建国家"两山"实践创新基地，每个县、市、区至少有1个乡镇、1个村成功创建市级生态文明建设示范镇村。

（二）进一步发展壮大生态经济

大力发展生态制造业，围绕六大工业新兴优势产业链，全面实施"链长制"，建立高质量政策供给体系，实行"一链一策"，促进产业链向两端延伸、价值链向高端攀升，并打造绿色制造体系，试点创建一批绿色设计示范企业、绿色示范园区、绿色示范工厂。

持续优化产业、能源、交通结构，推进建材、冶炼、造纸等重点行业绿色转型，抓好矿业转型和绿色矿山建设。深入实施"六大强农行动"，积极推动农业全产业链发展，努力将中药材、水果、茶叶、油料、畜禽、蔬菜、竹木等产业培育成百亿产业，积极打造茯苓、黄精、山银花等中药材单品种区域性产地初加工集散市场，做强做优"碣滩茶""怀六味"等"怀字号"品牌。做大做强生态旅游业，深入开展生态文化旅游产业高质量发展十大行动，推进"千里沅江·怀化画廊"生态文旅黄金走廊建设，打造雪峰画廊、沅江水秀、古城商道、侗苗风情、红色记忆等5条精品路线，支持通道转兵纪念地、芷江抗战胜利旅游区、洪江古商城创建5A景区。开展碳排放评价试点，加快推进国家储备林建设和林业碳汇开发，积极发展林下种养、森林康养等林下经济，推进风电、光伏、生物质发电等清洁能源有序开发利用。积极探索推进"两山银行"试点创新工作，筹划碳排放权交易，推进生态资源转化成生态产品，打通"两山"金融转化渠道，为推动绿色产业发展提供强有力资金保障。

（三）突出加强环境综合整治

认真贯彻落实党中央、国务院《关于深入打好污染防治攻坚战的意见》，聚焦"大气、水、土"三大战役，深入推进污染防治攻坚及"夏季攻势"行动，巩固环境空气质量二级标准达标城市建设成果。强化重金属和工矿企业污染治理，确保污染地块、受污染耕地安全利用率不断提升。切实加强农业农村面源污染治理，深入开展化肥农药减施增效行动，加强畜禽水产养殖污染治理。以环保督察问题整改为抓手，强化环境执法整治，着力解决上级交办、群众关注的突出生态环境问题，并统筹抓好城乡环境综合整治，不断提升群众对生态环境的满意度、获得感。深入推行"河长制""林长制"，打好长江十年禁渔持久战，深入推进沅江流域及其六大支流水环境治理与生态修复。

（四）进一步夯实环境基础能力

加强生态环境基础设施建设，包括市政、交通、能源、信息通信、环保、生态服务等各个领域。重点统筹规划建设城市供水水源、给排水、污水和垃圾处理等基础设施，提升污水处理系统和垃圾收集处理系统功能，使之适应城市发展需求，并大力发展废旧物品回收产业，建立健全多种渠道和方法的废弃物回收体系。加强生态环境管理能力建设，积极推动生态文明和生态环境保护体制机制改革，提升生态环保队伍专业化水平。

（五）加大生态文明建设宣传力度

构建生态文明建设宣传体系，扩大生态文明宣传覆盖面，拓宽宣传渠道，提升宣传质量，提升全民的生态文明意识。同时进一步拓宽公众参与环境保护的渠道，鼓励民间组织开展环保公益活动等，动员和引导社会公众参与生态文明建设和生态环境保护，实现生态文明建设全民参与、共建共享。

参考文献

《2021年怀化市人民政府工作报告》。

《怀化市生态文明体制改革专项工作 2021 年全年工作总结》。

《2021 年生态环境保护工作总结及 2022 年工作计划安排》。

《构建生态文明示范建设长效机制试点工作情况汇报》。

《立足创新思维探索生态文明示范建设长效机制》。

B.23
娄底市2021~2022年生态文明
建设报告

娄底市生态环境局

摘 要： 2021年，娄底市生态环境工作坚持以习近平生态文明思想为指导，统筹经济高质量发展和生态环境保护两件大事，强力推进突出生态环境问题整改，深入打好污染防治攻坚战，环境质量持续改善，环境安全稳步巩固，高质量发展态势不断显现，人民群众对优美生态环境的获得感进一步增强。

关键词： 生态环境保护 污染防治攻坚 高质量发展 娄底市

一 2021年娄底市生态文明建设情况

一年来，空气质量稳步改善。2021年，娄底中心城区空气质量优良天数比率为92.01%；环境质量综合指数为3.63，在全省14个市州中排第8位；PM2.5均值浓度为37微克/米^3。

一年来，水环境质量持续提升。娄底纳入考核的20个省控以上地表水断面水质均达到或优于Ⅲ类标准，其中Ⅰ类水质断面1个，Ⅱ类水质断面18个，Ⅲ类水质断面1个；全市8个县级以上"城市集中式饮用水水源地"水质全部达标。娄底水环境质量省考断面改善幅度排名全省第一。

一年来，土壤环境质量安全可控。娄底累计新增造林面积8.9万亩，森林覆盖率50.91%。工业固体废物综合利用率达到94.9%，累计安全转移和处置危险废物10.3万吨。全市受污染耕地安全利用率达到100%，完成55.03

万亩受污染耕地安全利用和严格管控面积，土壤环境质量安全可控。

一年来，生态文明建设成效显著。2021年，娄底市成功申报全国地下水污染防治试验区（全省唯一）；锡矿山污染治理评为2021年湖南生态文明建设典型案例；"四严四基县级监测能力试点"建设取得阶段性进展，系统监测能力在2021年8月30日资江娄底段锑浓度异常应急处置中得到体现，并在全省生态环境监测培训班上作为典型案例予以推介；圆满完成娄底二水厂水源地环境综合整治，与湘潭湘乡市建立长效共管机制，彻底解决了多年来存在的跨区域环境管理难题；队伍建设不断加强，11月娄底市生态环境局获得全省"人民满意的公务员集体"称号。

重点做了以下工作。

（一）致力齐抓共管，环境责任全面压实

娄底市委、市政府始终把生态环境保护摆在重中之重的位置，着力构建"党政同责、一岗双责、齐抓共管"的生态环境工作格局，重新修订《娄底市生态环境保护工作责任清单》，优化娄底市生态环境保护委员会和娄底市突出环境问题整改工作领导小组，成立娄底市资江流域生态环境保护领导小组，设立资江流域水生态环境治理和锡矿山区域环境综合治理2个工作专班，统筹资江流域和锡矿山区域污染治理。建立生态环境保护工作常态化调度机制，两办督查室加强对生态环境工作的督查督办；建立约谈机制，市政府领导对工作滞后的县市区政府和相关责任单位负责人进行了几次约谈；市纪委监委开展了"洞庭清波"专项行动，充分发挥监督执纪作用，强力推进突出生态环境问题整改；市环委办、市突改办狠抓了工作统筹调度、督促落实；全市形成了一级抓一级、层层抓落实的工作格局。

（二）致力污染防治，环境问题加快解决

全年实施完成污染防治攻坚战"夏季攻势"任务168项。打好"蓝天保卫战"方面，出台《全市环境空气质量改善工作方案》，围绕工业企业大气污染防治、建筑工地扬尘治理、道路扬尘污染控制、强化面源污染综合整

治、气化娄底工程等 5 个方面，开展攻坚行动。完成挥发性有机物治理项目 11 个、钢铁行业超低改造项目 9 个、工业炉窑治理项目 8 个、规模以上餐饮企业的油烟废气净化设施安装 269 家、新建加油站油气回收治理 15 家，淘汰黄标车及老旧车 180 辆，更换新型智能环保渣土车 185 辆。打好"碧水攻坚战"方面，出台《2021 年娄底市"洞庭清波"专项行动实施方案》《2021 年娄底市入河排污口排查专项行动方案》。对全市 16 条主要河流入河排污口及河湖"四乱"等问题进行全面排查，开展关停采碎石场拆除和生态修复工作。年度县级以上城镇污水处理厂、乡镇污水处理厂、工业园区污水处理厂的建设和提标改造、7 个地级城市黑臭水体治理项目全面完成。打好"净土持久战"方面，完成历史遗留废渣污染土壤治理项目 2 个，修复治理土壤 7.37 万平方米。完成 2000 余家养殖企业污染防治设施建设和粪污资源化利用项目，粪污资源化利用率达 92.8%。打好"锡矿山区域环境综合治理攻坚战"方面，总投资 28.9 亿元，实施治理项目 85 个；锡矿山地区锑冶炼企业全部安装烟气脱硫设施和在线监控系统；建成并投运含重金属废水处理站 14 座，总处理能力达 2.95 万吨/天；7500 余万吨历史遗留废渣基本处置完成；无害化处理生产线稳定运行，处理砷碱渣 5290 吨；完成污染土壤治理 400 亩、渣场生态复绿 3100 亩。

（三）致力产业转型，高质量发展全面推进

严把环评审批关，年内未审批国家"高能耗高污染"产业名录内项目。助推"材料谷"项目建设，优质高效完成中兴液压扩产、华菱涟钢 4.3 米级焦炉环保升级改造、湖南宏旺年产 96 万吨高牌号硅钢等项目环评审批服务工作。大力推进环保产业链发展，全市实施 28 个节能环保产业链项目，目前已完成 21 个，其余按进度有序推进。全力推进锡矿山区域产业转型工作，闪星锑业黄金生产线投入运行，狮子山锑矿竖井投入生产，区块链锑金交易所项目已完成前期工作。编制完成锡矿山工矿旅游和波月洞西游文化园概念性规划，并通过专家评审。

（四）致力问题整改，群众诉求全面回应

坚持把中央、省环保督察反馈问题整改作为落实上级决策部署和切实改善民生、改进工作的重大政治任务，实施动态管理，加快推动整改。截至2022年3月，长江经济带警示片披露的3个问题已整改完成；中央和省共5轮环保督察交办娄底市1370件信访件已办结1335件，反馈意见指出问题共124个，已完成整改82个，均达到中央和省委、省政府整改进度要求。全国、省、市人大常委会《水污染防治法》《土壤污染防治法》《固体废物污染防治法》等贯彻实施情况执法检查共指出的78个问题，已整改完成57个，其余达到序时进度。2021年实施的47个关闭煤矿废水治理项目已完成35个，并对2019年以来新增的煤矿涌水点治理同步推进，目前全市关闭煤矿产生酸性涌水均采取了应急处置措施。通过抓突出生态环境问题整改，一大批群众身边的生活垃圾、油烟、噪声、恶臭、散乱污企业以及黑臭水体问题得到解决。

（五）致力机制创新，监管执法全面加强

一是建立线索通报反馈、信息共享、联席会议、联合培训等生态环境联勤联动执法工作机制，对监管对象实行网格化管理并优化服务指导。二是出台了《娄底市重点污染源自动监控工作规程》，实现办公OA系统和监控平台互联互通。三是构建了重点污染源自动监控和环境质量自动监测网络，对全市156个污染源现场端实施自动监控，对18个环境质量监控点位实行全天候全范围监控。四是通过风险源全面评估，加强应急预案管理，对重点环境风险区域和企业实行重点监管，提高了执法效能。2021年全市共立案查处环境违法案件169件，罚款金额1379万元。

二 2022年娄底市生态文明建设工作思路

2022年，湖南省委、省政府将娄底列入全省绩效考核A类地区，娄底

市委、市政府要求全市在 A 类地区全面争先创优。这也是全年生态环境保护工作的总基调和总目标，全年的工作都要围绕争先创优来谋划、推进和落实。

工作思路：坚持以习近平生态文明思想为指导，全面贯彻落实习近平总书记对湖南重要讲话重要指示批示精神，紧紧围绕"三高四新"战略定位和使命任务，以减污降碳为总抓手，以改善生态环境质量为核心，以防范化解生态环境风险专项行动为着力点，统筹高质量发展、碳排放达峰行动和生态环境保护，坚持方向不变，力度不减，深入打好污染防治攻坚战及"夏季攻势"，紧抓突出问题整改，努力实现环境质量进一步改善，环境风险进一步降低，排放总量进一步削减，经济结构进一步优化。

工作目标：全面完成湖南省下达的污染防治攻坚战年度目标任务和"十四五"生态环境保护年度目标任务，确保不发生较大以上的突发环境事件，确保不发生因环境污染引发的群体性事件，确保不发生影响恶劣的生态环境舆情事件，力争实现高质量发展生态环境定量指标进入全省 A 类地区前 3 位，生态环境工作考核进入全省先进行列。

2022 年娄底市生态文明建设主要工作任务如下。

（一）全面深入打好污染防治攻坚战

1. 全面加强大气污染防治

强化 PM2.5 和臭氧协同控制、氮氧化物和挥发性有机物协同减排，持续在工业废气、扬尘污染、汽车尾气、面源污染等治理方面上下功夫。一是狠抓工业废气治理。继续实施《全市环境空气质量改善工作方案》，持续推进钢铁、水泥、焦化行业企业超低排放改造，积极开展工业窑炉、燃气锅炉的氮氧化物、涉挥发性有机物企业和行业的综合治理。二是狠抓扬尘治理。严格落实建筑工地扬尘防治，实现规模以上施工工地扬尘在线 24 小时监测全覆盖。持续推进道路扬尘整治，推进低尘机械化湿式清扫，加强渣土车全过程监管。三是狠抓机动车尾气治理。强化新生产车辆达标排放监管，加速老旧车辆淘汰，加强机动车和非道路移动机械污染治理；依法强制报废超过使用年限的船舶，提高建成区新增公交、出租、物流配送车辆的新能源汽车比例。四是狠抓生活废气治理。严格落实烟花爆竹禁限燃放措施，严禁秸秆、生活垃圾露天焚烧，狠抓餐饮油烟综合整治。五是加强噪声污染防治。提升城市区域、交通和功能区声环境质量。

2. 深入推进水污染防治

统筹水资源、水生态、水环境治理，在扎实推进长江保护修复攻坚战、湘江保护行动计划、资江流域锑污染防治等标志性战役中持续发力，下足功夫。一是深入开展水污染治理。以"四水三库"为主战场，继续加强资江、孙水、涟水等重点流域保护修复；持续推进重点流域入河排污口排查；强化推进城镇、工业园区污水处理；扎实推进重点流域水生生物多样性恢复和水生生物栖息地修复；加强美丽河湖创建，突出抓好源头水系和水质良好湖库生态保护。二是加强饮用水水源地保护。巩固"千吨万人"饮用水水源地整治成果，坚决完成作为省重点民生实事项目的 80 个农村"千人以上"饮用水水源地的环境整治；加强生态流量（水位）监测预警，坚决取缔饮用水水源保护区内违法违规建设项目；严厉打击营运船舶乱扔生活垃圾、乱排油污水等行为。三是切实改善农村水环境。完成省定娄底市乡镇污水处理厂建设任务，开展农村黑臭水体与生活污水综合治理，完成 143 个村的环境综合整治和 24 条农村黑臭水体治理任务，确保生活污水治理率达到 60%，黑臭水体整治率达到 80%；坚决关闭和搬迁畜禽禁养区内有污染排放养殖场，持续推进分散式畜禽养殖场污染治理和粪污集中处置设施建设。

3. 持续开展土壤污染防治

一是加强土壤环境基础性工作。开展污染地块和严格管控类耕地遥感监测监管、典型行业企业及周边土壤污染状况试点调查；开展耕地土壤污染成因排查和分析。二是大力实施土壤修复和治理。持续推进农用地土壤污染防治和安全利用，有效管控建设用地土壤污染风险；加强涉重金属矿区历史遗留固体废物整治；深入实施农用地土壤镉等重金属污染源头防治行动。三是强化农村环境整治和地下水污染防治。扎实开展人居环境整治提升五年行动，全面推进娄底市国家地下水污染防治试验区建设。四是加强固体废物和新污染治理。持续推进危险废物专项整治三年行动、危险废物大排查大整治专项行动；大力推进塑料污染全链条治理，按要求积极开展新污染物治理。

4. 坚决打好"夏季攻势"

严格落实省里制定的"夏季攻势"任务，继续采取项目化、工程化、清单化形式，深入解决一批群众反映强烈、对环境质量影响较大的突出环境问题。

（二）全力以赴防范化解生态环境领域重大风险

开展全市防范化解重大生态环境风险专项行动。一是全面排查，形成清单。制定排查方案，从重金属污染防治、饮用水源安全、危险废物处置、突出问题整改、核与辐射安全、生态环境破坏、环境治理设施、突发环境事件、涉环集访群访、网络信息安全、环保领域疫情防控等方面排查生态环境风险隐患，形成清单，加强动态评估和监测预警。二是全面整治，消除隐患。对照清单，制定整改目标、整改措施、责任单位、整改时限。统筹协调推进，严格隐患问题整改销号管理，市生环委办加强组织调度和指导帮扶，确保整治到位。三是严格执法，形成震慑。组织开展专项执法行动，严厉打击生态环境违法行为，督促企业落实生态环境守法的主体责任，加大典型案件宣传曝光力度，形成强大震慑。四是督查督办，压实责任。市突改办将风险排查整治情况纳入日常督查重点，同时组织开展专项督查，切实压实各级党委和政府及相关部门责任。对工作推进严重滞后、进展不力、弄虚作假的，一经查实，严肃追责问责。

（三）坚定不移推进突出环境问题整改

认真梳理，以全力清理"旧账"，确保不欠"新账"为原则，抓好突出生态环境问题整改。一是抓好上级交办反馈问题整改。抓好中央、省环保督察反馈问题整改，落实第二轮中央环保督察反馈问题整改方案和省级环保督察"回头看"整改方案；持续抓好2021年长江经济带警示片、省生态环境警示片反映突出问题和人大《水污染防治法》《土壤污染防治法》《固体废物污染防治法》执法检查指出问题的整改工作。二是抓好重点区域、重点领域突出环境问题整改。系统治理锡矿山砷碱渣污染问题，持续推进涟钢周边环境综合整治，加速开展关闭煤矿矿涌水、采碎石行业、畜禽养殖污染、采煤沉陷区等专项治理；对在防范化解重大生态环境风险专项行动中排查发现的各类突出环境问题强力推进整改。三是确保整改标准和质量。问题整改销号要以"污染消除、生态修复、群众满意"为根本标准，严格按照程序和标准上报验收销号材料，整改内容达到方案要求，得到上级认可，确保整改成效经得起群众评议、历史检验。四是配合开展省第二轮生态环境保护督察准备工作。对已完成整改的问题，积极组织"回头看"，确保已整改到位的问题不反复、不反弹。对于新发现的突出环境问题，要专题研究解决，实现常态化动态清零。

（四）坚持不懈抓好环境监管执法

一是加强生态环境监测。推进实施生态环境监测能力三年行动计划，完成监测能力建设项目年度任务；建立"测管协同"机制，发挥监测数据在环境治理中的基础和引导作用。二是强化生态环境监管。开展排污许可提质增效行动，制定排污许可管理规程；加强环境信用评价管理。三是严格生态环境审批。严把项目审批关，打好环境监管组合拳，严守生态环境保护责任制度，深化生态环境保护综合行政执法改革。四是严厉生态环境执法。强化环保执法"双随机、一公开"，推进"两法衔接"，依法严厉打击环境违法犯罪行为。

（五）持之以恒构建绿色生产生活方式

一是实施碳排放达峰行动。全面启动全市碳排放达峰工作，编制完成"十四五"应对气候变化专项规划，积极参与全国碳排放权交易市场建设，开展重点企业碳排放核查。二是做好应对气候变化工作。参与全国低碳日宣传活动和亚太绿色低碳发展高峰论坛，做好应对气候变化能力建设。三是推动绿色转型工作。抓好"三线一单"与国土空间规划和用途管控结合，优化用地结构；继续淘汰过剩落后产能，控制高耗能行业新增产能规模；推动高污染企业搬迁入园或者依法关闭；大力推行绿色制造，继续推进环保产业链建设，构建资源循环利用体系；推动煤炭清洁高效利用，强化煤炭消费总量控制。四是构建绿色生产生活方式。推进节约型机关创建工作、绿色办公、生活垃圾分类，禁塑限塑行动。

三 2022年娄底市生态文明建设保障措施

认真做好 2022 年生态文明建设工作，重点做好以下工作保障举措。

（一）明确责任，强化担当

全面落实生态环境保护工作"党政同责，一岗双责"和"三管三必须"的要求，进一步理顺各项工作机制，健全完善市生环委及其办公室运行机制，健全调度、督查、会商、约谈等长效管理制度，构建清晰明确的责任体系，建立双向发力、条块结合、各司其职、权责明确的生态环境管理新模式。严格落实《娄底市生态环境保护工作责任清单》，逐单抓推进、抓落实。强化监管，督促企业落实主体责任，担当生态环境保护社会责任。

（二）统筹兼顾，落小落细

严格对标，实行清单化管理，统筹安排好每个阶段的重点工作，针对锡矿山等重点区域、全市重点排污企业，分类施策，统筹推进；严实对账，做好常态化工作调度，提前做好研判，打好工作提前量，抓实抓细具体工作；严密对接，加强与上级汇报，争取上级主管部门的更多支持和关心。

（三）强化督导，常态推进

实行分管领导分片督导核查机制，深入现场帮助解决困难，对督导核查出的问题，建立清单台账，逐一交办，逐一细化措施，推进问题整改。实行双向调度机制和月通报制度，纵向调度各县市分局相关工作情况，横向充分发挥生环委办牵头统筹作用，统筹把握各市直牵头部门工作进度，对调度的工作情况实行月通报制度，通过督查督导持续推动工作。

（四）严格考核，严肃追责

持续优化生态环境绩效考核指标体系，仔细研究各项考核方案，深入一线对各项工作的完成情况进行精确考核。科学运用考核结果，严格兑现奖惩措施。对行动迟缓、落实不力的责任部门和责任人要及时通报，对任务推进严重滞后、工作上推诿扯皮、不落实的，该约谈的约谈，该通报的通报，该诫勉的诫勉。

B.24
湘西自治州2021~2022年生态文明建设报告

湘西自治州人民政府

摘　要： 围绕"湘西州生态文明建设"这一主题，全面回顾2021年以来湘西州推进生态文明建设情况，明确2022年湘西州生态文明建设目标任务及主要措施，为放大"生态湘西"优势、打造"全国生态文明样板州"提供强大绿色动力。

关键词： 生态文明　生态湘西　湘西自治州

2021年以来，湘西州深学笃用习近平新时代中国特色社会主义思想，特别是习近平生态文明思想，在湖南省委、省政府的坚强领导和省生态环境厅的悉心指导下，湘西州上下苦干实干、开拓奋进，在加快生态文明建设中展现湘西作为、贡献生态环境力量，一批工作走在前列：湘西州生态环境局被生态环境部评为全国"三线一单"工作先进集体；选派优秀干部参加中央生态环保督察专项检查获中央督察办书面通报表扬；"十三五"湘西州能源消费总量和强度双控目标责任评价考核结果获省人民政府通报表扬，组织开展湖南省"5·22"国际生物多样性日宣传活动、湘西州六五环境日宣传活动，在州内外产生重大影响。

一　2021年湘西州推进生态文明建设情况

1.明确部门生态环境责任，夯实生态环境保护大格局

及时调整完善湘西州生态环境保护委员会、湘西州突出生态环境问题整改领导小组，由州委书记任主任（组长），州委副书记、州长任第一副主任（副组长），办公室设在州生态环境局，统筹协调湘西州生态文明建设。州委办、州政府办印发了《湘西州关于贯彻落实〈湖南省生态环境保护工作责任规定〉的通知》，明确各县市区、州直等 45 家相关部门生态环境保护责任清单。建立健全州领导"联县包片督办"制度，州委书记、州长及州委常委、州政府领导联县包片，深入县市一线督促指导当地突出生态环境问题整改，县市精准把握，高效配合完成了中央第二轮生态环境保护督察，在 2021 年度督察期间，湘西州为湖南省信访件交办最少的市州之一。把各部门落实生态环境保护工作情况纳入 2021 年度湘西州五个文明绩效和政府目标管理考核，开展"半年一专项督查"行动，将突出生态环境问题整改情况和污染防治攻坚战"夏季攻势"任务完成情况纳入州委督查室和州政府督查室年度督查重点内容，压紧压实各级各部门生态环境保护责任，夯实齐抓共管的生态环境保护工作大格局。

2. 突出重点难点，深入打好污染防治攻坚战

紧扣湘西州生态环境质量目标，围绕群众身边和关切的突出生态环境问题，印发湘西州 2021 年深入打好污染防治攻坚战实施方案、考核细则和"夏季攻势"任务清单，实行"一月一调度一简报、一季一通报、半年一督查一奖惩"，全面完成各项目标任务。

深入打好"蓝天"保卫战，深化工业源污染防治，在州内完成工业炉窑综合治理重点项目 9 个；加强非道路移动机械监管，完成高排放非道路移动机械禁行区划定和非道路移动机械摸底及编码登记 2963 台；强化 PM2.5 治理，考核城市吉首市细颗粒物（PM2.5）平均浓度控制在 24 微克/米³ 以内，空气质量优良天数比率达到 98.9%，环境空气质量综合指数在全省 14 个市州中排名第一，连续四年达到国家二级标准。

深入打好"碧水"保卫战，开展重点流域综合整治，完成重点流域水生态环境保护"十四五"规划编制；持续加强饮用水水源保护，完成乡镇级"千人以上"饮用水水源地整治 61 个；加强工业园区管理，规范建立入河排污口初步档案；建立园区生态环境保护年度评估制度 9 家；严格落实长

江十年禁渔，开展联合执法行动 344 次，查办违法违规案件 112 件；积极参与省"美丽河湖"创建，凤凰县沱江被评为湖南省"美丽河湖"。湘西州 39 个国省控地表水、14 个县级及以上集中式饮用水水质达标率持续保持 100%，稳居全省前列。

深入打好"净土"保卫战，推进污染地块安全利用、加强土壤污染重点监管单位管理，完成湘西州土壤污染重点监管企业严格落实自行检测和污染风险排查 28 家；开展建设用地土壤污染风险管控、修复，完成土壤污染治理项目建设 4 个；持续推进农村环境整治，完成农村生活污水治理行政村 80 个；强化自然保护地生态环境监管，现场核查"绿盾 2021"自然保护地强化监督问题 211 个；推进地下水污染防治，完成湘西州废弃矿区矿涌水排查；湘西州建设用地、污染耕地安全利用和严格管控率均达 100%；湘西州森林覆盖率达 70.24%，湿地保护率达 70%，州域建立各级各类自然保护地 60 个，国家重点生态功能区各县域生态环境总体保持良好。

推进重金属污染治理，加强固体废物污染治理，湘西州规范转移、处置危险废物 19.8 万吨；加强尾矿库污染综合治理，制定尾矿库污染防治方案 99 座，完成花垣县太丰冶炼公司、保靖中锦公司、花垣县振兴、文华锰渣库等重点尾矿库问题整改；深入开展重点流域铊污染整治专项行动，整治涉铊企业 10 家；持续推进耕地周边涉镉等重金属行业企业排查整治，整治涉镉企业 13 家；推进危险废物专项大调查大排查，完成问题整改 82 个。

持续发起污染防治攻坚战"夏季攻势"，聚焦补齐生态环境质量短板，以解决生态环境历史欠账为重点，将中央交办突出生态环境问题年度整改任务、花垣县（锰三角）矿业污染问题整治、砂石土矿专项整治、城乡垃圾处理体系建设等 10 方面 286 项具体任务纳入"夏季攻势"清单，全面完成并销号，完成率达 100%，年度考核结果位于全省前列。

3. 有效整改突出生态环境问题，统筹推进锰污染治理

一是推进突出生态环境问题立行立改。2021 年以来，中央和省交办问题共有 104 个，目前共完成整改 75 个，正在整改 29 个。

二是推进矿业污染系统整改。湘西州坚决贯彻落实中央领导对"锰三

角"矿业污染问题重要批示精神和湖南省委、省政府安排部署，统筹推进锰污染治理，科学、系统、依法解决历史遗留环境问题，迅速成立以州委书记任组长、州长任第一副组长的湘西州锰污染治理领导小组，州委、州政府主要领导定期召开州委常委会、州政府常务会专题研究整治工作，多次深入现场，实地督促检查；州委常委和副州长认真落实"州领导联县包片督办"工作机制，分别带队到县市现场督办整治工作。科学谋划，制定《湘西州矿业污染综合整治整合实施方案》《湘西州锰污染综合治理工作方案》，系统推进湘西州矿业污染治理，锰污染治理成效得到国家长江办充分肯定。

三是坚持矿业整合升级推动绿色转型。统筹推进湘西州矿业综合治理，湘西州砂石土矿采矿权数量由304个减少到88个，花垣县4家锰矿山企业整合为1家，6家电解锰冶炼企业整合为1家；开展湘西州"四废"综合整治，完成废弃矿区、废弃砂石场、废弃厂房、废弃作业区综合整治和生态修复394处。

4. 防范化解重大环境风险，强化环境监管执法

一是抓好医疗废物监管。严格疫情期间医疗废物处置，安全处置涉疫医疗废物、特殊垃圾312吨，有力保障了全州公共卫生环境安全。

二是严格生态环境执法。强化日常监管、日常执法，完善和落实"双随机、一公开"制度，实行环境违法"零容忍"，2021年全州办理环境违法案件104起，同比增长50.7%，其中行政处罚99起，处罚金额1074.10万元；强化两法衔接，联合公安持续打击涉危险废物等环境违法行为，移送公安行政拘留5起，移交公安追究刑事责任3起；及时办理信访案件，受理办结来信来访434件，全年无因信访问题处置不当造成群体性事件。

三是加强生态环境监控。强化平台建设，累计建成环境空气质量自动监测站10个、地表水水质自动监测站14个、饮用水水源水质自动监测站3个；进一步推进固定污染源排污许可重点企业自动在线监控系统建设，累计安装重点污染源自动监控85家；组织开展挥发性有机化合物（VOCs）和颗粒物组分监测，建设小微站25个；强化尾矿库监控，设置尾矿库监控井232个；基本实现主要污染源监测全覆盖。

5. 协同推进经济高质量发展，优化营商环境

进一步提高服务质量，全面落实《建设项目环境影响评价分类管理名录（2021年版）》，实施建设项目"告知承诺"制环评审批54类，豁免建设项目环境影响评价33类，环评审批在法定时限基础上压减60%以上，行政许可申请材料平均压减到3项，完成省级工业园区规划环评8个。严格落实疫情防控优惠政策，对涉及疫情防控建设项目开辟绿色通道，实行先开工后补办手续，延期办理环评、辐射安全许可医疗机构25家、建设项目3个。

6. 进一步加强环境基础能力建设，补齐生态环境短板

一是推进监测能力建设。完成监测能力建设项目年度任务，启动州区域生态环境监测站建设，不断提高湘西州环境监测能力水平。

二是进一步完善生态环境保护法律法规。《湘西州生物多样性保护条例》入选2021年湖南生态文明建设典型案例，同时启动制定"湘西自治州生物多样性保护实施方案"，细化生物多样性保护措施；将修订《湘西州环境保护条例》纳入2022年立法修订规划。

三是构建全民行动体系。落实新闻发布会制度，全年举办湘西州"十三五"生态环境保护工作等4场新闻发布会；推进绿色生活方式，举办生物多样性保护湖南主场活动，全年累计发布生态环境信息宣传稿件160余篇，其中学习强国推送3篇、《中国环境报》登载21篇。

四是推进生态文明示范创建。湘西州8县市均启动生态文明建设示范县规划编制，泸溪县、凤凰县、古丈县规划顺利通过省级评审。

通过共同努力，湘西州生态环境保护工作虽然取得了一定成效，但距离上级要求和群众的期盼还有一定差距。目前还存在历史遗留问题整治任务还很重、体制机制还不够完善、环保基础设施建设还存在短板、资金筹措力度还有待加大等问题。

二 2022年湘西州生态文明建设目标任务及主要措施

2022年，湘西州坚持以习近平新时代中国特色社会主义思想为指导，深学笃行习近平生态文明思想，全面落实"三高四新"战略定位和使命任务，围绕"三区两地"发展定位和"五个湘西"主攻方向，深入打好污染防治攻坚战，持续提升生态环境质量，为成功打造全国生态文明样板提供坚实的基础。

1. 坚持理论武装，深学笃行习近平生态文明思想

持续推动将习近平生态文明思想纳入全州各级党委（党组）理论学习中心组、各级党校（行政学院）重要学习教育内容。重点学习贯彻党的十九届六中全会、习近平总书记关于湖南重要讲话重要指示批示精神以及中央经济工作会议、全国"两会"、全国全省生态环境保护工作会议、省州第十二次党代会有关精神，制定贯彻落实方案和措施，推动决策部署落实落地。

2. 坚持放大生态优势，打造全国生态文明样板州

生态是湘西最大的优势，绿色是湘西最美的底色，文化是湘西最大的特色，湘西要发展，必须坚定不移走"生态优先、绿色发展"之路。全力打造全国生态文明建设样板州，重点打造绿色低碳、生态修复治理、生态文化旅游、绿色矿业发展、绿色食品发展、生态宜居、彩色森林、绿色生产生活、智慧城市、绿色创建十个样板，将生态优势转化为经济优势、发展优势。

3. 坚持新发展理念，推进绿色低碳发展

统筹落实碳达峰、碳中和相关工作，深入推进"碳达峰十大行动"，争创国家低碳示范典型社区、村。深入推进清洁生产审核工作，进一步挖掘企业节能减排潜力，完成重点企业清洁生产审核24家。积极开展工业窑炉、燃气锅炉的氮氧化物、涉挥发性有机物企业和行业的综合治理。持续推进城乡生活污水收集处理设施建设、产业结构升级、废物综合利用和污染深度治理、规模化畜禽养殖污染防治。

4. 坚持协同推进，深入打好污染防治攻坚战

制定深入打好污染防治攻坚战实施方案，开展污染防治攻坚战成效考核和评估。深入打好"蓝天、碧水、净土"保卫战，稳固生态环境质量。加强固体废物和新污染物治理，精准有效做好常态化疫情防控，及时有效收集和处置医疗废物、医疗污水。系统治理全州"锰三角"矿业污染问题。持续发起污染防治攻坚战"夏季攻势"，重点从完成中央、省交办突出生态环境问题年度整改任务、推动历史遗留矿山生态修复治理、加快推进乡镇污水处理设施建设等方面筛选一批群众反映强烈、对环境质量影响较大的突出环境问题，采取项目化、工程化、清单化形式集中力量攻坚。

5. 坚持深化改革，服务经济高质量发展

加快推进"三线一单"及园区生态环境准入清单动态更新调整，为各园区招商引资项目前期落地环境可行性提供预判。督促基础条件发生重大变化的园区（吉首、凤凰、保靖、花垣）加快开展调区扩区及跟踪环评工作。进一步压缩审批时限，对符合园区"三线一单"管控要求、需要编制报告表的建设项目，实行"一个工作日"告知承诺制审批。严格把好"两高"项目环评准入关，严格控制"两高"项目盲目扩张。继续深化"放管服""三集中三到位"改革，对州重点项目、地方党委、政府需要提前研判环境可行性的项目以及急需开工和环境问题复杂的建设项目，靠前站位，做好重点项目服务工作。持续推进全州生态环境系统政务服务"标准化、规范化、便利化"。

6. 坚持民生为本，强力推进突出生态环境问题整改

以中央、省生态环保督察及"回头看"反馈、长江经济带生态环境警示片披露、省生态环境警示片交办等问题为重点，统筹推进各类突出生态环境问题整改，着力抓好2022年底前需完成整改销号的生活污水和垃圾、矿山生态修复、尾矿库闭库治理等19个问题。配合开展第二轮省级生态环境保护督察，以省纪委"洞庭清波"专项行动、长江经济带生态环境警示片"举一反三"排查整治为抓手，全面进行自查自纠，针对重点区域、重点领域、重点行业做好迎接省生态环境保护专项督查准备。

7. 坚持生态优先，统筹抓好生态保护修复

制定"湘西州生物多样性保护实施方案"，提高《湘西州生物多样性保护条例》执行效能。加大珍稀濒危野生动植物保护拯救力度，推进生物遗

传资源保护管理，严格有害生物及外来入侵物种防治。持续推进"绿盾"自然保护地强化监督专项行动。积极创建生态文明建设示范市县和"绿水青山就是金山银山"实践创新基地，重点支持凤凰县、泸溪县、古丈县创建省级生态文明建设示范县。

8. 坚持高压态势，加强生态环境监管执法

持续推进固定污染源"一证式"监管，开展排污许可提质增效行动，强化部门联动和两法衔接，严厉打击生态环境违法行为，压实企业污染防治主体责任。建立"宽严相济"的行政执法机制，对初次违法、违法行为轻微并及时改正，实行"首违不罚、轻微免罚"；对恶意违法、多次造成生态环境污染，依法依规严肃查处。强化执法队伍建设，落实"全员执法、全年练兵"，推行县市交叉执法检查，逐步提升环境执法能力。不断健全生态环境监测数据质量保障责任体系，严厉查处人为干扰监测数据和监测数据弄虚作假行为。

9. 坚持底线思维，切实维护生态环境安全

完善自动监控管理机制，抓好自动监控"建、管、用"闭环管理。持续开展第三方巡查工作，进一步利用数据分析研判结果。开展打击污染源自动监控数据造假专项执法行动。持续推进工业园区、垃圾填埋场等重点区域生态环境风险隐患排查整治。精准有效做好常态化疫情防控有关环保工作，及时有效收集和处置医疗废物、医疗污水。加强疫情防控期间定点医院污水处理的监测监管和技术帮扶。进一步强化医疗机构自行监测与排污许可监管，完成传染病和二级及以上医疗机构污水处理问题排查整改。强化核与辐射监测和应急准备，提升应急响应能力。加强环境应急值守，做好突发环境事件的预警预报和应急响应，保障生态环境安全。

10. 坚持固本培元，提高生态环境治理现代化水平

强力推进全州执法监测能力建设，制定县级监测能力建设工作方案、县级监测能力限期达标任务清单，加紧推动生态环境监测能力建设项目落地，重点加快推进州区域生态环境监测站和花垣、永顺的县级监测站能力建设，逐步补齐生态监测能力短板。完善生态环境保护地方性法规，推动《湘西州环境保护条例》修订。探索生态产品价值实现机制，推进排污权交易制度深化改革和生态环境损害赔偿制度改革，完善落实生态环境补偿、损害赔偿和资源有偿使用等制度，科学推进大气污染治理生态补偿机制。推进扶持壮大环保产业，加快推行园区环境污染第三方治理，开展园区环境环保信用评价，强化省级以上信用评价管理，对评为风险园区的县市进行区域限批，配合开展环境污染强制责任保险试点工作。严格执行《企业环境信息依法披露管理办法》，推动企业环境信息依法披露落实。定期召开新闻发布会，举办六五环境日系列宣传活动和全国低碳日、国际生物多样性日等重要节点宣传活动。

B.25
全力推进碳达峰碳中和　以良好生态环境助推高质量发展

—— 湖南湘江新区 2021~2022 年生态文明建设报告

湖南湘江新区管理委员会

摘　要: 2021 年,湘江新区以习近平生态文明思想和习近平总书记对湖南的重要讲话重要指示批示精神为指引,突出生态优化、绿色发展,持续打好蓝天、碧水、净土保卫战,积极推动"治污"向"提质"迈进。2022 年,新区将以高度的政治责任感和历史使命感,在碧水保卫战上持续发力、在净土保卫战上精准发力、在蓝天保卫战上形成合力、在海绵城市建设上保持定力、在碳达峰碳中和上做强实力、在提升城市品质上激发活力,实现发展与保护协同共进,为实施"强省会"战略贡献新区力量。

关键词: 污染防治　生态文明　湘江新区

2021 年是"十四五"开局之年,也是开启全面建设社会主义现代化新征程的关键之年。湖南湘江新区(以下简称新区)认真贯彻落实习近平生态文明思想和习近平总书记对湖南的重要讲话重要指示批示精神,按照"十四五"生态文明建设规划新要求,突出生态优化、绿色发展,全力推进碳达峰、碳中和,持续打好"蓝天、碧水、净土"保卫战,积极推动"治污"向"提质"迈进,协同推进生态环境高水平保护与经济高质量发展,

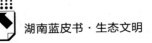

助力新区实现地区生产总值 3674.2 亿元，增长 8.4%，主要经济指标增速高于省市平均水平，走在高质量发展前列。

一　2021年湘江新区生态文明建设情况

（一）蓝天保卫战取得新进展

严格按照长沙蓝天保卫战"新三年"部署要求，持续发力、精准施策，不断巩固扩大新区蓝天保卫战工作成果，2021 年空气质量优良率达 83.3%，优良天数达 304 天。

1. 全面加强统筹调度

加强与岳麓区联动，齐抓共管、合力推进，加强执法震慑，严格督查处罚。新区蓝天办、政务服务中心、质安监站多次深入新区工地一线，加强督查督办，严格落实"问题发现—问题交办—整改落实—结果上报"的闭环管理机制。

2. 全面加强工地监管

狠抓在建工地"8 个 100%"落实，完成裸露黄土覆盖 55.8 万平方米，督促 316 个工地扬尘问题整改到位。制定《新区建筑施工"百日奋战、扮靓星城"环境整治实施方案》，大力开展地毯式施工围挡整治活动，督促120 余个项目完成整改，拆除、更换、维护各类围挡及商业广告 32890 米，有效推动市容环境提标。

3. 全面加强科技治污

持续推行"科技治本、智慧监管"，充分利用新区污染防治监控平台实时监测、无人机定期巡航，确保工地问题高效、精准整治。全年共巡航工地141 次，下发交办单 64 次，督促 139 个问题项目完成整改。按应接尽接原则，实现接入工地在线扬尘监测设备和在线监控视频接入率"双100%"。

（二）碧水保卫战实现新提升

认真落实长沙市总体部署，进一步强化新区、高新区、岳麓区三区合力，创新治理和排水监管体制机制，按照"协同治理、系统治理、源头治理"方针，全面打响碧水保卫攻坚战，龙王港治理阶段性成效持续扩大，2021年流域干流平均水质由2020年的Ⅳ类提升到Ⅲ类，被湖南省住建厅选评为全省黑臭水体治理典型案例、长沙市"一江六河"治理示范样板工程，人民日报、中国环境报多次点赞报道，人民满意度显著提升。

1. 排水体系短板逐步补齐

按照"新区出资奖补、岳麓区负责实施"原则，实施岳麓区南园路水系、咸嘉湖水系汇水范围城区40余千米市政污水干、支管建设，新建及改造长沙高新区肖河两厢东方红路污水干管、麓松路污水管道等15条市政排水管，城区市政排水体系持续完善，逐步消除市政污水收集空白区域。

2. 污水管网改造有序推进

分区分期推进流域两厢城区雨污分流，基本完成南园路水系岳麓大道以北区域91个老旧小区、肖河赏月路水系10个大型农安小区排水雨污分流改造，采取小区阳台排水立管改造、地面排水管道雨污分流、污水预处理设施改造升级、与市政排水接驳改造等系列措施，逐步实现排水户源头雨污分流，同时在已改造小区创新建立"一图、两管、三标识"，方便后续社区、街道、行业部门三级排水管理。实施了龙王港两厢（岳麓区）市政污水系统修复，采用管道非开挖修复等技术，完成城区30余千米市政污水管道清淤疏浚和修复提质，大幅提升市政排水设施运行效能。

3. 污水处理能力大幅提升

加快推进一批污水处理设施建设，梅溪湖水质净化厂一期二阶段（处理规模12.5万吨/天）完成主体设备安装，拟于2022年3月进行调试，污水处理总规模将扩大至25万吨/天。同时为确保"厂、网、站"系统匹配，同步启动梅溪湖水质净化厂配套压力管网系统提升工程建设，对核心区污水泵站进行扩容提质，污水处理能力全面提升。

4. 流域治理机制不断创新完善

创新河道维护保洁工作机制。与市河长办联合建立龙王港流域河道维护保洁奖补机制，每年安排专项奖补资金220万元，有效促进河道保洁精细化。建立三区排水联动管控机制。实现排水审批与监管标准基本一致、流程基本统一，达到排水许可应办尽办、排水活动全程受控、排水设施设置合格、违法行为有错必纠。建立水务第三方巡查机制。新区出资组建第三方水务巡查队伍，全面提升流域水环境及两厢排水巡查监管广度和深度，有效弥补属地执法监管力量的薄弱环节。

（三）净土保卫战取得新突破

原长沙铬盐厂铬污染整体治理项目是 2017 年中央环保督察交办问题。经过 4 年的努力，克服项目技术难度大、施工难度高、外部环境不稳定、资金投入巨大等多重困难，圆满完成铬治理第一阶段工程，有效保护了湘江母亲河的水环境安全，为全省土壤污染修复治理提供了宝贵经验，为全省乃至全国"科学治土"提供了样板示范。

1. 协同发力，全力调度攻坚

2021 年 4 月，由新区牵头，市生态环境局、市财政局、岳麓区政府、市城发集团共同成立了原长沙铬盐厂铬污染整体治理项目攻坚联合指导协调组，督促城发集团按照 2021 年 11 月 30 日前完成治理项目的目标倒排工期，实行日碰头、周调度工作机制，挂图作战、强力攻坚。新区积极督促指导，通过召开会议、现场指导、文件督办等方式，积极协调解决项目推进过程中存在的困难问题；多次与铬盐厂周边业主面对面沟通，全力化解群众诉求，赢得理解支持。

2. 强化保障，奋力推进治理

开展大量攻关解决施工难题，取得包括开槽引孔增效、槽体预防性加固、下膜减阻等系列成果，成功下膜最深达 44 米，创国内同类型工程之最。及时拨付治理资金并积极争取省级专项资金，强化资金保障；认真做好人力设备保障，现场施工人员多达 350 余人，大型机械设备 60 余台套，确保施工进度。2020 年、2021 年春节期间风险管控工程连续不停工，管理人员节假日亦坚守现场。自 2021 年 7 月进入项目攻坚期后实行 24 小时连续施工，施工进度得以保障。

3.严把质量，环境效益明显

委托生态环境部环境规划院、中科院生态环境研究中心、湖南省环境保护科学研究院等单位，高标准、严要求做好技术把关和全过程的环境安全管理及质量把控，施工过程未造成污染泄漏和任何安全事故。有效削减区域涉铬污染物总量，铬渣（含渣土混合物）外运处置使片区累计消减总铬约3700多吨，土壤原地异位修复还原六价铬约1200多吨。周边生态环境已呈恢复态势，根据第三方检测和效果评估测试，垂直防渗墙阻隔效果达到预期，已切断原长沙铬盐厂污染地下水的扩散途径，2021年10月至2022年1月监测数据显示，项目临近区域湘江地表水水质监测因子均达到Ⅲ类标准要求。

（四）生态文明建设取得新成效

1.统筹推进"一园一区"海绵城市建设

按照"两年出形象、三年出标杆"的总体目标铺排海绵项目建设，高质量、高标准、高效率推进梅溪湖国际新城海绵城市示范园建设。进一步优化大王山片区海绵城市专项规划，积极打造"水生态良好、水安全保障、水环境改善、水景观优美、水资源缓解、水文化丰富"的绿色新城，最终形成"河湖连通、水网交织"的整体空间结构。

2.大力提升城市生态环境品质

出台《新区"精美长沙"建设工作实施方案（2021-2022年）》，以规划管理、工程品质、工地管理、生态环境为抓手，全面推动新区"精美长沙"建设再上新台阶；基本完成洋湖片区城市环境整治一期、洋湖湿地公园品质提升一期、潇湘中路及滨江景观道提质改造工程等，启动梅溪湖一期整体品质提升。

3.大力解决群众反映环境问题

针对人民群众反映强烈的噪声扰民、内涝积水等问题，坚持用心、用情、用力解决，赢得高度认可。三环线梅溪湖隧道噪音整治工程从立项到完工仅用76天，充分展现了"新区速度"。后湖路（清水路—阜埠河路）二期工程从启动建设到解决内涝积水问题用时仅 35 天，较原工期提前 25% 完成，确保周边居民安心过上春节。

二 2022年湘江新区生态文明建设思路和重点

2022 年，新区将以高度的政治责任感和历史使命感，永葆"闯"的精神、"创"的劲头、"干"的作风，走生态优先、绿色低碳发展道路，在污染防治攻坚战、生态环境质量改善等方面下更大功夫，实现发展与保护协同共进，助力实施"强省会"战略、推动高质量发展、挺进国家级新区"第一方阵"。

（一）在碧水保卫战上持续发力

推进龙王港治理。紧扣年度水质目标，协调督促完成南园路水系排水整治相关工程建设，做好南园路箱涵智能井试运行调试工作，打造排口雨季溢流污染控制样板工程。强力推进赏月路、麓云路、麓谷大道水系溢流污染控制以及汇水区雨污分流改造，继续推行龙王港河道维护奖补和第三方水务巡查工作，积极开展龙王港流域碧道试点，着力提升龙王港水环境、水生态、水景观质量，打造治理示范样板河段。加强排水综合整治。按照长沙市第二轮中央生态环保督察排水问题整改方案要求，结合新区排水工作实际，统筹督促推动重点片区雨污分流改造和溢流污染控制。推进污水处理设施建设。抓紧完成梅溪湖水质净化厂一期二阶段、洋湖再生水厂三期项目建设投运，有序推进大王山水质净化厂建设及过渡期区域水治理工作。

（二）在净土保卫战上精准发力

推进铬污染治理完成后续工作。督促做好原长沙铬盐厂修复治理跟踪检测、效果评估，加快推动铬治理配套项目建设，及时总结提炼有关管理经验、技术经验，为全省重金属污染项目实施提供样板。抓好污染地块安全利用工作。对新区范围内工业用地变更为住宅、公共管理与公共服务用地情况进行全面梳理和摸排，并做好相关用地土壤污染状况调查，确保地块的安全利用。

（三）在蓝天保卫战上形成合力

加强与岳麓区的统筹联动，对建筑工地开展定期巡查，利用新区污染防治平台和无人机加强重点片区、重大项目、线性工程的监管。强化交办整改反馈、督查不力通报机制，重点压实建设单位主体防治责任，持续开展非施工区域裸露黄土复绿工作，确保"8个100%"落实常态化。

（四）在海绵城市建设上保持定力

加大统筹力度、提高设计标准，加快推进龙王港山体公园、象鼻窝森林公园小微水体恢复工程、龙王港河道生态岸线恢复及排口整治工程、松柏路南侧绿地及基因谷生态廊道工程等海绵城市示范园区内重点项目建设。以大王山片区海绵城市专项规划为支撑，有序推进海绵城市建设，积极打造示范标杆。

（五）在碳达峰碳中和上做强实力

加快编制梅溪湖、洋湖近零碳示范城区创建行动方案，重点围绕能源、交通、建筑、产业、碳汇、消费等领域，推进绿色能源、低碳交通、绿色建筑、低碳产业发展，推动实现绿色消费、绿色出行理念转变，充分调动全民参与的积极性，合力打造梅溪湖国际新城和洋湖生态新城近零碳示范区。

（六）在提升城市品质上激发活力

加快启动大王山水质净化厂（一期）等项目建设，推动麓景路社会停车场等项目建成投运，统筹推进洋湖、滨江重点片区管网提质工程，进一步夯实新区基础设施承载能力。继续高品质推进梅溪湖国际社区环境综合整治工程、洋湖片区城市环境整治二期工程，高标准推动湖南金融中心环境整治，持续改善城市面貌、提升新区品质。

专题报告
Special Reports

B.26
以更高标准深入打好碧水保卫战
厚植湘江流域高质量发展的生态底色

潘碧灵　彭晓成*

摘　要： 以习近平生态文明思想为指引，2021年，湖南省圆满完成湘江保护和治理第3个"三年行动计划"，较好实现了"江水清、两岸绿、城乡美"的愿景。按照党中央、国务院深入打好污染防治攻坚战的安排部署，"十四五"期间，为进一步满足人民群众对良好生态环境质量的期待，还需要以问题为导向，坚持科学、精准和依法治污，以更高标准深入打好碧水保卫战，厚植湘江流域高质量发展的生态底色。

关键词： 高质量发展　污染防治攻坚战　湘江流域

---

* 潘碧灵，湖南省生态环境厅副厅长，民进湖南省委主委；彭晓成，湖南省生态环境厅水生态环境处副处长。

2021 年 11 月 2 日，中共中央、国务院印发《关于深入打好污染防治攻坚战的意见》，明确要求以更高标准深入打好碧水保卫战。为保护湘江母亲河，从 2013 年开始，湖南省委、省政府将湘江保护和治理作为"省一号重点工程"，连续实施 3 个"三年行动计划"，圆满完成各项工作任务。但出于各方面原因，湘江流域水生态环境质量改善不平衡、不协调等问题依然突出，进入新发展阶段，为建设全域美丽大花园，按照党中央、国务院的决策部署，需要保持力度、延伸深度、拓宽广度，以更高标准深入推进湘江保护和治理，厚植流域高质量发展的生态底色。

一　湘江保护和治理取得显著成效

为确保流域生产、生活和生态用水安全，湖南省委、省政府历来高度重视湘江保护和治理工作，尤其是"十一五"以来，力度更大、措施更硬、投入更多。2008 年开始，启动实施湘江流域水污染综合整治行动及"千里湘江碧水行动"。2011 年开始，全面启动湘江流域重金属污染治理。2013 年 9 月，湖南省委、省政府将湘江保护和治理作为"省一号重点工程"，按照"堵源头、治调并举、巩固提升"的阶段目标，各级各有关部门以"功成不必在我"的精神境界和"建功必定有我"的历史担当持续攻坚克难，一张蓝图绘到底，一任接着一任干，统筹水环境治理、水资源保障和水生态修复，连续实施 3 个"三年行动计划"，治理成效显著，国家高度肯定，社会广泛认可，打造了"一把手推进，一盘棋谋划，一部法统领，一条江共治"的内河治理"湖南样板"。

（一）保护治理责任进一步落实

沿江各级各有关部门全面贯彻落实习近平生态文明思想，坚持"一把手"推动，"一盘棋"谋划，把修复生态环境摆在压倒性位置，作为增强"四个意识"、坚定"四个自信"、坚持"两个确立"、做到"两个维护"的具体实践。激励与约束并举，按照生态环境保护"党政同责、一岗双责""三管三必须"

（管业务必须管安全、管行业必须管安全、管生产必须管安全）的要求，通过深入开展《长江保护法》《水污染防治法》《湘江保护条例》等法律法规执法检查，积极推进政府绩效考核、党政主要领导干部自然资源资产离任审计、生态环境保护督察、真抓实干激励、河湖长制等工作，严格考核奖惩，层层压紧压实各级各有关方面的责任，形成了"横向到边、纵向到底"的流域齐抓共管合力，真正做到守水有责、管水担责、护水尽责，实现"一江水"同治。

（二）绿色转型发展进一步加快

各级各有关部门进一步树牢"绿水青山就是金山银山"发展理念，坚定走"生态优先、绿色发展"的道路，建立"三线一单"管控体系，划分综合管控单元 315 个。流域内江华县、资兴市等 13 个县市区被评为国家级生态文明建设示范区或"绿水青山就是金山银山"实践创新基地。积极稳妥腾退化解旧动能，累计退出涉重企业 1200 余家。深入推进五大重点工矿区转型升级，株洲清水塘 261 家、湘潭竹埠港 28 家有色、重化工企业全部退出。千方百计发展壮大新动能，20 个工业新兴优势产业链迅猛发展，流域高新技术企业超过 9000 余家。2021 年，湘江流域 8 市财政收入占全省的比重为 68.8%，比2012 年的 65.5% 提高 3.3 个百分点，实现了在发展中保护、在保护中发展。

（三）生态环境质量进一步提升

根据监测，2021 年，湘江流域省考断面水质优良率达到 98.7%，比2012 年提高 10.6 个百分点，其中，东江湖（蓄水 80 亿立方米左右）水质长期保持为 I 类，湘江干流省考断面水质全部达到或优于 II 类，五种重点重金属浓度（镉、汞、砷、铅和六价铬）比 2012 年平均下降 58%，地级城市黑臭水体基本消除。湘江流域 16.5% 的面积纳入生态红线保护范围，天然林停止商业性采伐，湿地保护率达到 75.46%，干流全面开展十年禁渔，在42 个主要控制断面建立生态流量保障目标体系，清理退出各类小水电站 237座、河湖"四乱"323 个，越来越多的江河湖库呈现"水清岸绿、鱼翔浅底"的美景，群众生态环境获得感越来越强。

（四）环境风险隐患进一步降低

围绕抓重点、补短板、强弱项的目标，环境治理基础设施逐步完善，历史遗留污染治理加快推进，一大批影响流域生态环境质量、危害人民群众利益的突出环境问题得到有效解决。截至 2021 年底，共建成 97 座城镇和 512 个乡镇污水处理厂（设施），所有县市区全部启动农村环境综合整治。全部完成 33 个行业固定污染源排污许可清理整顿任务，88 家省级及以上产业园区配套建成污水集中处理设施。完成 841 个地级、县级城镇及乡镇"千吨万人"及"千人以上"集中式饮用水水源环境问题排查整治。累计完成 600 余个重金属污染治理项目，铊浓度异常专项整治排查的 741 个问题基本整改到位，干流岸线 1 千米范围内停用超过 3 年的尾矿库完成闭库。建立流域上下游突发水污染事件联防联控机制，制定流域突发环境应急预案。

（五）支撑保障能力进一步加强

加快推进生态文明体制改革，53 项改革任务基本完成，深入落实企业（园区）环境行为信用等级评价、生态环境损害赔偿制度改革试点等制度。颁布实施《湖南省湘江保护条例》等法规，制定《湖南省农村生活污水处理排放标准》等标准，强化地方法治保障。加大财政投入，出台湘江保护和治理奖补政策，进一步加大绿色信贷支持力度。全面推动落实排污许可制，建立实施生态环境违法行为举报奖励制度，持续推进司法协作机制，严格落实企事业单位治污主体责任。建成 232 个国控、省控监测评价断面，实现流域市、县跨界断面自动监测全覆盖，推进岳阳、郴州驻点城市跟踪研究和技术帮扶，加大先进适用技术研发和示范推广，积极推进第三方环境治理，环保产业产值年均增加 15% 以上。

二　湘江保护和治理形势

湘江是湖南的母亲河，流域面积占全省总面积的 40.3%，作为全省社会经济最为发达、人口最为密集的区域，通过各级各有关方面的共同努力，湘江保护和治理工作前期取得显著成效，为新发展阶段深入打好污染防治攻坚战奠定了坚实基础。同时，习近平生态文明思想深入人心，新发展理念全面贯彻，生态环境治理体系不断完善，经济社会加快绿色转型，科技创新能力显著增强，也为深入打好污染防治攻坚战增添了强大动力。但湘江保护和治理涉及方方面面，存在不少问题和困难，流域水生态环境保护结构性、根源性、趋势性压力尚未得到根本缓解，生态环境保护仍然处于攻坚期、窗口期，机遇与挑战并举，既要打攻坚战，也要打持久战。

（一）绿色低碳转型压力大

区域、城乡发展不平衡，一些经济发展相对落后的地区统筹发展和保护的意愿不够、能力不足。一些行业、企业长期发展粗放，产业绿色低碳化发展能力有待提高。尤其受经济下行压力增大、新冠肺炎疫情等多重因素影响，部分地区对生态环境保护的重视程度和工作力度有所减弱，上马"两高"项目、重污染项目的冲动增多。

（二）部分水体生态环境质量改善不足

部分支流，如陶家河、龙荫港水质还未达标，蒸水、捞刀河等水质不稳定，尤其是枯水期水质下降问题较为突出。部分城镇黑臭水体未实现"长制久清"，存在"返黑返臭"的问题。部分支流、湖库水生态系统功能失衡，生物多样性降低。一些区域湿地、湖库生态功能退化明显，河湖"四乱"问题仍然较多。

（三）保护和治理任务仍然十分艰巨

作为有色金属之乡，生猪养殖、粮食生产重要基地，流域主要污染物、重点重金属排放总量还处于高位。城乡生活污染治理基础设施建设欠账较多，尤其是城镇生活污水收集管网不配套、不完善等问题明显。农业污染点多面广量大，畜禽粪污资源化利用、水产养殖尾水治理等工作相对滞后，防治力度有待加大。流域降雨时空分布不均匀，一些区域水资源保障难度大，枯水期缺水问题多。

（四）环境风险隐患仍然存在

由于过去采选、冶炼行业粗放发展，郴州三十六湾、娄底锡矿山等地遗留废渣、矿井涌水污染尚未得到彻底解决。部分企业、园区环境管理不到位，环境违法行为时有发生。流域氮、磷浓度较高，多年富集导致水体富营养化，一些航电枢纽工程库区和局部水域高温天气发生蓝藻。

（五）治理能力水平亟待提升

生态环境治理体系和治理能力现代化水平较低，基层生态环境监测、监管能力薄弱，"小马拉大车"问题突出，与日趋繁重的任务不匹配。一些地方环境治理资金短缺问题较为突出，相关法规、标准、规范等缺失，科技支撑、信息化保障能力不足。

三　下一步的工作重点和建议

2021年11月11日，党的十九届六中全会通过《中共中央关于党的百年奋斗重大成就和历史经验的决议》，强调要坚持人与自然和谐共生，协同推进人民富裕、国家强盛、中国美丽。2021年11月25~28日，省第十二次党代表大会明确要坚定不移沿着习近平总书记指引的方向前进，在推动高质量发展上闯出新路子，为全面建设社会主义现代化新湖南而努力奋斗。进入新发展阶段，污染防治触及的矛盾问题层次更深、领域更广，要求也更高，湖南要从党的百年奋斗历程中汲取智慧和力量，全面贯彻落实《中共中央国务院关于深入打好污染防治攻坚战的意见》，切实肩负起新时代建设美丽中国的历史使命，以问题为导向，以改善生态环境质量为核心，以实现减污降碳协同增效为总抓手，坚持科学、精准和依法治污，统筹污染治理、生态保护、应对气候变化，保持战略定力，以更高标准深入推进湘江保护和治理，以高水平保护促进流域经济社会高质量发展。

（一）深入学习贯彻习近平生态文明思想

将习近平生态文明思想宣传教育作为全省当前和今后一个时期的重要政治任务，纳入各级党委（党组）理论学习中心组学习、各级党校（行政学院）教育的重要内容，通过专题讲座、研讨交流、现场观摩等多种形式加大宣传力度，推动各级领导干部勇做习近平生态文明思想的坚定信仰者、忠实践行者、不懈奋斗者，切实用以武装头脑、指导实践、推动工作，真正担负起"守护好一江碧水"和深入打好污染防治攻坚战的政治责任，确保习近平总书记重要指示批示精神和党中央、国务院关于生态文明建设和环境保护的各项决策部署落地见效。

（二）加快推进绿色低碳转型发展

牢固树立"绿水青山就是金山银山"的发展理念，推动全面建立资源高效利用制度，建立健全绿色低碳循环发展经济体系，促进形成简约适度、绿色低碳的生活方式。严格落实"三线一单"制度，对流域315个环境管控单元实施差异化管理，构建国土空间开发保护新格局。推广圭塘河"6+治河"、后湖综合治理等经验，全面推进"生态环境导向"（EOD）模式、基于自然的解决方案（NbS），构筑人与自然和谐共处的美丽家园。以长株潭都市圈发展、郴州国家可持续发展示范区和岳阳长江经济带绿色发展示范区建设等为抓手，做优做强智能制造、资源环保等产业链（集群），对有色、化工、建材等重点行业企业、产业园区进行清洁化改造，大力发展生态农业、林业，依托流域丰富的红色、绿色资源做大做强做精全域旅游品牌，打造绿色发展高地。积极稳妥推进碳减排、碳中和，加快建设一批低碳发展示范区、低碳示范城市、碳中和示范区。

（三）持续深化重点领域污染整治

以问题为导向，结合污染防治攻坚战"夏季攻势"、长江经济带环境污染治理"4+1"工程落实等工作，分期分批实施一批重点整治项目，积极补齐重点领域整治短板，持续降低流域污染负荷。加强城乡生活污染治理。大力实施城镇污水管网改造更新工程，对流域进水生化需氧量（BOD）浓度低于100毫克/升的城镇污水处理厂，制定并实施"一厂一策"系统化整治方案。因地制宜加快推动实现乡镇生活污水收集处理设施全覆盖，统筹农村厕所革命，加快实施农村生活污水治理规划。逐步消化历史遗留污染。盯紧郴州三十六湾、娄底锡矿山等五大重点区域，强化风险管控，逐步消除历史遗留废渣、矿井涌水、污染场地等污染，进一步降低重金属污染风险隐患。强化农业面源污染防治。以生猪养殖大县为重点，强化粪污资源化综合利用，鼓励规模以下畜禽养殖户采用"种养结合"等模式消纳畜禽粪污。深入推进农药、化肥减量增效，积极推进农田退水"零直排"综合性示范工程建设。深化工业污染整治。全面落实排污许可制度，持续整治"散乱污"企业，强化工业园区环境综合整治。加快整治不达标（黑臭）水体。按照"一河（湖）一策"的要求，综合整治陶家河、龙荫港等不达标或水质不稳定水体。梯次深化黑臭水体整治，确保城镇黑臭水体整治"长制久清"，逐步消除农村地区房前屋后和群众反映强烈的黑臭水体。全面强化入河排污口管控。加强入河排污口排查溯源，逐一明确责任主体，并按照"取缔一批、合并一批、规范一批"要求实施分类整治。

（四）不断加大生态保护修复力度

按照"自然修复为主、人工修复为辅"的原则，科学开展山水林田湖草一体化保护和修复，不断提升流域环境自净能力。提升水源涵养能力。在湘江源头区域科学开展水源涵养林建设，全面停止流域内天然林商业性采伐，有序推进天然林保护、封山育林、废弃矿山植被恢复等生态修复工程。推进生态缓冲带建设和管理。在沿江沿湖因地制宜划定一定宽度的生态隔离缓冲区域，严格控制与生态保护无关的开发活动，对受损河湖缓冲带进行生态修复，强化污染拦截、净化能力。强化水生生物多样性保护。加强流域珍稀、濒危、特有物种"三场一通道"等关键栖息地保护力度，严格执行禁渔期、禁渔区等制度，科学实施水生生物洄游通道和重要栖息地恢复工程。保障河湖生态用水。加快推进小水电分类清理整治，明确重点河湖生态流量目标、责任主体、主要任务和保障措施，全面落实生态流量管理措施。强化蓝藻水华防治。加强流域航电枢纽库区和局部水域蓝藻水华监测预警和应急处置，综合应用物理、化学、生物等方法进行综合防控，积极推进植物、水生动物除藻。

（五）着力提升治理体系与治理能力现代化水平

严格落实《关于构建现代环境治理体系的指导意见》，深入推进生态文明体制改革，完善政策体系、市场体系、监管体系。加快完善流域综合协调管理机制，加强规划、政策、重大事项的统筹协调，深入推进"一江同治"。强化科技支撑，集中优势科研力量加强重金属污染治理、蓝藻水华防范、饮用水安全保障等课题研究，示范推广先进适用保护和治理技术。加快推进完善生态环境监测制度体系，强化生态环境大数据挖掘与应用，提高信息化水平。整合利用好各级各类资金，积极争取国家绿色发展基金支持，加快推行第三方治理，多渠道强化资金保障。加快推动落实流域生态补偿、生态产品价值实现等机制，引导绿色转型发展。推进环境信息公开，加大生态文明宣传报道力度，构建环境治理全民行动体系，积极引导全民践行绿色生活方式。

参考文献

中共中央、国务院：《关于深入打好污染防治攻坚战的意见》，2021 年 11 月 2 日。
中华人民共和国第十三届全国人民代表大会常务委员会：《中华人民共和国长江保护法》，2020 年 12 月 26 日。
孙金龙、黄润秋：《建设人与自然和谐共生的现代化》，《人民日报》2021 年 1 月 11 日。
孙金龙：《肩负起新时代建设美丽中国的历史使命》，《求是》2022 年第 4 期。

黄润秋：《建设人与自然和谐共生的美丽中国》，《智慧中国》2021 年第 7 期。

黄润秋：《深入贯彻落实党的十九届五中全会精神　协同推进生态环境高水平保护和经济高质量发展》，《环境保护》2021 年第 2 期。

中国共产党湖南省第十二次代表大会：《关于中共湖南省第十一届委员会报告的决议》，2021 年 11 月 28 日。

湖南省人民政府办公厅：《湖南省"十四五"生态环境保护规划》，2021 年 9 月 30 日。

湖南省人民政府办公厅：《湖南省湘江保护和治理第三个"三年行动计划"（2019-2021 年）实施方案》，2019 年 12 月 17 日。

B.27

碳达峰碳中和目标下促进湖南
能源结构绿色低碳转型研究

湖南省人民政府发展研究中心调研组*

摘　要: 本研究报告对湖南的能源利用以煤为主、能源外部依赖性较强、新能源占比较低等特点进行了分析,研究了湖南能源结构绿色低碳转型所面临的挑战,提出了加快推进湖南能源结构绿色低碳转型的六点政策建议:全方位推进减碳工作,实现能源的充足稳定低碳供给,大力提升风、光等新能源的装机水平,建设新型电力系统,加强对能源绿色低碳转型的支持力度,推进新能源科技及产业发展等。

关键词: 碳达峰　碳中和　能源结构　绿色低碳转型　湖南

　　我国二氧化碳排放力争在 2030 年前达峰、努力争取 2060 年实现碳中和,是我国为应对全球气候变化对世界的郑重承诺。当前,湖南能源结构以煤炭、石油和天然气等化石能源为主,化石能源燃烧释放的二氧化碳量占二氧化碳排放总量的 80% 以上,加快推进湖南能源结构绿色低碳转型迫在眉睫。通过对湖南能源利用特点的分析和调研,我们认为,在湖南碳排放水平增速趋缓的情况下,只要控制并降低煤炭消费总量,在 2030 年前可实现第一阶段"碳达峰"目标。但由于煤炭仍起支撑作用,也应避免降碳过猛,

---

　　* 调研组组长:谈文胜,湖南省人民政府发展研究中心原党组书记、主任;副组长:唐宇文,湖南省人民政府发展研究中心原副主任、研究员,现为湖南省政协研究室主任;成员:袁建四、徐涛、王颖、屈莉萍。

以保障能源的充足稳定供应，以免影响经济社会发展。要创造有利的条件，为第二阶段的"碳中和"做好充分准备，逐步实现能源体系的根本变化，建立非碳基的新能源供给和消费体系。

一　湖南能源利用特点分析[①]

1. 能源供给能力不断提升，能源供需基本平衡

供给方面，"十三五"期间，煤炭省外调入能力提高到 1.07 亿吨，电力装机 4741 万千瓦，区外来电能力 600 万千瓦。成品油管输能力提高到 2052 万吨，天然气管输能力 107 亿立方米。省内可再生能源装机规模为 2600 万千瓦，占全省电力装机容量的 54.8%。"十三五"期间，湖南风、光新能源装机增加近 1000 万千瓦，较"十二五"末增加约 4 倍。2020 年，风电发电量 100 亿千瓦时，光伏发电量 30 亿千瓦时，风电已成为湖南第三大电源。"十三五"期间，以低于全国 0.7 个百分点的年均能源消费增速（2.4%）支撑了高于全国 1.3 个百分点的经济增长（7%），能源供给总体上能够满足经济社会发展需求。消费方面，"十三五"期间，湖南能源和电力消费持续增长（见图 1）。2020 年，全省能源消费总量达 1.72 亿吨标准煤，年均增长 2.4%，电力消费 1929 亿千瓦时，年均增长 4.7%。电力消费占能源消费的比重逐年提高，由 29.0% 提升到 32.5%。

2. 煤炭在能源结构中起支撑作用，碳排放水平增速趋缓

2019 年湖南能源消费总量 1.69 亿吨标准煤，化石能源消耗占全省能源消费的比重达 68.1%（见图 2）。其中，消耗煤炭 1.26 亿吨，占全省能源消费的比重为 53%（折算系数 0.714 千克标准煤/千克），成品油消费 1370 万吨，占全省能源消费的比重为 12%（折算系数 1.47 千克标准煤/千克）。天然气消费 37 亿立方米，占全省能源消费的比重为 3%（折算系数 1.33 千克

---

① 资料来源：湖南省统计年鉴、湖南能源统计年鉴、统计公报、政府工作报告及相关政府部门、企业研究报告。

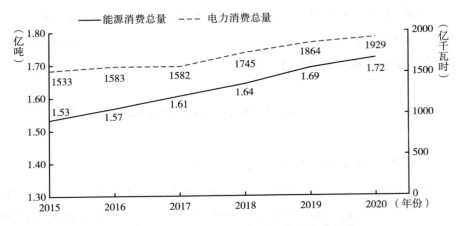

图1　2015~2020年湖南省能源和电力消费总量

标准煤/米³）。非化石能源消费占全省能源消费的比重为32%，主要为水电。

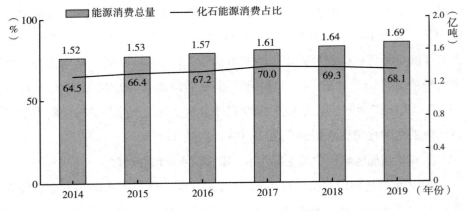

图2　2014~2019年湖南省化石能源消耗占能源消费的比重

2019年，湖南煤炭、成品油和天然气等化石能源消耗排放二氧化碳2.9亿吨（见表1、表2），其中，煤炭消耗排放的二氧化碳占82.6%，相比于2014年，缓慢下降，减少了0.9个百分点。二氧化碳排放量与煤炭消费量相关水平较高（见图3）。自2017年以来，湖南煤炭消费量增长趋于平缓，二氧化碳排放量增长也趋于平缓,年均增长 1%,比 2014~2019 年的均值下降了 2.1 个百分点,为实现"碳达峰"提供了有利条件。

表 1　2014~2019 年湖南主要化石能源消耗量

能源	2014 年	2015 年	2016 年	2017 年	2018 年	2019 年
煤(亿吨)	1.09	1.11	1.14	1.24	1.25	1.26
成品油(万吨)	1150	1279	1359	1343	1359	1370
天然气(亿立方米)	24.4	26.5	28.2	31.2	34.8	37.0

表 2　2014~2019 年湖南主要化石能源二氧化碳排放量

单位:万吨

能源	2014 年	2015 年	2016 年	2017 年	2018 年	2019 年	二氧化碳转换系数
煤	20712	21168	21739	23565	23754	23944	1.9003 千克二氧化碳/千克
成品油	3565	3964	4214	4163	4213	4247	3.1 千克二氧化碳/千克
天然气	527	572	609	675	752	800	2.162 千克二氧化碳/米^3
合计	24804	25704	26562	28403	28719	28991	

注:标准煤、二氧化碳转换系数均参照《综合能耗计算通则》(GB/T 2589-2008)和《省级温室气体清单编制指南》(发改办气候〔2011〕1041 号)。

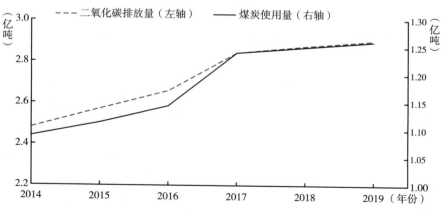

图 3　湖南省二氧化碳排放量与煤炭使用量关系

3. 制造业煤炭使用占比大，第三产业及居民电力使用占比提升

2014~2019 年，制造业的煤炭使用占比基本保持全部煤炭用量的 75% 左右。其中，规模企业的煤炭使用量下降，5 年间大约下降了 10 个百分点，2019 年占全部煤炭使用比例为 54%；主要使用行业是电力、热力生产和供应业，2019 年占 25%；黑色金属冶炼和压延加工业，非金属矿物制品业，石油加工、炼焦和核燃料加工业，化学原料，以及化学制品制造业分别占 13%、9.6%、4% 和 1.7%。规下企业的煤炭使用占比逐年提升，是导致近年来制造业的煤炭使用占比变化不明显的原因。制造业的电力使用水平在下降。使用电力能源的基本是规上企业，2014~2019 年，规上企业电力使用量在全部电量中的占比由 63% 下降到 50%，非金属矿物制品业、黑色金属冶炼和压延加工业、有色金属冶炼和压延加工业、化学原料和化学制品制造业、金属制品业使用电力较多。第三产业及居民电力使用增加。2019 年，第三产业及居民电力使用占比 43%，比 2014 年提高了 10 个百分点。

4. 人均用能水平显著提高，节能降耗取得较好成绩

2019 年，全省人均能源消费量比 2015 年增长 9.1%，年均增长 2.2%。人均用电量比 2015 年增长 27.4%，年均增长 6.2%。在节能降耗方面（见图 4），"十三五"期间，全省单位 GDP 能耗整体呈现持续下降态势，能源消费弹性系数平均为 0.317，经济增长更多依靠能源利用效率的提升。5 年来，规模以上重点耗能工业企业单位产品综合能耗明显下降。规模以上工业企业能源综合加工转换效率比 2015 年提高了 6.6 个百分点。

5. 能源外部依赖性较强，能源供需区域匹配不平衡

湖南一次能源贫乏，煤、油、气的外部依赖性较强，2015~2019 年，湖南能源对外依存度由 68% 提升到 82%。在煤炭方面，2020 年，省内煤炭产量由 2012 年的 8800 多万吨高峰下降到 1053 万吨，下降超过 88%，但外省输入量却增加到 1.1 亿吨，其中，电煤超过 80% 靠外省输入。在电能方面，湖南自身发电能力不足。2016 年外省输入电量为 255 亿千瓦时，2020 年达 500 亿千瓦时，其间增长了 77%。2020 年外省输入电量占当年全社会用电量比重达 25.8%，5 年间提高了 6.4 个百分点。在能源供需匹配方面，全省能

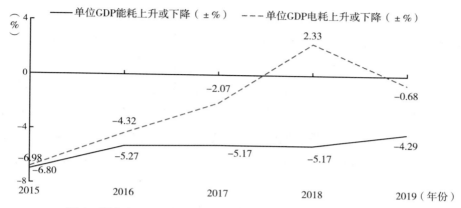

图4 湖南省2015~2019年单位GDP能耗和电耗增长变化情况

源资源分布与负荷不平衡，风、光、水电资源主要集中在湘西南、湘南、洞庭湖等周边地区，省内电源集中在西部和北部（装机占比达63%），负荷中心集中在长株潭地区，负荷占比达45%以上，长株潭地区"十三五"期间用电负荷年均增速达10%以上，电源装机容量几乎不变，负荷中心的电力供应跟不上需求增长。

6. 风电、光伏新能源占比提升，但发电量占比仍然较低

近10年，风电、光伏新能源发展迅速，增长220倍，2020年达到电源总装机容量的18%，但发电量占比仍然较低，2020年，省内规模电企发电量1496亿千瓦时，其中，火电占56.9%，水电占36%，风电、光伏发电贡献电量7.1%。

二 湖南能源结构绿色低碳转型面临的挑战

1. "碳达峰碳中和"目标下能源结构绿色低碳转型压力将增大

随着国内绿色低碳能源发展政策的执行力度的进一步加大，政策倒逼效应将更加明显。可能性方面，新能源利用成本大幅降低。近十几年来，光伏成本降幅达到90%，2021年全面开启平价时代，风、光、水发电成本有望全面低于火电成本，市场竞争力将不断提升，实现可持续发展。必要性方

面，一是我国年度碳排放总量大。2019年，全球化石燃料使用以及工业活动产生的二氧化碳排放量368亿吨，其中，我国二氧化碳排放100亿吨，煤炭消费排放占73亿吨。同期，美国二氧化碳排放总量54亿吨、欧盟排放35亿吨，我国减碳工作已势在必行。二是对世界的郑重承诺。"碳达峰碳中和"目标是我国对全世界的郑重承诺，实现少排放或零排放是对人类的新贡献。三是我国进入高质量发展时期。我国经济社会发展正由高速发展向高质量发展转变，提高能源利用效率，节能减排，实现绿色发展是高质量发展的重要内容。四是森林等植被自然固碳减碳效果有限。以湖南为例，2020年，湖南森林覆盖率60%，已达到林业用地面积极限，远高于全国的23%，木材蓄积量6亿立方米，每年新增蓄积量可固定二氧化碳0.25亿~0.3亿吨，远低于湖南化石能源排出的近3亿吨二氧化碳。

2. 减碳与靠碳的矛盾更加凸显

一是从能源结构来看，"十四五"期间，湖南能源消费按年增长2.4%测算，每年至少增加430万吨标准煤消费，相当于140亿千瓦时的电量，是湖南2020年全部风、光电装机的总发电量，这仅是增量部分，还未涉及对存量煤炭消费的替代。减碳如果缺乏科学统筹，推进过猛，导致能源保障失衡，会对经济社会发展产生不利影响。二是从电源稳定性来看，水、风、光电稳定供给先天不足，需要储能设施配套，需要利用火电深度调峰、启停调峰。三是从风光资源潜力来看，湖南禀赋相对不优。湖南水电资源已开发95%以上，可开发风电资源量约1600万千瓦，已开发37%，太阳能资源属于四类地区，不利于开展大规模的光伏项目。目前光伏技术下，湖南光伏装机量已达可开发量的36%。在此情况下，如果煤炭及火电大规模退出，新能源增量不足以填补湖南经济社会发展对能源的巨大需求。

3. 能源对外依赖的状况难以根本改变

湖南可再生能源发展条件有限，即使未来实现绿电对煤炭的替代，但电源也会更多地依赖西北风、光电以及西南、长江的水电，能源的对外依赖会由对外煤依赖转变为对外电依赖，甚至自主性更差，依赖性更强。另外，在碳价格上涨和碳汇可交易的情况下，火电厂与风、光电厂相比，成本劣势更加明显，发电企业会收缩火电布局。遇到特殊极端情况，电力保供会比较困难，比如 2020 年底，天气寒冷导致的湖南电力供应紧张。

4. 能源系统面临全面转型要求

在"碳达峰碳中和"目标下，能源系统将发生深刻变化，根本特征就是以煤炭等化石能源为主的能源系统转变为以非化石能源为主的能源系统。其主要特征表现为：一是有充足的新能源资源开发潜力。可利用的水、风、光及地热等资源能支撑起对能源的需求，包括核能开发。二是电气化。电力将成为核心能源载体，以绿电形式来满足能源需求，在扩大绿电规模的前提下，经济和社会生活更多地转向使用电能。三是新型电力系统。新型电力系统将广泛互联、智能互动、灵活柔性、安全可控，实现新能源电源的电网友好和各类发电资源充分共享和互为备用。四是氢燃料等能源技术大规模利用。氢燃料可为难以直接用电能替代的传统高耗能行业用能提供解决方案，也是储能的重要载体。

5. 传统高耗能企业面临用能转型压力

一是能源替代成本较高。在碳排放交易市场上，碳价格会逐步提高，将提高企业生产成本，但推进煤改电和煤改气成本较高，使用天然气还有气荒风险。二是搁浅资产及重新投资压力。过去的设备不能再继续使用，除形成搁浅资产外，还需要增加新的设备投资。三是中小企业的生存压力。中小企业抗风险能力差，提升用能成本或限制用煤，会导致这些企业发展受限，产生一些经济社会问题。

三 政策建议

把握"碳达峰碳中和"目标的两步走精神，第一阶段，2030 年前，建立科学准确的碳排放核算体系，以节能降耗、控制煤炭消费为抓手，提高绿色能源使用量，逐步将化石能源的二氧化碳排放速率降为 0，力争在 2025 年前后实现"碳达峰"。第二阶段，2030～2060 年，碳达峰后，不断降低煤炭等化石能源使用量，加速推进能源结构的绿色低碳转型，完成非碳基的能源结构对传统的碳基能源结构的完全替代，实现"碳中和"目标。

1. 全方位推进减碳工作，尽早实现"碳达峰"目标

一是将节能作为当前减碳工作主要抓手。不断优化经济结构，加快战略性新兴产业及第三产业发展，控制新建高能耗、高排放产业项目，淘汰落后产能。建立能源消耗总量和强度双控制度，促进资源节约和集约循环利用，提升能源利用效率。发展绿色建筑和绿色低碳运输方式，推进节能的生产生活方式。二是推进高耗能行业的减碳工作。推进电力、钢铁、建材、电镀、石化、造纸等重点行业绿色转型，加快推动绿色低碳发展。研究和推广新的节能减碳和清洁生产技术，支持零碳示范创建。三是推动市场化的减碳进程。发挥即将运行的全国碳排放交易市场作用，推动省内重点行业企业入市交易，推动企业向绿色低碳转型。合理设计回报机制，借助市场各主体力量，提高参与方积极性，通过技术创新和市场化，降低成本，促使氢能、储热、储能、新能源汽车、动力电池等技术及产业化发展。四是加强生态环境保护。保持全省的高植被水平，努力增加森林等生态碳汇能力。

2. 实现能源的充足稳定低碳供给，满足全省经济社会高质量发展的能源需求

一是慎重对待煤电。煤电要逐步地退出，加快存量煤电机组的灵活性改造，逐步实现煤电由主体电源向调节性和应急备用电源转变，重视解决煤电企业的困难。二是控制煤炭消费总量。湖南碳排放增长速率已明显趋缓，要控制住煤炭消费总量，特别要抑制制造业中小企业煤炭消费上升的趋势。同时，避免降碳过猛，影响能源的充足稳定供应，影响经济社会发展。三是为"碳中和"做好充分准备。"碳达峰碳中和"目标关键在"碳中和"阶段，其核心是替代。需要不断降碳，实现能源体系的根本变化，建立非碳基的新能源供给体系。湖南要创造有利的条件，逐步推进有关的工作。

3. 因地制宜，大力提升风光等新能源的装机水平

一是要开发建设一批风光电新能源项目，提升风光发电的装机水平。在平价上网时代，根据全省新能源消纳预警结果，推进湘南南部、西南风电建设及洞庭湖区风能开发，重点发展分布式光伏，因地制宜建设林光互补、渔光互补、农光互补等地面光伏电站和屋顶光伏发电项目，未来十年省内风电、光伏规模双破千万千瓦。二是要加强储能建设。按照"新能源+储能"模式推进全省抽水蓄能和化学储能项目建设,充分利用已有储能项目建设成果,保证省内新能源安全并网及消纳。三是准备适时启动核电建设。要跟踪国家内陆地区核电建设政策动态,做好桃花江、小墨山、常德核电厂、龙门核电和常宁核电等核电厂址保护工作,适时启动相关工作。

4. 建设新型电力系统,保证电力系统的安全稳定运行

一是要推进建设新型电力系统。加快建设互联智能电网,将现代信息技术与电力技术深度融合,实现跨地区、跨领域各类发电资源充分共享和互为备用。提高电网灵活性水平,适应新能源发展要求,确保电网安全可控,有效防范系统故障和大面积停电风险。二是提升省外绿电利用规模。推进华中特高压交流环网建设、祁韶特高压直流满功率送电、雅江直流特高压工程满功率送电等省外绿电入湘工程和宁夏清洁电能入湘,确保三峡等省外绿电稳定供应,实现西北风、光电与西南、长江水电互济,不断提升省外绿电的消纳能力。三是推进电能替代工作。不断提升全社会用电比重,建设一批示范项目,在居民采暖、工农业生产制造、交通运输、电力供应与消费、家庭电气化等领域推广电能替代。巩固提升农村电网,实现农村从"用上电"向"用好电"转变。加快企事业单位、主要碳排放行业、产业园区的煤改电进程。

5. 加强对能源绿色低碳转型的支持力度,明确减碳工作进程

重视转型中的搁浅成本以及研发建投入,完善有利于绿色低碳发展的财税、价格、金融、土地、政府采购等政策,各方共同分担转型成本,推动前期光伏补贴到位。分行业分类型制定绿色转型规划,明确目标和进度,加强督查。

6. 加强绿色能源系统的科研力度,推进新能源科技及产业发展

依托中南大学、湖南大学、长沙理工大学等省内外高校、企业和科研机构,推进风电、光伏、储能、氢能、技术固碳、碳捕捉及利用和封存等新能源领域重要方向的科学研究和工艺技术进步,推进产业化应用,抓住能源系统绿色低碳转型的巨大商机,推动湖南有比较优势的风电装备、光伏装备、输配电装备产业发展。

B.28
碳达峰碳中和背景下推进湖南
绿色交通发展的对策建议

湖南省人民政府发展研究中心调研组*

摘　要： 2020 年，在第七十五届联合国大会上，我国向世界做出力争
2030 年前二氧化碳排放达到峰值，努力争取 2060 年前实现碳中
和的庄严承诺。交通运输是实现碳达峰碳中和的重要领域之一，
发展绿色交通是交通强国建设与生态文明建设相互促进的必然
选择。本报告认为，我省绿色交通发展取得一定成效，但要如
期实现碳达峰仍面临着挑战，建议下一步完善绿色交通政策体
系、健全资源要素保障机制，以"三个转变"（交通运输结构低
碳化转变、交通运输装备清洁化转变、出行方式绿色化转变）
为重点着力推动绿色交通高质量发展。

关键词： 碳达峰　绿色交通　湖南

　　2020 年，在第七十五届联合国大会上，我国向世界做出力争 2030 年前
二氧化碳排放达到峰值，努力争取 2060 年前实现碳中和的庄严承诺。交通
运输是实现碳达峰碳中和的重要领域之一，发展绿色交通是交通强国建设与
生态文明建设相互促进的必然选择。在深入调研的基础上，本报告认为，湖
南绿色交通发展取得一定成效，但要如期实现碳达峰仍面临着挑战和困难，

---

* 调研组组长：谈文胜，湖南省人民政府发展研究中心原党组书记、主任；副组长：唐宇文，
湖南省人民政府发展研究中心原党组副书记、副主任，现为湖南省政协研究室主任；成员：
唐文玉、罗会逸、田红旗、周亚兰。

建议下一步完善绿色交通政策体系、健全资源要素保障机制，以"三个转变"（交通运输结构低碳化转变、交通运输装备清洁化转变、出行方式绿色化转变）为重点着力推动绿色交通高质量发展。

一 湖南绿色交通发展取得的成效

近年来，湖南省交通运输领域严格落实节能减排、绿色发展等相关政策，交通领域绿色化水平显著提升。

1. 交通基础设施不断升级

加大投资和项目建设力度，《湖南省综合立体交通网规划（2021－2050年）》工作进度全国靠前，道路、航道、码头等级不断提升，为公众出行和道路运输提供便捷的同时，也为交通运输装备节能减排提供最基本的保证。高速公路2019年通车总里程为6802千米，比2015年增加1149千米，湖南省等级公路占里程比重由"十二五"末的90.13%上升了4.07%，到达94.2%。全省内河航道通航里程11968千米，等级航道4219千米，占总里程的35.3%；其中，三级及以上航道1139千米，占总里程的9.5%，二级、三级航道分别增加374千米和65千米，四级以下航道减少436千米。2019年全省千吨级泊位数112个，比2015年增长6个。岳阳港是交通运输部创建绿色港口主题性项目中全国唯一的内河港口，项目全部实施完成后将减少排放1.38万吨。

2. 交通运输方式不断绿化

出台了《湖南省推进运输结构调整三年行动计划实施方案》等政策，进一步推进多式联运，优化交通运输结构。客运交通持续向绿色运输方式倾斜，公路客运从"十二五"末的90.30%，下降至2019年的81.73%，同期铁路客运则从7.33%上涨至15.18%，水路客运占比也小幅上涨。建立了全省城乡客运车辆燃油消耗数据平台，营运汽车百吨·千米油耗"十三五"时期下降明显，2019年为1.81升/百吨·千米，比2015年下降29.84%。新能源汽车推广有亮点，印发了《湖南省新能源公交车推广应用实施方案》，从2017年开始，新增及更换公交车99%以上均为新能源及清洁能源

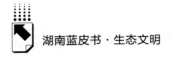

车辆，居全国第一。

3.城市交通绿化步伐不断加快

出台了《绿色出行行动计划（2019~2022年）》，构建轨道交通、公共交通、自行车、步行等多种形式齐全配套、相互衔接的城市公共交通体系绿色出行体系。湖南公共汽电运营线路2019年总里程为533千米，比2015年增加了159千米，增长幅度为42.5%，快速公交线路（BRT）增加了126.1千米。长沙市的公共汽电车线路网密度居全省第一，中心城区的公共交通站点500米覆盖率2017年即到达了100%；根据高德地图联合发布的2021年第一季度《中国主要城市交通分析报告》，长沙绿色出行意愿指数排名全国第三。城市公共绿道不断增加，《长沙市促进互联网租赁自行车规范发展的指导意见（试行）》等相关政策出台，共享单车规范有序发展，绿色慢行交通的出行模式得以实现并健康发展。

二 湖南交通领域碳达峰面临的形势

尽管湖南绿色交通发展取得显著成效，但2030年前要实现碳达峰仍面临着严峻挑战。

1.交通是碳排放的重点领域之一

联合国政府间气候变化专门委员会（IPCC）第五次评估报告显示，交通运输部门是第三大温室气体排放部门，仅次于能源供应部门和工业生产部门。根据中国碳核算数据库的有关数据，2018年，全国碳排放总量约96.21亿吨，湖南碳排放总量约3.05亿吨，其中能源生产及供应、非金属矿物制造、黑色金属冶炼及压延、交通分列排放量的前4位（见图1）。

2.道路运输是交通领域碳排放的主要部门

关于湖南不同交通方式的碳排放还没有官方的统计及测算，相关研究也较少。湖南交通领域碳排放结构与全国相比有一定的相似性，可根据全国情况类比了解。有研究表明，2018年，全国交通部门的碳排放量中，道路运输、铁路运输、水路运输和民航运输分别占比为73.5%、6.1%、8.9%和

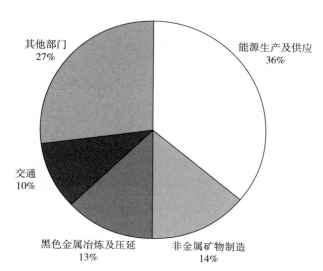

图1　2018年湖南省碳排放结构

资料来源：中国碳核算数据库。

11.5%，道路运输占比最高；汽油、柴油、电力和航空煤油在交通部门能源消耗中的占比分别为40.0%、46.1%、1.6%和12.3%，汽油和柴油产生的碳排放在相当一段时间内仍占主体，是未来交通领域深度脱碳面临的主要挑战（见图2）。

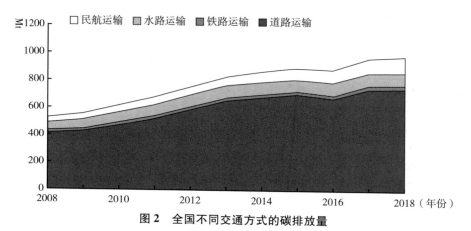

图2　全国不同交通方式的碳排放量

资料来源：网络文献。

3. 交通领域碳达峰面临较大压力

众多研究表明，交通部门能耗和碳排放仍将随着社会经济高速发展而快速增加。湖南交通领域碳排放约占碳排放总量的 10% 左右，并以年均 5% 的速度增长。

乘用车辆增长空间较大。2019 年，湖南私人汽车千人拥有量为 117 辆，低于全国的 161 辆，居全国第 23 位；长沙、株洲、湘潭 3 市私人汽车千人拥有量分别为 284 辆、128 辆和 126 辆，其他市、州私人汽车拥有量不高。此外，与发达国家对比看，美国、欧盟和日本交通碳达峰时千人乘用车保有量分别约为 845 辆、423 辆和 575 辆，湖南远低于饱和值水平；碳达峰时，美国、欧盟和日本交通碳排放在总排放中的占比分别达到 33%、25% 和 25%。

新能源汽车市场渗透率低。新能源、新技术的不断成熟和应用推广是交通领域碳达峰面临的主要机遇，随着相关政策的密集出台和产业的快速发展，新能源汽车推广取得了一定成效，但与实现碳达峰的要求比还有一定距离。2020 年，湖南新能源汽车市场渗透率为 1.18%，排在中部六省末位（见表 1）。有研究表明，要实现 2030 年交通领域碳达峰，新能源汽车的市场渗透率至少要达到 20% 左右。此外，尽管新能源汽车概念热炒，市场发展迅速，但由于续航、充电便捷性、安全性能等还不能满足使用需求，民众对于新能源汽车的发展总体持有支持但观望的态度，根据湖南省人民政府发展研究中心近期调查问卷，有 55.48% 的调查者未来计划购买传统燃油车。

表 1　2020 年中部六省的新能源汽车市场渗透率

区域	新能源汽车保有量(万辆)	市场渗透率(%)
河南	25.06	1.42
安徽	12.82	1.29
湖北	12.53	1.32
湖南	11.26	1.18
山西	10.1	1.33
江西	9.51	1.46

资料来源：车研咨询。

三 湖南绿色交通发展存在的主要问题

湖南绿色交通工作有一定基础，但在碳达峰碳中和背景下存在如下三个主要问题。

1. 工作机制仍不完善

一是缺顶层设计。目前全省碳达峰、碳中和的总体方案尚未出台，更不用提交通运输等行业领域的达峰方案。交通运输领域的绿色发展还没有形成普遍共识，导致部分地方和单位对绿色发展的重要性和紧迫性认识还不到位。二是统筹协调难。绿色交通牵涉范围广、涉及部门多，但部门间的联动不够，如新能源充电桩需要发改、质监、消防、气象和电网公司等多个部门和机构验收，但验收程序和标准并不一致。三是标准体系不完善，法规标准约束力不够，在管理上对绿色交通的发展缺乏相应的法规制度约束。四是监测统计体系尚未建立。交通运输活动环保节能统计、监测工作基础薄弱，缺乏有效的监测方法和平台，各种运输模式、装备的能耗和污染监测等数据缺乏较为科学、规范的采集。

2. 运输方式发展不均衡

湖南交通运输活动过度依赖道路运输，水路交通和轨道交通等绿色交通方式没有发挥应有优势，交通运输行业能耗和成本过高。湖南河网密布、水系发达，水系资源排名全国前列，但航道等级低，截至 2019 年底，全省三级及以上航道占通航总里程的 9.5%，低于全国平均水平（10.9%）；加上各运输方式之间的衔接不畅通，多式联运等现代化手段还没有充分应用，导致货运仍呈现道路交通一家独大的局面，并且"十三五"时期优势仍在扩大，2019 年公路运输货运量占比为 89.41%，比 2015 年增长 3.5 个百分点，而铁路和水路运输货运量则出现下降，货运周转量呈现类似情况。

3. 新能源新技术推广进程较慢

一是新能源汽车覆盖面待拓宽。截至 2020 年底，全省共有营运车辆 34.9 万辆，其中，公交车 3.22 万辆、出租车 3.56 万辆、营运客货车 28.12

万辆，公交车、出租车新能源和清洁燃料车辆占比分别为95.51%、79.27%，但受制于续航里程和使用成本等因素，营运客货车新能源和清洁燃料车辆占比仅为0.34%。二是新能源充电桩等基础设施建设不够，制约了新能源车辆的推广速度。总量不足，根据中国电动充电基础设施促进联盟发布的数据，截至2020年底，湖南公共充电桩的车桩比为6.07，与同为中部地区的湖北（3.75）和安徽（3.29）有较大差距。分布不均，长沙市充电桩数量占全省的比重约为60%，而其他地区发展相对缓慢。建设面临着"三难"：用地难，城市核心区土地资源紧张；接入难，用户侧电力设施、道路管线等改造难度大成本高；盈利难，场站投资大、运营成本高，充电桩利用率常年低于10%，行业普遍亏损。三是水运绿色发展较为缓慢。岸电设施方面，由于停靠时间短、手续烦琐，船主使用的积极性不高。液化天然气（LNG）应用方面，LNG动力的建设成本是同功率柴油动力的6倍左右，且载客量会减少20%，市场需求不足；此外，截至2021年底，湖南干流航道的LNG加注站还未建成一座。

四 碳达峰碳中和背景下进一步推动湖南绿色交通高质量发展的对策建议

下一阶段，要坚持目标导向、问题导向，建议以推动"三个转变"为主要抓手，尽快实现交通领域碳达峰，助力绿色交通高质量发展。

1. 完善绿色交通政策体系

一是加强顶层设计。建议参照河南等兄弟省份做法，组建湖南省碳达峰、碳中和工作领导小组，适时召开领导小组全体会议，对碳达峰、碳中和工作进行部署。尽快出台交通领域碳达峰、碳中和实施方案，明确时间表、路线图；健全部门综合协调机制，加强协同合作，推进方案实施。二是健全制度标准体系。制定与湖南客观条件相符合且切实能够促进全省绿色交通发展的地方性法规、规章，建立完善相关配套规章、标准和制度体系，参与建设国家的绿色交通标准体系。加快研究制定并推广基于全生命周期交通运输绿色技术评价标准。三是加快建立碳排放监测统计体系。建设全省交通运输行业能耗和碳排放监控平台，运用物联网、大数据等技术手段加强统计核算、标准计量、节能监察等业务能力建设，提高数据可靠性和可信度。建议加强市州和县市区能源监察队伍建设，增设能源统计和碳排放核算岗位。

2. 推动交通运输结构低碳化转变

构建绿色交通运输体系，优化交通运输结构，以推进大宗货物运输"公转铁、公转水"为主攻方向，提高铁路和水运的货运比例，推动多种运输方式平衡发展。一是提升航道等级，构建绿色水运体系。以洞庭湖为中心，对接长江黄金水道，提升"四水"尾闾航道等级。重点建设永州至衡阳千吨级航道、石澧航道、常鲇航道；以解决碍航闸坝、碍航桥梁等瓶颈为重点，提升高等级航道干支衔接和通畅水平。加强港口集疏运通道与产业集聚区的连接，强化港区与高等级公路、城市公共转运、疏港铁路等的衔接，打通港口集疏运"最后一千米"。二是补齐铁路专用线短板，优化升级铁路集疏运体系。铁路专用线是铁路网中的"毛细血管"，可实现铁路干线与重要港口、大型工矿企业、物流园区等的高效联通和无缝衔接。开展铁路专用线规划研究，加快研究推进城陵矶松阳湖、霞凝新港、华容煤炭储备基地、永州电厂等铁路专用线建设。积极推进铁路场站适货化改造，发展高铁快运。三是加快发展多式联运。充分利用长沙霞凝港、岳阳城陵矶港等公路、铁路和内河交汇聚集的优势，加强道路运输与铁路、水路组织衔接，重点发展集装箱铁路进港，实现与集装箱"水上巴士"无缝对接。

3. 推动交通运输装备清洁化转变

一是加大充电桩等基础设施建设的政策支持，加速新能源汽车的推广。出台充电桩建设运营管理办法。对物流通道、国省干道沿线等的公共充电桩，按照建设规模、成本等给予补贴。加强新能源汽车与电网（V2G）能量互动，开展 V2G 示范应用，统筹新能源汽车充放电、电力调度需求，综合运用峰谷电价、新能源汽车充电优惠等政策，降低新能源汽车用电成本。推动新能源汽车在城市配送、港口作业等领域应用，为新能源货车通行提供便利。二是严格控制车辆污染物排放。逐步执行国Ⅵ排放标准。严格执行机动车环保检验制度,确保机动车尾气符合国家排放标准。完善排放检测与维护制度(I/M 制度),控制机动车尾气污染。三是有序发展氢燃料电池汽车。借鉴苏州、成都等地经验,组建湖南省氢能产业创新联盟。依托株洲等地现有氢能及电控、电机、电堆"三电"技术与产业优势,支持开发装备制造及氢燃料电池汽车。开展氢能应用示范,开通示范运营公交线、有轨电车线路及园区物流线路。四是推进运输装备标准化建设。促进短途运输车辆向轻型、厢式、专用型和低耗发展,提高厢式车、集装箱车及专用车占营运车辆的比例。推广集装箱船舶,以发展集装箱专用船舶为主,并适当发展符合集装箱尺寸的大型散装多用船舶。积极开展港口岸电及内河 LNG 动力船舶的试点示范,加快干流航道 LNG 加注站建设。

4. 推动居民出行方式绿色化转变

一是推进"全域公交"建设。建立健全以"城市公共交通+自行车+步行"为主体的绿色出行系统,继续推进建设公交专用道、快速公交、城市轨道交通等公共交通系统,通过规划调控、线网优化、设施建设、信息服务等措施不断改善公共交通的通达性和便捷性,逐步提高县级及以上城市公共交通机动化出行的分担率。建设智能公交系统,推进"互联网+城市公交"发展,实现线路、到站信息查询全覆盖。二是营造绿色出行环境。以长株潭城市群为重点,加快慢行交通系统建设,将自行车等纳入城市交通规划中统筹考虑,实现非机动车与常规交通工具的良好换乘,提高出行效率。利用网络、报刊、公众号等媒体,多渠道、多方式宣传绿色交通发展的重要意义,开展绿色出行等多项主题活动,提高居民绿色出行意识。

5. 健全资源要素保障机制

一是加强科技支撑。强化科研单位、高校、企业等创新主体协同,以湖南亟须解决的绿色交通发展技术为重点开展联合攻关,推动科技成果转化与应用。加强智能充电、大功率充电、无线充电等新型充电技术研发。发展智能交通,基于汽车感知、交通管控、城市管理等信息,构建"人—车—路—云"多层数据融合与计算处理平台,开展特定场景的示范应用。二是加大资金支持。设立碳达峰、碳中和专项资金,加大交通运输领域节能增效、减污降碳等重大项目和试点示范工程的建设，建立激励奖补机制。采用PPP、BOT 等多种模式建设绿色交通项目，吸引社会资本参与，发挥企业资金、民间资本、外资等多种筹资渠道的作用。三是加强人才队伍建设。建立适应产业发展需要的人才培养机制，编制紧缺人才目录，优化汽车电动化、网联化、智能化领域学科布局，引导高校、科研院所、企业加大国际人才引进和培养力度。

B.29
河湖长制在洞庭湖区的有效实践

史海威*

摘　要： 洞庭湖在湖南水系中占有举足轻重的位置。近年来，洞庭湖区深入贯彻习近平生态文明思想，创造性贯彻落实河湖长制，采取坚持党的领导，加强顶层设计，强化政治监督，注重统筹配合，狠抓问题整改，聚焦治理重点，强化科技支撑，健全体制机制等一系列行之有效的举措，力保洞庭湖湖宁河畅。

关键词： 河湖长制　洞庭湖区　河湖治理

湖南地处长江中游，省内河网密布、河流众多，总体上形成了"一江一湖四水"的格局，共有5300多条5000米以上河流，1平方千米以上湖泊150多个，水库总量位居全国第一，总数占全国1/7。从某种意义上来说，湖湘文明的发展史，就是一部靠水而居、依水而生、得水而安、治水而兴的历史。

"洞庭天下水。"洞庭湖在湖南水系中占有举足轻重的位置，其北纳长江的松滋、太平、藕池、调弦四口来水，南面和西面接湘、资、沅、澧四水及汨罗江等小支流，由岳阳市城陵矶注入长江，是长江中游最大的调蓄型湖泊和唯一的洪道型湖泊。洞庭湖水系面积2691平方千米，湖盆周长803.2千米，总容积220亿立方米，其中天然湖泊容积178亿立方米，河道容积42亿立方米，河湖治理任务繁重，是湖南水情不可忽视的存在。"水可兴万

---

* 史海威，湖南省委改革办督察处处长。

利，亦可为大患。"1952 年，毛泽东亲自批准荆江分洪工程，打响了洞庭湖治理的前哨站。

"生态兴则文明兴，生态衰则文明衰。"水生态文明是生态文明的基础。近年来，湖南深入贯彻落实习近平生态文明思想和习近平总书记对湖南重要讲话重要指示批示精神，完整、准确、全面贯彻新发展理念，坚持"共抓大保护、不搞大开发"，以高度的政治责任感"守护好一江碧水"，正确面对管理任务重、存量问题多、污染面源大、利益牵涉广等复杂问题，创造性贯彻落实河湖长制，在理念思路、体制机制、方式方法、技术措施等方面探索创新，不断深化"一江一湖四水"系统联治，打好保护治理"组合拳"，着力推动河湖长制从"有名有实"向"有力有效"转变，全省水环境质量持续提升。特别是河湖长制在洞庭湖区取得显著成绩，环洞庭湖不少曾经的"臭水湖"，蝶变为水清岸绿的生态公园，再现了水草茂盛、鱼游虾戏、鸟戏湖面的场景，守住了洞庭湖区乃至湖南永续发展的根本。河湖长制在洞庭湖区的有效实践值得深入挖掘总结，归纳起来，主要是得益于推出了一批务实管用的改革举措。

一　坚持党的领导

加强党的领导既是政治任务、政治要求，也是推进工作的重要方法。全面推行河湖长制的核心举措就是抓党的领导，抓"关键少数"，湖南省委、省政府主动自加压力，有效传导压力，将责任压紧压实到各级党政主要负责人，解决好了"管什么""谁来管""怎么管"的问题。省级层面，率先在全国建立省、市、县、乡、村五级河湖长体系，湖南省委书记、省长任总河长，16 名省领导任省级河湖长，切实发挥河湖长履职的"头雁效应"；构建省、市、县、乡政府分管领导任河长办主任的工作体系，分管副省长担任省河长办主任，健全了组织架构；坚持五级河湖长一级抓一级、层层抓落实的工作格局，确保每条河流每个湖泊有人管、管得住、管得好；全面推行下级河湖长向上级河湖长述职制度，聚焦《河长湖长履职规范（试行）》和贯彻落实上级决策部署，每年至少开展一次述职，省河长办每年对述职情况进行督查评估，倒逼守水有责、管水担责、护水尽责。地方层面，大胆探索"党建+河湖长"工作模式，将党组织建在河湖上，构建起党委领导、政府主导、社会公众参与的现代化河湖治理体系。2019年，湖南省第6号"总河长令"直指大通湖流域综合治理，益阳市委自觉扛起主体责任，形成多级督查整改体系，实行"查、认、改、罚"闭环管理，29处智慧河湖监测设施实时紧盯重点区域。实践证明，只要河湖长制各方面全过程坚持和加强党的领导，就能确保河湖边的"责任牌"成为真正的"军令状"。

二 加强顶层设计

洞庭湖流域集聚了1000万以上人口、1000多万亩耕地、1000多家规模以上企业，污染面源广，治理难度大，必须坚持着眼长远，健全制度保障，加强统筹推进，让河湖治理不再是"一家事"，而是"大家事"。坚持立规定矩，研究制定"洞庭湖生态经济区国土空间规划（2020~2035年）"，健全河湖环境损害责任追究、生态补偿等制度机制，织牢生态环境"防护网"；修订《湖南省环境保护条例》，出台《湖南省洞庭湖保护条例》《湖南省河道采砂管理条例》等法律法规，为推进洞庭湖保护建设提供法治保障，让河湖治理于法有据、常治长治。做好顶层设计，按照国家"两湖"治理总体部署，确定洞庭湖系统治理"加固、扩容、疏浚、拦蓄"的基本思路，全面做好洞庭湖流域水安全保障顶层设计，实现由"九龙治水"到"共建共治"的转变。坚持和加强政府引导，2016年以来全省累计奖励资金超过2.24亿元，开展示范河湖、美丽河湖、"一乡一亮点"、水美"湘"村等比选活动，以点带面激发动力；制定《湖南省洞庭湖水环境综合治理规划实施方案（2018—2025年）》，储备、谋划和实施项目396个，总投资概算591.8亿元，以水治理撬动水生态、水产业、水经济、水文化，做活水文章，实现以水滋润乡村振兴、促进共同富裕。

三　强化政治监督

坚持监督检查，将纪委监委纳入河湖长制体系，省纪委书记任总督察长，负责湖南省河湖长制工作总督察。2019年以来，湖南省纪委监委每年连续组织开展"洞庭清波"专项行动，召集水利、生态环境、住建、农业农村等8家省直单位组成联席办，紧扣推进洞庭湖生态经济区绿色发展，强化履职担当，压实主体责任，狠抓河湖长制落实；深入开展洞庭湖生态环境专项整治，紧盯污染源头，加快整治水资源、水环境、水生态、水域岸线等方面存在的突出问题，形成河湖治理的强大震慑，畅通了河道，消除了阻水安全隐患。以高度的政治自觉抓好中央环保督察反馈问题整改，高效落实洞庭湖区下塞湖矮围整治要求，省、市、县三级政府8个部门协同作战，13天内全部拆除下塞湖矮围网围；同时，以下塞湖矮围整治为契机，全面开展洞庭湖矮围网围治理，6个月内拆除矮围网围472处，拆除堤长2800余千米，恢复自然连通124.5万亩，提高了洞庭湖蓄洪能力，相关做法得到习近平总书记肯定。河湖长制取得明显成效，一系列老大难问题得以解决，素有"洞庭湖之心"之称的大通湖重现碧波，超过10万只候鸟前来越冬，岳阳市东风湖13.3千米环湖绿道风景如画，柳叶湖畔诗墙画墙交相辉映。

四　注重统筹配合

河湖治理是一项系统工程，必须坚持一盘棋推动，岸上岸下一起管、上下左右联动管、相关部门协同管。坚持"河长+""部门+"，多部门会商研究洞庭湖"一湖一策"，制定洞庭湖湖长年度重点任务，明确洞庭湖总磷污染控制与削减的工作思路、治理要求及年度项目清单，并进行任务分解。湖南省河长办强化统筹协调，各地各部门密切配合，统筹推进入湖排污口排查、重点流域综合整治、河道采砂管理、禁捕退捕、水域岸线管理及河湖

"清四乱"常态化等工作，加强大通湖、华容河、珊珀湖等重点流域综合整治，实施"五结合"集中连片治理示范区建设，深入开展非法采砂、非法矮围等专项整治行动，确保洞庭湖治理年度重点工作如期完成。具体实施上，发改部门牵头推进水环境综合治理，生态环境部门负责饮用水水源地环境问题整治，住建部门负责乡镇污水处理设施建设，交通部门负责码头渡口整治，农业部门负责禁捕退补等工作。同时，注重发挥民间河湖长、环保志愿者监督的补充作用，营造了全社会共抓共管的良好氛围。

五　狠抓问题整改

坚持问题导向，洞庭湖区狠抓中央环保督察反馈问题、"洞庭清波"专项行动交办问题整改，依托卫星遥感、视频监控、手机 App、96322 举报电话等方式收集问题线索，以"靶向督查"确保整改精准有效。在全国率先创立"省总河长令"工作模式，2017 年以来湖南省委书记、省长共签发 7道"总河长令"，直指"僵尸船"、洞庭湖与湘江突出问题、河湖"四乱"（乱占、乱采、乱堆、乱建）等河湖顽疾，湖南省 5.1 万名河湖长闻令而动，交办整改问题 8 万余个，重点治理河湖 400 余条。建立重大问题"一单四制"制度，规范问题整改程序，实行问题闭环销号，提高问题处理效率。2021 年，水利部交办洞庭湖区问题 40 个，整改完成 36 个；湖南省总河长会议交办洞庭湖区问题 3 个，湖南省河长办交办洞庭湖区问题 37 个，整改完成 24 个，其余问题均在有序推进。水利部门牵头清理整治洞庭湖"四乱"问题 1700 个，完成 321 条河流和 154 个湖泊划界，开展采砂专项打击151 次，完成沟渠疏浚 1.99 万千米、塘坝清淤 3.72 万口，有力推进了洞庭湖区河湖"四乱"问题整改、水生态修复、水污染防治等工作落实。

六　聚焦治理重点

坚持突出重点，坚决打好碧水保护战，全力推进污染物总量减排、重点领域和流域综合治理。湖南省统筹安排 22.3 亿元支持洞庭湖区域污染治理，在洞庭湖区开展农药包装废弃物回收处置试点，推进河湖水系生态连通和沟塘渠坝清淤疏浚，基本实现"清水入湖、清流出湘"。扎实推进水生态修复，建立湿地保护网络体系，清退洞庭湖区自然保护区欧美黑杨 38.6 万亩，完成 65 万亩湿地修复，洞庭湖湿地生态修复区域植被覆盖率从 30% 提高到 95% 以上，湿生植被物种增加 7 种，鸟类数量逐年增加 2 万只，麋鹿数量明显增加，形成稳定的东洞庭湖亚群。着力加强水污染源头防治，完成洞庭湖区 94 家造纸企业制浆产能退出，开展规模畜禽养殖场标准改造，实现洞庭湖禁养区全面退养，开展工业园区污水处理设施专项排查，建设洞庭湖区 18 个船舶污染物岸上收集点，清理整治干流、重要支流和重点湖泊固废存量点位 64 处。常德市推行"政府主导、部门监管、公司经营"的河道砂石统一经营管理模式，既根除非法采砂，又反哺岸线复绿。

七　强化科技支撑

坚持科技赋能，围绕"科学技术攻关、卫星遥感监测、掌上智慧治水"目标精准施策，探索和切实依靠现代科技，为洞庭湖生态治理插上信息化翅膀，实现"人防+技防"的立体监管。通过遥感卫片解译、光谱分析、实地核查等方法，以半年为周期开展河湖水资源、水域岸线、国土空间开发、重大事件遥感应急等监测，运用无人机、视频监控等手段对河湖进行动态监控，为河湖管护提供技术支撑和信息服务。益阳市打造"智慧河湖"信息化平台，重点建设河湖管理与水旱灾害防御两个系统，充分利用中国铁塔的资源优势推进水利信息化，2020 年已建成市级指挥调度中心，搭建水利工程管理、水质在线监测等 11 项业务一体化监管平台，对益阳市重点水域 4000 平方千米进行可视化、智慧化全覆盖，通过运用智能识别、视频分析等手段，全面提升了河湖管理效能。

八 健全体制机制

坚持以制度建设为抓手，健全完善工作推进机制。省级层面，建立激励奖惩机制，印发激励支持实施办法，将河湖长制工作纳入对相关市州绩效评估和湖南省政府真抓实干激励事项，将河湖管护与生态环境责任追究机制有效融合；推进"区域+"，积极构建跨省界河湖管护合作格局，与湖北携手推进黄盖湖治理、建立华容河调弦口生态补水联动机制，推进跨省界河湖联防联控联治。地方积极探索，建立"两长两员"基层河湖管护机制，推进河湖长制与司法衔接，联合检察院建立"河（湖）长+检察长"协作机制，"河长+"内涵不断深化，提升河湖管护司法效能，形成了基层河湖管护责任全覆盖的河长、警长、办事员、保洁员工作体系，管护合力不断凝聚。同时，湖区各地充分发挥主动性，依据地方实际探索本土化治理措施，涌现出月报信息制度、村民公约制度、巡查制度等一批可复制可推广的创新经验和做法，推动河湖管护机制日趋健全，爱河护河蔚然成风。比如，岳阳市运用河长履职"提示函"制度，为河湖长安上"定时闹铃"。

习近平总书记强调，保护江河湖泊，事关人民群众福祉，事关中华民族长远发展。① 实施河湖长制是习近平生态文明思想的创新实践。立足新发展阶段，贯彻新发展理念，构建新发展格局，推动高质量发展，洞庭湖区必须深入贯彻习近平生态文明思想，领悟和把握"绿水青山就是金山银山"的深刻内涵，结合实际贯彻落实好河湖长制，把保护水生态环境贯穿于经济社会发展的始终，努力走出一条生态美、产业兴、百姓富的可持续发展之路，实现经济社会发展与人口、资源、环境相协调。

---

① 《习近平总书记主持召开中央全面深化改革领导小组第二十八次会议上发表的重要讲话》，2016 年 10 月 11 日。

参考文献

《习近平谈治国理政》（一、二、三卷），外文出版社。

《〈中共中央关于制定国民经济和社会发展第十四个五年规划和二〇三五年远景目标的建议〉辅导读本》，人民出版社，2020。

《中共湖南省委关于制定湖南省国民经济和社会发展第十四个五年规划和二〇三五年远景目标的建议》，https：//hn. rednet. cn/content/2020/12/12/8698809. html，2020 年 12 月 12 日。

中共中央办公厅、国务院办公厅印发《关于全面推行河长制的意见》，http：//www. gov. cn/zhengce/2016-12/11/content_ 5146628. htm，2016 年 12 月 11 日。

中共中央办公厅、国务院办公厅印发《关于在湖泊实施湖长制的意见》，http：//www. gov. cn/zhengce/2018-01/04/content_ 5253253. htm，2018 年 1 月 4 日。

《湖南省关于全面推行河长制的实施意见》，http：//www. hunan. gov. cn/hnyw/duanjuan/hezhangzhi0419/hzzcj20180419/201804/t20180420_ 4998011. html，2018 年 4 月 20 日。

《中共湖南省委办公厅、湖南省政府办公厅印发〈关于在全省湖泊实施湖长制的意见〉的通知》，http：//www. hunan. gov. cn/xxgk/wjk/swszfbgt/201808/t20180831_ 5086679. html，2018 年 4 月 30 日。

B.30
在水生态文明建设中守护好一江碧水[*]

尹亚鹏　刘解龙[**]

摘　要： 水是生命之源，也是文明之源，水生态文明建设是整个生态文明
建设大系统的重要组成部分，其核心是促进人水和谐。对于湖南
的水生态文明建设来说，守护好一江碧水具有特别重要的意义，
要将"守护好一江碧水"的本质内涵与广泛联系，贯彻落实到
各行各业之中，重视国家宏观层次指导意见的科学性与权威性，
健全和强化法律制度规划的体系化力量，坚持将水安全作为人水
和谐的根基与核心，加强智慧水利建设，深度发掘中华优秀传统
文化中的水文化。

关键词： 水生态文明　水安全　智慧水利

建设生态文明是关乎中华民族永续发展的根本大计，也是人类永续发展
的根本大计，既是关乎前途命运的根本战略问题，也是关乎全人类文明发展
的总体战略问题。将生态文明建设纳入中国特色社会主义现代化国家建设
"五位一体"总体布局之中，开辟了"生产发展、生活富裕、生态良好"的
文明发展道路，形成了人类文明发展的新模式新形态，增强了我国在百年未
有之大变局时代的独特竞争力。在迈向第二个一百年奋斗目标的进程中，我

---

[*] 本文系湖南省绿色经济研究基地 2021 年度项目"围绕水安全推进水生态文明建设研究"的
成果。

[**] 尹亚鹏，湖南省水利水电勘测设计规划研究总院工会副主席、高级政工师；刘解龙，长沙理
工大学二级教授，湖南省绿色经济研究基地首席专家，湖南省生态文明研究与促进会副会长
兼秘书长。

们要进一步学习贯彻好习近平生态文明思想，坚定加强生态文明建设战略定力，在新时代展现生态文明建设新作为。就湖南而言，要在建设美丽中国大潮中建设湖南美丽大花园，要将水生态文明建设作为整个生态文明建设的重要领域，在加强水生态文明建设中守护好一江碧水，巩固碧水保卫战成果，促进人水和谐，促进"一江一湖四水"呈现"江湖和谐"态势，确保河湖安澜复苏。

一　水生态文明建设是整体生态文明建设的独特内容

人是自然之子，水是生命之源。依水而居是人类文明发展的初始形态和主要方式，流域文明是中外文明发展的共同起点和基本特点，直到今天，水在人类生存和文明发展中的不可替代性和决定性作用依然无法改变，人类对水有着无所不在的生存依赖和无比深厚的独特感情。因此也可以说，水是人类的第一自然依靠，水与空气一样，须臾不可缺少，用之不觉，失之难存。只是，在自然界，水资源的总量是一个常数，水资源的分布是一种常态，无论具有怎样的特点，也是具有客观必然性的，难以充分满足人类不断发展的主观要求，人类文明的发展必须顺从顺应水的总量与分布这个客观要素。尽管人类通过自身的努力，对这种现象进行了一定范围和程度的改造，但终究是极其有限的。太过强求，不仅事倍功半，难免出现意想不到的状况，甚至会走向反面。因此，建设生态文明，是中华民族和全人类共同面临的永续发展的根本大计，必须将重点落实到水生态文明建设之上，扎实推进人水和谐。

从现实角度看，人水是否和谐所产生的影响是巨大的，几乎每年都可以感受到至少是听到洪水灾害带来的严重威胁。只是对于"和谐"的方面我们习以为常，对于"不和谐"的方面才印象深刻。1998年的洪水威胁令人记忆犹新，2021年河南省遭遇千年难遇突如其来的洪灾，损失惨重，令人心痛，也发人深省，加重了人们对"人水和谐"的担忧与期盼，也引发人们对水生态文明建设的进一步思考与认同。这也昭示和警示我们，水

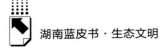

生态环境中存在的或潜在的问题有多么严重，加强水生态文明建设具有多么重要的意义。为人民提供良好的生态产品，良好的水生态产品当是重中之重。

人们一直认为，石油在工业化进程中具有血液一样的地位和功能，其实，水对于工业化来说，比石油更加重要，所以曾经的碧水蓝天在我国以工业化为主旋律的改革开放进程中受到极大挑战与损伤，我们也许不用夸大改革开放的"生态环境代价"，但水污染无疑是显而易见和令人痛惜的，忽视这种代价及其影响则是不负责任的。面对如此严重的水污染，如果不加以有效治理，不取得实质性系统性的治理成效，视而不见，掩盖丑陋，或将问题留给后人、留给未来，同样是不负责任的和软弱无能的，甚至经济社会发展的巨大成就也会因此在一定程度上"抵消"。由此可见，水污染相比大气污染和土壤污染来说，更加直接、更加敏感、更加深远，也正是因为水资源的重要性与水污染的敏感性，习近平总书记才在生态文明建设中如此重视水生态文明建设，我国在水污染治理中才采取了如此严厉举措，才取得如此明显的成效，因此，进一步坚持将水生态文明建设作为整体生态文明建设的独特内容。

二 一江碧水是湖南生态文明建设成效的首要标志

2018 年 4 月，习近平总书记在考察长江经济带到洞庭湖时，特别嘱咐湖南要"守护好一江碧水"。从此，"守护好一江碧水"就成为水生态文明建设的主要任务、核心内涵与生动表达。随着水生态文明建设的深入推进和长江经济带战略地位的提升，"守护好一江碧水"实际上扩展为"一江一湖四水"，这是湖南水系及其流域的生态文明建设一种形象生动的概括，"江湖和谐"也就成为湖南"一江碧水"的基本目标与"人水和谐"的主要内容，要将"守护好一江碧水"的本质内涵与广泛联系，贯彻落实到各行各业之中。

在工业化城市化进程中，生态环境中出现的问题是多种多样的，甚至是系统性的，但最为突出的问题无疑是水生态、水资源、水环境、水安全等问题，在工业化城市化进程中出现了饮水安全问题，这一问题出现了形态各异的错位现象，比如工业领域的水污染殃及农业的土壤和作物质量，城市范围的水污染殃及广大乡村。这不是进步，更不是文明，而是严重的退化与损害。我国物质财富越来越丰富，人们对于非物质财富的追求与期望也越来越多。在人与自然的关系上，人水关系上的变化特别明显和敏感。

在污染防治攻坚战中，相对于空气、土壤而言，水生态对于攻坚战的整体成效最具有代表性。因此可以说，以"碧水保卫战"为主题的水生态文明是整个污染防治攻坚战和生态文明建设的首要标志，而"守护好一江碧水"又是水生态文明建设从而是整个生态文明建设的核心领域。

众所周知，流域湖泊污染具有多方面的复杂性，普遍现象都是"问题在河里湖里，根子则在岸上"，而岸上的问题又是流域范围的工业发展与城市化发展，是流域的整个生态系统和谐性、稳定性问题。这是一个典型的具有"标本""因果"关系的问题，是"树木""森林"的关系问题。因此，单纯的"碧水保卫战"这样的行动，针对河流去"守护好一江碧水"，只看可见的"标"与"果"，忽视隐藏的"本"与"因"，是典型的"只见树木，不见森林"，是根本不可能解决问题和实现目标的。就湘江流域而言，湖南的经济与文化发展的主体力量和发展潜力大部分可纳入其"流域"范围之中，流域各市的经济社会发展，因湘江而"汇成一体"。

"岸上"的问题远比"水中"的问题要复杂，如果仅仅针对"水中"的问题展开治理，具有本末倒置的特点，必定事倍功半。因此，水生态文明建设具有比其他领域的生态文明建设更加广泛的关联度、复杂性和影响力，更需要协同配合。着眼"岸上"问题推进水生态文明建设，这既是一个大前提和大系统，也是一个大方案和大战略。"岸上"在问题实际上也是"地下"（土地）的问题和"天上"（气候）的问题，因此，我国的污染防治攻坚战，突出了"净土、碧水、蓝天"三大领域，从"固体、液体、气体"三种形态综合推进，系统治理和全面治理，抓住了事物的内在联系和根本特点。根据湖南"四水汇入一湖"的水系结构，"守护好一江碧水"，就是守护好整个流域生态，并协同推进整个流域的经济社会发展与生态环境形成和谐机制，创造共赢格局。

三　围绕"守护好一江碧水"提高水生态文明建设成效

水生态文明建设是一个庞大的复杂系统，这个大系统的各种要素、结构形态与运行机制，都是十分紧密而复杂的，突出"守护好一江碧水"这一主题主线，能够抓住水生态文明建设的要害与主要矛盾，提高水生态文明建设的针对性与有效性。

1.深入学习贯彻习近平总书记关于水生态文明建设的重要思想，加强水治理体系和治理能力建设

习近平总书记 2021 年 5 月 12~13 日在河南南阳考察，明确提出了水生态文明治理体系和治理能力建设的任务，提出了"节水优先、空间均衡、系统治理、两手发力"的新时期治水思路，强调"从观念、意识、措施等方面都要把节水放在优先位置"。一是要把水源区的生态环境保护工作作为重中之重，划出硬杠杠，坚定不移做好各项工作。二是要建立水资源刚性约束制度，严格用水总量控制，坚持以水定城、以水定地、以水定人、以水定产，合理规划人口、城市和产业发展，统筹生产、生活、生态用水，大力推进农业、工业、城镇等领域节水，坚定走绿色、可持续的高质量发展之路。三是要全面实行排污许可制，推进排污权、用能权、用水权、碳排放权市场化交易，建立健全风险管控机制。四是要增强全民节约意识、环保意识、生态意识，倡导简约适度、绿色低碳的生活方式，把建设美丽中国转化为全体人民的自觉行动。

关于水生态文明建设的这四个方面是一个严密的体系，彼此具有内在联系，涵盖了水生态文明建设的各个方面，可想而知，真正解决好这些问题，全面完成好这些任务，既不是轻而易举之事，也不是一朝一夕之事，而是一项充满长期性、复杂性、艰难性的系统工程。只有保持足够坚定的水生态文明建设的战略定力，才能不断解决长期积累起来的各种问题，才能取得水生态文明建设的新成就,完成好"守护好一江碧水"的战略任务才有明确方向和系统保障。

2. 重视国家宏观层次指导意见的科学性与权威性

建设水生态文明既是攻坚战,也是持久战。2018年6月,《中共中央 国务院关于全面加强生态环境保护坚决打好污染防治攻坚战的意见》出台,三年目标完成后,又于2021年11月,出台了《中共中央 国务院关于深入打好污染防治攻坚战的意见》(以下简称《意见》),《意见》中的指导思想是:深入贯彻习近平生态文明思想,坚持以人民为中心的发展思想,立足新发展阶段,完整、准确、全面贯彻新发展理念,构建新发展格局,以实现减污降碳协同增效为总抓手,以改善生态环境质量为核心,以精准治污、科学治污、依法治污为工作方针,统筹污染治理、生态保护、应对气候变化,保持力度、延伸深度、拓宽广度,以更高标准打好蓝天、碧水、净土保卫战,以高水平保护推动高质量发展、创造高品质生活,努力建设人与自然和谐共生的美丽中国。这个"指导思想"非常符合围绕"守护好一江碧水"推进水生态文明建设的要求,需要深入体会与贯彻落实。《意见》提出了新的目标,即到2025年,生态环境持续改善,主要污染物排放总量持续下降,其中地表水Ⅰ-Ⅲ类水体比例达到85%,近岸海域水质优良(一、二类)比例达到79%左右,生态系统质量和稳定性持续提升,生态环境治理体系更加完善,生态文明建设实现新进步。由于第一个污染防治攻坚战取得胜利,说明党中央的决策科学、措施有效,污染防治攻坚战进入"深入"阶段,这是我国这一攻坚战的2.0版本,仍然要将《意见》落实好,不打折扣,不搞形式,认真彻底,持之以恒。

3. 健全和强化法律制度规划的体系化力量

习近平总书记说:只有实行最严格的制度、最严密的法治,才能为生态文明建设提供可靠保障。① 制度化法治化是生态文明建设、生态环境保护、环境污染治理的必由之路和最佳方式。湖南一直十分重视法律制度在水污染

---

① 《习近平总书记在十八届中央政治局第六次集体学习时的讲话》,2013年5月24日。

治理、水生态保护、水生态文明建设中的引导和规范的强制性与权威性。2012年9月27日，湖南省第十一届人民代表大会常务委员会第三十一次会议通过了《湖南省湘江保护条例》，该《条例》自2013年4月1日起施行。这是我国首部关于江河流域保护的综合性地方法规。后来，湖南省人民政府办公厅相继印发了《统筹推进"一湖四水"生态环境综合整治总体方案（2018—2020年）》《湖南省湘江保护和治理第三个"三年行动计划"（2019—2021年）实施方案》，2021年3月1日施行的《中华人民共和国长江保护法》是我国第一部流域法律，湖南省于2021年5月出台了《湖南省洞庭湖保护条例》，2021年8月，湖南省水利厅、湖南省发改委联合印发了《湖南省"十四五"水安全保障规划》。与"十三五"规划叫"水利发展规划"不同，"十四五"期间的《规划》突出了"水安全保障"这一新主题，也更加具有针对性，2022年1月，湖南省水利厅和省发改委发布《湖南省"十四五"节水型社会建设规划》，湖南省水利厅印发《湖南省"十四五"水资源配置及供水规划》，到2025年全省用水总量控制在355亿立方米以内，新增工程供水能力10亿立方米。这是湖南省水利厅确定的"一个总规、两项支撑、若干专题"的"十四五"水安全保障规划体系的组成部分。由此可见，湖南在近十年来的水污染防治、水生态保护，逐渐形成了水生态文明建设的法律制度体系。避免"规章冲突""规划打架"等现象，增强法律制度政策和规划的针对性与有效性。这不仅要求各项法律制度都要严抓落实，而且要将各个方面的法律制度和规划协同好，形成体系化的法律制度规划力量。

重视法律制度规划等要素的体系化力量，特别要将河湖长制坚持好、完善好。河湖长制是我国河流湖泊污染治理、水生态环境管理实践中的一项重大创新，得到党中央的高度重视。2016年12月，中共中央办公厅、国务院办公厅印发了《关于全面推行河长制的意见》，2017年2月，中共湖南省委办公厅、湖南省人民政府办公厅印发了《关于全面推行河长制的实施意见》，2018年1月，中共中央办公厅、国务院办公厅印发了《关于在湖泊实施湖长制的指导意见》，紧接着，2018年4月，中共湖南省委办公厅、湖南省人民政府办公厅印发了《关于在全省湖泊实施湖长制的意见》，从中央到地方，严格落实河湖长制度。这一源于基层实践的制度创新，非常符合我国国情的实际与特点，发挥了巨大作用，产生了深远影响，还将在我国水生态文明建设中发挥不可替代的重要作用，继续成为"守护好一江碧水"的"独门法器"。湖南在实施河湖长制度的进程中，坚持流域与行政区域相结合，全面建立省、市、县、乡四级河长体系；强化河湖管理保护责任，创新河湖管理保护机制；实施山水林田湖草沙系统治理，四水协同、江湖联动，有效修复和恢复河湖生态功能；加快实现"水系完整、水量保障、水质良好、河流畅通、生物多样、岸线优美"的目标，为湖南水生态文明建设和"守护好一江碧水"提供坚实的由制度保障带动的系统保障。由于河湖生态问题具有流域性，2021年7月，中共湖南省委办公厅、湖南省人民政府办公厅印发了《关于全面推行林长制的实施意见》，促进了水生态文明建设的法律制度体系建设，更好体现"山水林田湖草沙"的生态系统相关性与治理保护的整体协同性。

4. 坚持将水安全作为人水和谐的根基与核心

在工业化城市化发展进程中，水资源分布与供给主要由大自然决定的特性，同人类生产与生活越来越集中，水需求、水消耗、水污染等越来越大和越来越集中的现实，产生越来越尖锐的人水矛盾。人与水的矛盾升级出现水安全问题，是人类必须正视和应对的可持续发展问题。在2000年斯德哥尔摩举行的水讨论会上，水安全一词开始出现。这是一个全新的概念，属于非传统安全的范畴。所以，对水安全一词至今无普遍公认定义，大致的观点是指，在一定流域或区域内，水资源、水生态和水环境持续支撑经济社会发展规模与结构的能力，能够维护人水关系处于基本和谐的状态，否则就面临水安全威胁。需要特别提及的是，在我国，要特别重视广大乡村饮水安全问题。在全面推进乡村振兴进程中，不仅要将生态振兴作为基础性、战略性工程，还要将以水安全、人水和谐的水生态建设作为核心内容和主要标志。

就自然的角度来说，与其他省份相比，湖南省的水资源总量和人均拥有量均占优，具有良好的水资源基础，但由于水资源分布空间不均和降水时间分布不均的客观现实，长期以来一直面临着防洪减灾压力大、饮用水保障不足等现实问题。这些问题构成了水安全的重点领域，是水生态文明建设的重点。解决这一重点问题并不是要从根本上改变由大自然决定的客观现实，而是根据这一客观现实，安排好经济社会发展各个领域各个环节的"水保障"问题，主动而有远见地实现人水和谐。在整个湖南水系结构上，"一江一湖四水"的"江湖"格局不仅指的是水生态系统的状况，实际上几乎就是地理上的全湖南，也是经济社会文化科技发展的主体区域，人水和谐，"守护好一江碧水"的水生态文明建设，就要特别重视具有独特意义的"江湖和谐"，实现"潇湘安澜"。

5. 加强智慧水利建设

随着新的科技革命与产业变革，在全社会各行各业的发展中，信息化、数字化产生了越来越强大的影响，数字经济发展越来越受到重视，建设人水和谐的水生态文明，需要加强智慧水利建设工作。一般而言，智慧水利建设，要突出构建智慧水利体系，以流域为单元提升水情测报和智能调度能力，突出智慧水利要以流域为单元实施，体现了水资源管理的流域特征，流域全覆盖，有利于水资源管理更好实现数字化、智能化、精细化，立足于水旱灾害防御方面的能力提升，着重加强感知能力建设和决策支持系统建设两方面。根据水利部部长李国英的观点，智慧水利建设要着重于感知能力（自动监测能力）建设和决策支持系统建设。感知监测能力上，要通过高分辨率航天、航空遥感技术和地面水文监测技术的有机结合，推进建立流域洪水"空天地"一体化监测系统，提高流域洪水监测体系的覆盖度、密度和精度。要优化山洪灾害监测站网布局，将雷达纳入雨量常规监测范畴。加强监测体系建设，优化行政区界断面、取退水口、地下水等监测站网布局，实现对水量、水位、流量、水质等全要素的实时在线监测，提升信息捕捉和感知能力。决策支持系统建设，各流域管理机构都要下功夫建设数字流域，要动态掌握并及时更新流域区域水资源总量、实际用水量等信息，在此基础上开展防洪调度预演，为防洪调度指挥提供科学的决策支持。通过智慧化模拟，进行水资源管理与调配预演，并对用水限额、生态流量等红线指标进行预报、预警，提前规避风险、制定预案，为推进水资源集约安全利用提供智慧化决策支持。

显而易见，智慧水利建设目的，不仅在思想理念上奉行人水和谐，而且要落实到具体的现实过程之中，所以，在智慧水利建设中，要以"守护好一江碧水"为主题主线，通过先进科技手段，将导致河湖水污染的各种污染物及其污染方式和途径全面摸清，建立模拟的"河湖污染图"或"河湖污染系统"，让智慧水利成为新时代"守护好一江碧水"的最新"法器"，是推进水生态文明建设的现代科技保障。

6. 深度发掘中华优秀传统文化中的水文化

水生态文明建设不仅要重视从文化角度增强保障和促进力量，而且要从我国长期积淀的优秀传统文化中汲取营养，将深厚的水文化发掘出来，在中华民族从站起来向富起来和强起来阶段迈进的今天，加强文化建设，增强文化自信具有特别重要的意义。我国在几千年的农耕文明发展中，非常重视天人合一，对水生态的利与害都感受深刻，因此，对于水生态一直十分重视，并由此形成了独特的水文化。上善若水，是最具有代表性和影响力的思想。一句"上善若水，水利万物而不争"，我们往往只重视这一思想对于价值的影响，忽视了其中关于水安全的内涵与价值。从水安全与人类生存发展的关系来说，"上善若水"显然包含了"要将水安全作为上策"的思想。如果不注重水安全的善，就算不上是上善，如果不尊重和敬畏"水利万物而不争"，出现"与水相争"的思维与行为，其结果往往就会是"不利万物"，在水面前，人类斗不过大自然力量。

加强水生态文明建设，突出"守护好一江碧水"的核心内容与主要标志，不仅仅是水利系统、生态环境系统的事情。既然水是生命之源，那么，我们全社会就更加要像习近平总书记说的那样，像爱护眼睛那样爱惜生态环境，像珍惜生命那样保护生态环境。如果连生命的本源与源头都不重视不珍惜，那还谈什么爱惜生命，还谈什么敬畏自然、敬畏生态？因此，加强水文化建设，领悟水生态文明建设意义，加大水生态文明建设力度，严格水生态

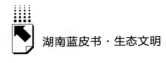

文明建设责任，提升水生态文明建设成效，都是爱惜生命、敬畏自然的具体内容和基本要求。

参考文献

习近平：《论坚持人与自然和谐共生》，中央文献出版社，2022。

中共中央、国务院：《关于深入打好污染防治攻坚战的意见》，2021年11月2日。

李国英：《深化党领导水利事业的规律性认识 奋力推动新阶段水利高质量发展》，《学习时报》2022年3月11日。

李国英：《心怀"国之大者"扎实推进新阶段水利高质量发展》，《人民网》2021年3月22日。

《湖南省"十四五"节水型社会建设规划》，2022年1月。

B.31
长沙创建国际湿地城市状况调研与对策措施[*]

傅晓华　傅泽鼎　方迎春[**]

摘　要： 湿地与森林、海洋并列为地球上三大生态系统。一座城市的湿地资源是其重要生态基础和品牌名片。长沙是中国南方具有典型意义的"山水洲城"，具备创建国际湿地城市的基础与潜质。针对当前长沙市湿地资源被挤占、湿地质量有待提升和管理条块分割现状，需要从建立健全政策法规，统一管理和加大基础建设等方面下功夫。

关键词： 长沙　湿地保护　湿地城市

湿地是地球上三大生态之一，人类生态安全体系的重要组成部分，被誉为"地球之肾"，是人类繁衍、生存和发展的淡水之源、生态之基。新时代以来，长沙以"两山论"为指导，践行"山水林田湖草沙生命共同体"理念，推行因地制宜的湿地保护与修复政策，取得良好效果。截至2021年，长沙湿地面积增加为4.34万公顷，市内六区湿地率达到11.36%，实现全市湿地保护率为76.66%。长沙基本具备创建国际湿地城市的基础和条件，应努力争取成功申报国际湿地城市，提升长沙市"山水洲城"的品牌形象。

---

[*] 本文为长沙市科协决策咨询研究项目"长沙创建国际湿地城市的对策研究"（kt2019-01-07）的后续研究。

[**] 傅晓华，中南林业科技大学生态环境管理与评估中心主任，教授；傅泽鼎，长沙理工大学水利与环境工程学院硕士研究生；方迎春，湖南凯迪工程科技有限公司总裁。

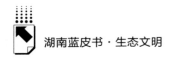
一 长沙创建国际湿地城市的重大意义与现实基础

1. 湿地是重要的生态基础

城市湿地与人类家园密切相关，不但具有丰富的资源，还具有巨大的环境调节、景观美化等功能，是一座城市品位的重要象征。鉴于城市与生态环境之间的关系日益紧密，国际上也更加强调地方政府在生物多样性保护中发挥更重要作用，尤其在城市生态方面更是高度重视，生态城市、园林城市、湿地城市等都对生物多样性有严格要求。《生物多样性公约》秘书处等国际组织基于城市与生物、生态的关系共同组建了"全球城市与生物多样性伙伴关系组织"，提出开展国际湿地城市认证的条件与程序。1992年，中国响应国际号召，为保护和恢复湿地加入《湿地公约》。2018年10月，《湿地公约》第13次缔约方大会上，海口、哈尔滨、东营、常熟、常德、银川6座国内城市获得全球首批国际湿地城市认证提名并得以通过。截至2021年底，全球一共有18座城市被认证为国际湿地城市。

2. 国际湿地城市是生态城市名片

自国际湿地城市开展认证以来，通过认证的城市常常被认定为国际上通用的生态城市奖项。创建国际湿地城市是落实湖南省委、省政府提出的"'一湖四水'生态优先、绿色发展"战略的有力举措，是打造湖南省委、省政府"一号重点工程"的亮丽名片。习近平总书记考察长江经济带提出了"共抓大保护，不搞大开发"的时代号召，长株潭城市群是长江经济带的着力点，必须在城市湿地生态保护方面要求规格高、分量重、含金量足。

3. 长沙创建国际湿地城市有良好条件

国际湿地城市认证提名和评定程序是十分严谨的，评价指标体系包括4大类（含15项具体指标）都是严格的量化分值制。其中湿地资源本底和所依托重要湿地是最基本的硬件，保护管理条例和科普宣教与志愿者制度是最基本的保障条件。对照4大类指标体系，长沙创建国际湿地城市有基础、有优势。2013年长沙成为全国首批水生态文明建设试点城市，2014年被评为全国节水型社会建设示范城市，2018 年荣获全省首个"国家水生态文明城市"。长沙创建国际湿地城市优势基础主要有五个方面。

（1）有东洞庭湖和西洞庭湖国际重要湿地在长沙附近，有千龙湖、金洲湖、松雅湖、浏阳河、洋湖五处国家重要湿地位于城市内或其周边，能够为长沙提供一系列湿地生态系统服务。

（2）已采取措施保护各级各类湿地及包括生物多样性、水文完整性、景观功能等在内的生态系统服务，恢复湿地面积 6300 多亩，湿地水体库容达到 12.5 万立方米、调蓄量达到 25 万立方米，城市湿地生态系统服务功能得到显著提升。

（3）实施"河长制"，推进河湖联通，推进湘江、浏阳河、圭塘河等贯穿市内重点河流综合治理和湿地修复工作，完成靳江河、龙王港、开慧河等 28 条小河流和 10 个生态清洁型小流域的湿地保护工作，基本上都完成了滨水风光走廊的建设，开慧河水清景美，被国家作为清洁型小流域治理的经验推广示范区。

（4）不断完善湿地保护与恢复的政策与规划，已颁发《湖南省长沙市"一江六河"绿色生态屏障建设总体规划（2017~2021 年）》《长沙市湿地保护总体规划（2017—2030 年）》等规划方案并实施。

（5）建成国家级湿地公园 5 个、省级湿地公园 1 个、中南地区最大的湿地科普馆 1 个。

二　长沙创建国际湿地城市面临的主要问题

长沙在快速城市化和工业化进程中，和全国大多数城市一样，吞噬和破坏了不少的湿地资源，导致水环境破坏、湿地资源萎缩和管理制度有待健全等问题。

1. 湿地过度挤占或改造导致资源萎缩和功能衰退

长沙城市化和长株潭一体化的快速推进，挤占了一些湿地资源；公众对湿地资源的生态价值和社会效益的认识不够，导致湿地资源管保不力，部分小型河流、排灌水系和渔场等小微湿地遭到人为破坏；部分湿地因经济利益大肆开发房地产或过分改造湿地形态结构，湿地面积缩小或湿地功能遭破坏；非法乱捕滥猎导致鱼类、鸟类、蛙蛇等生物资源急剧减少，非法取水挖沙等导致水域生态环境恶化。上述种种是长沙湿地资源的难以逆转的伤痛，湿地面积或功能严重衰退。

2. 水环境破坏和外来生物入侵导致湿地生态系统受损

长沙市每天有大量工业废水和生活污水排放到河流中，加上城乡接合部的化肥农药等面源污染，导致原有生境与湿地所承担的生态功能逐步减退，经常导致形成黑臭水体，亟须治理。同时，外来入侵物种威胁长沙湿地生态系统也是目前的严峻问题。在城市河道景观改造与亲水广场建设中，引进大量外来物种，有些外引物种对湿地生态系统的物质循环、能量流动和信息传递造成生态链巨大改变，相当一部分外来物种还是明显优势物种，物种入侵极大改变长沙市湿地生态系统适应性与耦合性，进而破坏原有的湿地生态平衡。

3. 缺失专门湿地管理机构和政策法规体系

湿地由基质、水域、生物等资源要素构成的生态系统，不同资源涉及自然资源、农业农村、林业、水利和生态环境等管理部门，目前长沙市没有统一的专门的湿地管理机构。现有自然资源部门土地分类中尚无"湿地"，导致湿地建设、保护与管理尚无明显类别依托。湿地保护尚未形成地方立法保障体系，不同行政部门的文件和地方性法规对湿地概念和范围的表述各不相同。林业等部门颁布的部门规章对湿地有相对明确界定，但很难协调各相关部门基于部门利益对湿地的各种需求，导致湿地保护与城市化用地、旅游开发与防洪设施建设、水资源调配与地下水开采、围垦等存在诸多冲突。公众参与湿地保护管理也还缺乏相应的法律制度保障，渠道不畅通。

4. 检测体系不完善与基础工作较薄弱

城市发展需要更多的建筑用地，耕地、林地、水域、河道又有严格保护要求，湿地就成了城市发展挤占的"唐僧肉"。现有监控与监测设备陈旧，方法与手段简单落后，没形成完整的监控体系。监控对象仅局限于湿地大类型、面积的湿地调查。监测主要科目局限于水文特征、水质状况与关键物种等个别指标，并非基于湿地保护与恢复进行监控。科研和宣传教育等基础性工作滞后。对湿地的结构、功能、演替规律等缺乏系统和深入研究。湿地文化贫瘠，宣传滞后，导致公共参与意识比较弱，非政府组织的宣传教育比较活跃，但影响力不够，层次也较低。

三　长沙创建国际湿地城市的发展目标及对策建议

创建国际湿地城市是一项中长期工程，应该从短期和中期目标加以规划和寻求对策措施。短期以湿地面积达标为目标，以增加湿地面积和湿地保护率为主，力争湿地面积在三年内（2025 年）达到 12% 以上。增加面积的主要措施在于退耕还湿、新建湿地自然保护区、湿地公园等，基本形成长沙市湿地保护的完整体系框架和统一管理。中长期要对长沙市湿地保护进行科学规划，实现布局合理与管理协同，湿地稳定发展与可持续利用。到 2030 年，长沙市湿地保有量达到 6 万公顷，湿地率提升至 15%，湿地保护率提高至80% 以上，主城区成为真正具有国际品质的国际湿地城市，成为全国湿地保护和管理的示范区。对此，特提出如下对策建议。

（一）健全湿地保护政策、划定红线与分级分类管理

1. 健全湿地保护政策

2019 年，以地方条例形式出台了《长沙市湿地保护条例》，长沙市湿地保护与恢复、合理开发与利用有了地方法规依据，在此基础上制定《长沙市湿地保护与修复实施方案》《长沙市关于健全生态保护补偿机制的实施意见》。自此，长沙市启动了湿地生态补偿机制，对生态红线内湿地实行目录管理。在自然保护区、湿地公园等逐步启动"一区一法"工作，建议制定与完善《长沙市湿地公园管理办法》《长沙市湿地公园管理评价制度》等管理法规。

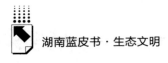

2. 划定湿地生态保护红线

重点加强自然湿地及重要湿地保护和修复工作，建议将湿地类型的自然保护区和各级各类湿地公园的保育区、恢复区纳入红线范围，全过程监控。结合河流综合整治，把河流重要湿地纳入河长制管辖，列入管辖清单，进行年度考核并向社会公布。

3. 建立湿地分级管理体系

坚持全面监管和分级保护的基本原则，利用大数据和智慧管理，将市辖区内所有湿地纳入监管范围，分级分类管辖。除国家重要湿地外（国家认证），根据湿地特征与功能将长沙市湿地划分为省级重要湿地、市级重要湿地、县（区）级湿地和一般湿地，分别建立湿地名录，实行全市湿地动态管理。

（二）成立湿地保护与管理的专门机构

1. 长沙市林业局设立专门的湿地管理处

市级以上重要湿地设立专门管理机构，根据湿地面积和功能配置专职管理人员和专业技术人员，县（区）级湿地和一般湿地配置专职巡查人员，由县（区）林业局开展湿地保护管理工作。专门人员使用专门经费，开展日行管理、动态监测评估和生态预警工作。强化责任落实，层层签订责任状。确保湿地面积不减少，湿地保护率稳步提升，湿地项目建设合法合规，湿地生态系统逐年改善。

2. 湿地管理处下设湿地监控与评估机构

该机构设立专职人员进行全市湿地实地踏勘，每季度确保 1 次以上。对湿地数据测定分析、整理存档，对长沙市湿地环境、生物生境等监测对象的分布、状态、动态变化等建立监测的长期数据库。为预测、预警和制定防治对策、修复措施提供科学依据。

（三）建立健全湿地利用的投入机制和生态补偿机制

1. 探索社会参与湿地保护的投入机制

湿地公园既是生态功能区，又是景观与市民休闲区，具备景区商业经营功能，实际上也是湿地开发利用的有效途径。鼓励公众参与湿地公园的商业经营与管理，部分商业体采取市场化模式进行委托经营、租赁经营、承包经营等方式，引入社会资本。组建湿地公益基金，以此建成全国可示范的可复制的湿地社会公益型保护项目。

2. 健全湿地经营的生态补偿机制

湿地生态补偿制度的前提是需明确湿地权属与湿地性质，以此为基础设计湿地利用、保护与规划等在内的经济平衡制度。湿地资源所有权与使用权尽管可以分离，但必须将湿地资源的保护、开发利用和监管活动纳入长沙市统一管理的大数据平台，尤其是涉及湿地资源的专项权益和相邻权益，包括捕捞权、取水权等其他项权利必须严格监控。根据长沙湿地特征和分布状况，可率先在省级重要湿地团头湖和国家湿地公园千龙湖、金洲湖、松雅湖、浏阳河（试点）和洋湖（试点）开展生态效益补偿试点。

3. 建立多中心治理与管护的长效机制

探索建立有效的政府与市场相结合，社会参与机制，促进生态补偿在湿地综合治理中发挥自主治理能力。构建"政府主导、社会参与、多元治理"多中心、网络化管理格局，实现分级保护、分而治之、协同治理的善治局面。完善准入机制、退出机制、监督机制、补偿机制等管理系统架构，树立多元利益目标，确立多主体参与的权责清单。

（四）加强湿地建设和修复的工程项目

1. 排查并修复可能恢复的湿地

清查湿地被侵占或荒废的原因，有明确责任主体湿地资源，必须制定恢复方案与明确时间节点，包括退耕还湿、退耕（养）还滩、禁牧封育等原地修复或异地开发等量湿地资源。对于破碎化严重但能改造成集中连片的自然湿地资源，应在保障其功能不退化的前提下制定改造或综合整治方案，多措并举增加市辖区内湿地面积。

2. 改善和提质湿地功能

编制湿地自然保护区、湿地公园的保护规划和修复工程方案，加强基础设施建设和湿地生态功能建设，提高保护管理水平。强化落实湿地水资源生态平衡，增强植被自然恢复能力和生物链修复能力。提质湿地生态生境与景观功能，从提升生物多样性和湿地服务功能上保障长沙市湿地生态系统可持续发展。

3. 推进重点河湖湿地综合治理

开展现状详查和编制综合修复方案，加强对市区河流和滩涂湿地的修复与综合治理。应采取自然恢复为主、人工修复为辅的方式，不能以营造"风光带"形象过于改造河流。综合治理要尊重河流与湿地自然规律，多建"跳跃式"的小微湿地，杜绝一味地"改弯取直"和"推凸填平"等违背湿地规律的改造措施，以免导致湿地功能退化，有损长沙"山水洲城"形象。

4. 实施退耕还湿和退耕还林工程

重点针对滨湖地带，湘江、浏阳河等两岸临河地带，结合新建湿地公园建设实施退耕还湿，发挥湿地的生态屏障作用（见表1）。加强湘江、浏阳河、捞刀河等河流流域的生态公益林的建设与养护，加大退耕还林力度，大力发展水土保持林、水源涵养林。以退耕还林、改造坡耕地为重点，坚持生物措施、工程措施和农业措施并举，加强湿地恢复与修复（见表2）。

表1　长沙退耕还湿工程规划

单位：公顷

市（区）	建设规模	分阶段实施安排	
		2017~2022 年	2023~2030 年
合计	5200.0	4295.0	905.0
浏阳市	1075.0	305.0	770.0
望城区	1250.0	1250.0	—
长沙县	350.0	265.0	85.0
天心区	25.0	25.0	—
开福区	600.0	600.0	—
宁乡市	1900.0	1850.0	50.0

资料来源：《长沙市湿地保护总体规划（2017—2030）》。

表2　湿地恢复与修复工程建设内容规划

序号	建设项目	规模（公顷）	建设地点
1	水生植物生态系统恢复	1200.0	湘江长沙段、浏阳河、捞刀河、圭塘河、龙王港、沩水河、八曲河、马桥河、沙河、团结水库、洞阳水库、横山头水库、黄材水库、清江水库、梅溪湖、年嘉湖、松雅湖、千龙湖、玉赤河、老八曲河、白泉河、尖山湖等
2	野生动植物栖息地恢复	2000.0	团头湖、千龙湖、洋湖垸、松雅湖、千龙湖、金洲湖、浏阳河等国家级湿地公园及捞刀河、沩水、浏阳河等地
3	退耕还湿示范工程	5200.0	浏阳市、望城区、长沙县、天心区、开福区、宁乡市

资料来源：《长沙市湿地保护总体规划（2017—2030）》。

（五）加强宣传教育形成湿地保护合力

1. 高科技介入线上宣传

既要利用互联网、移动媒体和电视等传统方式，更要引入高科技手段加强湿地科普宣传，增强公众对湿地功能和湿地保护的理解，宣传国家到省市层面的湿地保护法律法规。通过影像资料和文字材料以及身边的湿地故事，为线上宣传报道提供第一手真实素材。

2. 网格化布局线下宣传

结合世界湿地日、爱鸟护鸟周、植树节、世界环境日等特殊有典型意义的时间点，开展湿地"三进"活动，即进社区、进乡村、进家庭，营造全民保护湿地、爱护湿地、拥护创建国际湿地城市的氛围。

3. 建设湿地科普宣教中心

除现有的洋湖科普宣教中心外，建议在一些大型湿地公园和湿地自然保护区建设湿地科普宣教中心。科普宣教中心形式可灵活多样，但湿地科普宗旨不能偏离。适当开展湿地观光游，开发湿地低碳体验游、湿地文化体验游等。

4. 激励公众参与

优化常规性公众参与渠道，建立健全长株潭城市群生态环境信访制度，奖励公众参与，完善生态环境听证制度，增加公众参与名额与项目；在随机性公众参与方面，建立信息公开制度，包括政府对湿地信息公开，企业环境披露等，从而加强舆论监督和促进企业履行保护湿地的社会责任。

（六）加强基础建设与合理利用湿地资源

1. 保护湿地公园旅游景区的生态环境

结合湿地公园旅游景区的特征与经营需要，构建旅游开发与经营的全过程监测平台和预警体系。明确景区环境容量，实时监控湿地生态旅游景区的人流与经营状况；监测水质、水体、大气和噪音等各项环境质量指标，确保湿地公园在达到国家优化等级状态下经营。

2. 完善基础设施建设适当开展生态旅游

依托乡村振兴、全域旅游等发展战略，结合湿地生态不同区域特色、不同的功能定位，开展自助农庄型、科研考查型、风景游览型、休闲娱乐型等多元化发展之路（见表3）。

表3 长沙市湿地可持续利用建设内容规划

序号	建设项目	建设地点
1	湿地公园式旅游开发	苏托垸、苏蓼垸、枨冲、马桥河、团头湖
2	农家乐体验式旅游开发	长沙周边郊区、浏阳市、宁乡市、长沙县
3	科研考查式旅游开发	湘江、龙王港、大泽湖、捞刀河、八曲河、解放垸
4	城市休闲式旅游开发	浏阳河、靳江河、沩水河、圭塘河、马桥河

资料来源：综合长沙市林业局咨询和实地调研资料整理。

参考文献

徐运源、董晓明：《推动长沙高质量发展，科技工作者献出"金点子"》，《长沙晚报》2019年11月11日。

张海燕、刘智狄：《生态旅游景区环境教育对游客行为的影响研究——以长沙洋湖湿地公园为例》，《湖南理工学院学报》（自然科学版）2020年第2期。

颜梦玲：《用绿色绘就发展底色——长沙市推进绿色发展纪实》，《林业与生态》2019 年第 12 期。

韦宝玉、周月桂：《2019 湿地使者行动在长沙启动》，《林业与生态》2019 年第 8 期。

熊佩、杨柳青：《关于长沙公园绿地的景观评价——以省植物园、洋湖湿地公园、橘子洲公园为例》，《南方农机》2018 年第 10 期。

尹晓敏：《城市湿地公园中乡土景观元素的运用——以湖南长沙解放垸湿地公园为例》，《现代装饰（理论）》2016 年第 3 期。

何丽芳：《生态文明视角下的城市湿地保护与利用——以长沙市为例》，《湖南林业科技》2013 年第 5 期。

戈蕾、宋平：《长沙市创建国际湿地城市的可行性分析及对策》，《陕西林业科技》2021 年第 1 期。

张华、贾恩睿、方奕袭等：《海口国际湿地城市的经验与启示》，《湿地科学与管理》2019 年第 11 期。

B.32
基于"三生"空间视角的城市群
国土空间利用质量评价

——长株潭城市群的实证研究

沈彦　张伟娜*

摘　要： 国土空间作为区域经济社会高质量发展和生态文明建设的重要载体，其利用质量的好坏与利用效率的高低，是新时期优化国土空间布局亟须研究的重要课题。本文在生态文明建设背景下，以绿色发展为目标导向，在借鉴已有相关研究成果的基础上，从生产空间、生活空间和生态空间的现实状态和对区域经济社会发展的综合保障与支撑能力方面构建国土空间利用质量综合评价指标体系，综合运用熵值法确定权重和耦合协调度模型，对长株潭城市群2010~2019年国土空间利用质量和耦合协调度进行综合评价与分析，以指导区域国土空间可持续利用、高质量发展。结果表明：长株潭城市群整体上国土"三生"空间利用质量的整体耦合协调度不高，各市层面的国土空间利用质量综合评价指数出现明显的区域时空分异特征。基于区域国土空间高质量发展视角，提出应加快推进长株潭城市群一体化、集约化、适度化、绿色化、创新化、重点化发展的措施建议。

关键词： 国土空间利用质量　长株潭城市群　"三生"空间

---

* 沈彦，湖南省国土资源规划院高级工程师；张伟娜，湖南省国土资源规划院所长、高级工程师。

当前，我国正进入生态文明建设新时期，以大城市为核心的都市圈和城市群是中国城市化下半场的主旋律，是未来城市空间的主要形态，是中国未来发展的引擎和国际竞争的关键。国土空间作为区域经济社会高质量发展和生态文明建设的重要载体，按照"生产空间集约高效、生活空间宜居适度、生态空间山清水秀"的总体要求，应控制开发强度，优化国土空间布局，形成"三生"空间合理格局。但改革开放40多年来，随着我国工业化、城镇化的快速发展，我国国土空间开发很不均衡，国土空间利用质量不高，严重阻碍了区域经济社会的可持续和高质量发展。① 可见，如何优化国土空间开发格局，实现区域生产、生活和生态空间融合协调，是当前极为重要的研究课题。目前国内对国土空间利用质量评价多侧重于以单一的国土要素来进行研究，较少通过构建系统的指标体系，从"三生"空间综合视角来全面而系统地评价不同尺度的国土空间利用质量状况。因此，本文从多元角度出发，以生产、生活、生态国土空间利用质量的综合评价模型为研究重点，以长株潭城市群三市为研究区域，更为精准地评价区域国土空间利用质量状况的好坏以及耦合协调程度的高低，对科学优化城市群及三市国土空间布局有指导作用。

一　国土空间利用质量及其评价的内涵界定

国土空间在地理学界的各类研究中具有非常重要的意义，常被作为基本的研究对象。从微观尺度来看，"三生"空间能比较明晰的进行划分和界定，但从宏观的区域层面来看，"三生"空间是融合在一起，同时具备三种空间的功能，即具有复合功能，不易清晰的进行划定。国土空间利用质量，简单来说，就是人们对国土空间利用的好坏程度，表象在于利用的过程与结果。学界对其概念没有明确的界定，在学者们当前研究的基础上，国土空间利用质量可界定为是在不同的发展阶段，人类为了达到一定的目的，依据国

---

① 刘欢、邓宏兵、李小帆：《长江经济带人口城镇化与土地城镇化协调发展时空差异研究》，《中国人口·资源与环境》2016年第5期。

土空间的自然属性及其规律，通过各类实践活动，产生并形成国土空间结构、功能、布局、强度等方面的综合结果，以及对区域经济社会发展与自然生态保护的综合保障与支撑能力。因此，生态文明建设背景下的高质量发展区域理应是生产、生活和生态"三生"功能的有机结合体，其"三生"空间组合应体现全方位、多层次的交融耦合，三者间的正向反馈机制促进生产、生活和生态空间不断调整优化，从而实现国土"三生"空间优质耦合协调发展①（见图1）。据此，具有主观性、客观性、综合性和持续性等属性特征的国土空间利用质量评价，就是人类为了达到某一特定目的，在实践活动过程中对国土空间即生产空间、生活空间和生态空间的利用状况的好坏与利用效率的高低等进行系统全面诊断分析的过程，以促进区域经济社会生态和谐统一，保障区域高质量发展。

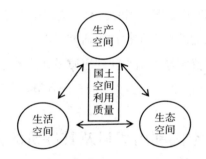

图1　国土"三生"空间组织的交互耦合关系

二　研究区域与评价方法

（一）研究区域

长株潭城市群地处我国中南部核心区位，是连接成渝、长三角、京津冀

---

①　李秋颖、方创琳、王少剑：《中国省级国土空间利用质量评价：基于"三生"空间视角》，《地域研究与开发》2016年第5期。

及粤港澳的"米"字形高铁枢纽之心，我国南方地区重要的"十字"枢纽，长江经济带、京广经济带、泛珠三角经济区的接合部，是长江中游城市群重要组成部分，在全国国土空间发展格局中具有重要的战略地位。湖南省统计公报显示，2010年长株潭地区生产总值0.68万亿元，2019年，该城市群地区生产总值1.68万亿元，10年增加1万亿元，占全省GDP四成，是湖南省经济最活跃的区域。该城市群的长沙、株洲、湘潭三市建成区沿湘江呈"品"字形分布，内部空间紧凑，根据国务院批复的《长江中游城市群发展规划》和湖南省委、省政府关于推进长株潭城市群一体化发展战略目标要求，该城市群将是未来中国经济发展新增长极、中部崛起新高地、全国城市群一体化发展示范区和"两型"社会建设典型示范区。近10年来，随着该区域工业化、城镇化快速发展，经济社会发展突飞猛进，但在国土空间开发利用过程中，生产空间、生活空间、生态空间之间的矛盾与冲突也日益突出。为促进该区域国土空间高效率利用，经济高质量发展，空间治理现代化，亟待解决这些突出问题。

（二）资料来源

本文研究所采用数据主要来自2010~2019年的《中国城市统计年鉴》、《中国城市建设统计年鉴》、《湖南统计年鉴》以及长株潭三市统计年鉴等，个别年鉴缺乏的数据采用相应年份的国民经济社会发展公报和发改、生态环境等相关部门的数据并进行相应的处理。

1.评价方法

（1）构建国土空间利用质量评价（TQI）指标体系

为了全面客观准确的评价区域国土空间利用质量状态，本文力求筛选出能反映国土空间利用的关键性指标。因此，在已有学者们的研究基础上，根据国土空间利用质量的内涵，遵循可比性、可量化、可获取、可行性原则，从"三生"空间各内部功能要素之间的作用机理出发，结合长株潭城市群实际情况，并综合相关专家的意见和建议，构建了由生产空间利用质量（PTQI）、生活空间利用质量（LTQI）和生态空间利用质量（ETQI）3个层面，每个层面均选取具有代表性的 8 个核心指标（X、Y、Z），共 24 个指标组成的国土空间利用质量评价体系①②③，详见表 1。

表 1　国土空间利用质量（TQI）评价指标体系及指标权重

目标层	准则层	权重	指标层	权重	单位	指标属性
国土空间利用质量评价（TQI）	生产空间利用质量（PTQI）	0.3302	X₁地均地区生产总值	0.0402	万元/千米²	+
			X₂地均社会固定资产投资额	0.0349	万元/千米²	+
			X₃地均社会消费品零售额	0.0245	万元/千米²	+
			X₄地均二、三产业产值	0.0250	万元/千米²	+
			X₅地均实际利用外资	0.0246	万元/千米²	+
			X₆耕地面积一产增加值	0.0223	万元/千米²	+
			X₇有效灌溉指数	0.0302	%	+
			X₈万元地区生产总值能耗	0.0263	吨标准煤	−
	生活空间利用质量（LTQI）	0.3345	Y₁人均居住面积	0.0522	平方米	+
			Y₂城市人口密度	0.0233	人/千米²	−
			Y₃人均道路面积	0.0548	平方米	+
			Y₄每万人拥有医院、卫生院床位数	0.0265	张	+
			Y₅人均财政收入	0.0421	元	+
			Y₆地均单位从业人员	0.0289	人/千米²	+
			Y₇互联网普及率	0.0251	%	+
			Y₈社会保险覆盖率	0.0510	%	+
	生态空间利用质量（ETQI）	0.3353	Z₁森林覆盖率	0.1029	%	+
			Z₂建成区绿地覆盖率	0.0891	%	+
			Z₃城市人均公共绿地面积	0.0802	平方米	+
			Z₄工业废水排放量	0.0202	万吨	−
			Z₅工业废气排放量	0.0217	吨	−
			Z₆工业固体废物综合利用率	0.0373	%	+
			Z₇生活垃圾无公害化处理率	0.0481	%	+
			Z₈空气质量达标率	0.0686	%	+

注："+"表示正向指标，值越大越优；"−"表示负向指标，值越小越优。

---

① 张景鑫:《基于"三生空间"的区域国土空间利用质量及耦合协调度评价——以苏南城市群为例》,《农业科学研究》2017 年第 3 期。
② 方创琳、王德利:《中国城市化发展质量的综合测度与提升路径》,《地理研究》2011 年第 11 期。
③ 孔宇、甄峰、张姗琪等:《基于多源数据的国土空间高质量利用评价思路》,《中国土地科学》2020 年第 5 期。

2. 确定国土"三生"空间耦合协调度评价模型

为了权重的客观性与合理性，较好的排除各项指标功能价值的重复计算和人为主观因素的影响，本文通过采用熵值法进行计算得到 24 项指标的权重，熵值越高，对国土空间利用质量评价的影响越大。另外，为客观分析生产空间、生活空间和生态空间利用质量的协同融合关系，仅以耦合度无法客观评价国土"三生"空间相互作用的实际水平。本文通过分析国土生产空间、生活空间和生态空间三者功能之间相互作用的关系强弱与优劣程度，构建耦合协调度模型对区域国土空间利用质量综合协调发展水平的高低进行评价①②。

$$TQI = \alpha \times PTQI + \beta \times LTQI + \gamma \times ETQI = \sum_{i=1}^{8} \alpha_i (PTQI)_i + \sum_{i=1}^{8} \beta_i (LTQI)_i + \sum_{i=1}^{8} \gamma_i (ETQI)_i$$

$$V = TQI = V_1 + V_2 + V_3, V_1 = \alpha \times PTQI, V_2 = \beta \times LTQI, V_3 = \gamma \times ETQI$$

其中，式中 V、V_1、V_2、V_3 分别是国土空间利用质量（TQI）、生产空间利用质量（$PTQI$）、生活空间利用质量（$LTQI$）和生态空间利用质量（$ETQI$）的作用分值，α、β、γ 分别是 $PTQI$、$LTQI$、$ETQI$ 相对应的权重值，且 $\alpha + \beta + \gamma = 1$。

$$K = \{(V_1 \times V_2 \times V_3) / [(V_1 + V_2) \times (V_1 + V_3) \times (V_2 + V_3)]\}^{1/3}$$

$$D = \sqrt{V \times K}$$

上述式中，K 为耦合度，D 为耦合协调度。

三 实证研究结果与分析

通过上述 TQI 指标体系先对长株潭城市群三市的生产空间、生活空间和生态空间利用质量进行综合评价，再构建耦合协调度评价模型，测算出三市耦合协调度水平，从而分析 2010~2019 年长株潭城市群国土空间利用分布特征。

---

① 林佳、宋戈、张莹：《国土空间系统"三生"功能协同演化机制研究——以阜新市为例》，《中国土地科学》2019 年第 4 期。

② 张雪松、徐梓津：《少数民族聚集区"三生空间"功能耦合协调度时空演变及与人类活动强度关系——以贵州省少数民族自治州为例》，《水土保持研究》2021 年第 6 期。

1. 国土"三生"空间综合利用质量时空动态变化特征

（1）国土生产功能的时空动态特征

从长株潭城市群三市国土生产空间利用质量时空动态变化情况可以看出，长株潭城市群国土生产空间利用质量的评价数值整体呈现上升态势，但三市生产空间利用质量具有明显的地域差异，株洲的国土生产空间质量评价结果数值最高，表明株洲市相对于长沙、湘潭，主要是其一、二、三产业用地结构较合理，生产效率较高，一、二、三产业结构的层次分配较为合理，在新产业、新业态方面具有较高优势，产业结构高级化发展趋势较为明显。长沙的生产空间利用质量评价结果次之，湘潭最低，主要原因是两市的耕地面积、一产增加值和有效灌溉指数等评价指标存在一定的差距，尤其是长沙市，尽管一、二、三产业产值增值明显，但10年间建设占用耕地的面积较大，生产空间利用质量并未有明显的提升，湘潭市则由于一、二、三产业结构不够合理，各类生产要素的利用效率和科技创新对经济发展贡献率不高，其与长沙、株洲两市的生产空间利用质量差距较大。

（2）国土生活功能的时空动态特征

从长株潭城市群三市国土生活空间利用质量时空动态变化情况来看，总体上长株潭城市群在研究期内的国土生活空间利用质量呈上升趋势，其中，长沙的国土生活空间利用质量评价数值最高，其次是株洲和湘潭。这与各地的经济发展水平、产业结构比重、基础设施水平、公共服务设施、人口集聚度等因素有直接关系。长沙作为省会城市，在城市群三市中的经济发展水平是最高的，人口聚集度高，第三产业比重也较高，能提供较为便捷和多样化的生活服务。湘潭是我国"一五"时期重点建设的工业城市之一，传统的产业结构和粗放的经济发展方式，以及对资源的依赖性高等因素，加上人口外流现象严重，甚至出现了负增长的现象，2010~2019年减少了近10万人，严重阻碍了湘潭的经济社会高质量发展，致使生活空间利用质量整体不高。

（3）国土生态功能的时空动态特征

从长株潭城市群三市国土生态空间利用质量时空动态变化情况来看，株洲、长沙国土生态空间利用质量比湘潭高，这主要取决于各市的森林覆盖率、建成区公共绿地率、人均公共绿地面积以及林地、水体等生态用地面积等指标差异。

（4）国土"三生"空间综合利用质量时空动态变化

长株潭城市群国土空间综合利用质量不仅从时序上有一定的演变规律，而且从空间上也有明显的分布特征。从 2010～2019 年的发展阶段来看，长株潭城市群国土空间利用质量整体上处于波动上升的趋势。从"十二五"时期以来，随着三市各级政府对区域资源环境承载力的认知越来越强，尤其是重视长株潭"绿心"地区的保护，国土空间开发利用过程中各类资源消耗大、生态环境恶化等现象得到改善，提升了资源利用效率，推动了产业转型升级，各地国土空间利用质量不断提高。从单个城市来看，由图 2 的时序演变趋势可见，三市在 2012～2013 年均出现下降态势，而长沙市在 2014～2015 年还出现了一次明显的下降趋势，主要因为建设占用林地、耕地比重较大导致。株洲市在 2014～2019 年，国土空间利用质量的数值增长较快，且明显优于长沙和湘潭两市，这主要取决于株洲市国土"三生"空间利用质量较好，可见该市从 2015 年以来，在提高区域资源环境承载能力、产业转型以及土地节约集约利用等方面取得了较大成效。

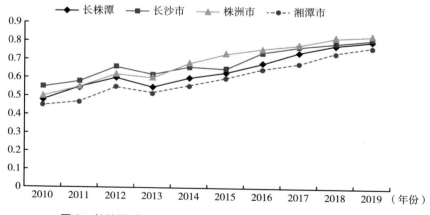

图 2　长株潭城市群国土空间综合利用耦合协调度时空变化

2.国土"三生"空间利用耦合协调度时空动态变化

在学者们已有研究成果的基础上,通过构建国土"三生"空间利用耦合协调度模型,借鉴对耦合协调度划分类型的界定,本文将其划分为高耦合协调、较高耦合协调、中度耦合协调、较低耦合协调和低耦合协调五类,对应的分值区间分别为0.8~1、0.6~0.8(不含0.8)、0.4~0.6(不含0.6)、0.2~0.4(不含0.4)、0~0.2(不含0.2),见表2。

表2 耦合协调度类型分级

耦合协调等级	高耦合协调	较高耦合协调	中度耦合协调	较低耦合协调	低耦合协调
数值	0.8~1	0.6~0.8	0.4~0.6	0.2~0.4	0~0.2

根据以上国土空间利用耦合协调度模型计算2009~2018年长株潭城市群"三生"空间利用的耦合协调度(见表3)。从整体来看,十年间长株潭城市群国土空间利用耦合协调度波动较为明显。2012~2013年虽有小幅明显下降趋势,但之后六年协调度稳步上升至较高等级。

表3 长株潭城市群国土"三生"空间利用耦合协调度类型

类型(市州)	2010年	2014年	2019年
优质协调	—	—	长沙市、株洲市
良好协调	—	长沙市、株洲市	湘潭市
基本协调	长沙市、株洲市、湘潭市	湘潭市	—
不协调	—	—	—

从3个城市的总体情况对比来看,三市虽然都处于上升趋势,但湘潭市耦合协调度一直低于长沙市和株洲市,而株洲市变化幅度明显,从0.68提高到0.83。研究初期,三市都处于中度协调区间,从2012~2015年长沙出现两次下降态势,之后三年持续上升并临近高协调水平,株洲在2013年出现了一次下降后,持续五年逐步上升至高协调区间,湘潭市则在2009~2014

年一直处于中度协调区间，2015～2019年虽然一直保持上升态势，但是仍未提升至高协调级别。

四　结论与建议

（一）结论

通过对长株潭城市群国土空间利用质量以及"三生"空间耦合协调度的评价分析，可见长株潭城市群国土空间利用质量不高，存在较为明显的空间分异特征，从单个城市来看，长沙、株洲两市优于湘潭。随着长株潭城市群一体化进程不断加快推进，"三生"空间也逐渐在改善优化，但仍存在生产空间质量低下、生活空间粗放低效、生态空间污染萎缩等问题。因此，在空间治理体系现代化新要求背景下，应建立科学的国土空间规划体系，合理划定"三线"，推进城镇集聚集约发展，高效配置人口等各类经济社会资源要素，统筹调控各类空间需求，加强城市及区域间协作，构建生活、生产和生态协调有序的空间新格局。本文基于空间功能构建国土"三生"空间利用质量评价模型，对长株潭城市群生产空间、生活空间和生态空间的利用状态、效率等进行了综合利用质量的测度，虽然指标数量、数据获得性等限制因素对国土空间利用质量评价有一定的影响，但是本研究方法对于不同类型国土空间利用质量评价以及区域差异分析有一定的参考与借鉴意义，对区域国土空间合理开发利用具有指导作用。

（二）建议

1.注重区域一体化发展

作为长株潭城市群首位城市，长沙要充分发挥区域中心城市的引领示范作用，强化辐射聚散功能，着力提升要素集聚、智能制造、创新创意、交通物流、高端服务能力，加快把长沙建成国家中心城市的步伐，提升国际影响力、竞争力。加快培育城市群内株洲、湘潭新的增长极作用，从加强统筹规划、融合布局考虑，最大限度优化城市群资源配置，推动长沙、株洲、湘潭三市"互补融合"，并通过城际连接带促进整个城市群国土空间一体化发展。

2. 注重区域集约化发展

在符合国土空间规划前提下，深入推进城镇低效用地再开发，推动土地复合开发利用、用途合理转换，促进城镇生产空间、生活空间、生态空间有机融合。调整产业用地空间布局，以供地结构优化引导产业结构调整，转变经济发展方式，促进园区向城镇集中，企业向园区集中。积极探索新产业、新业态发展供地模式。因村制宜、精准编制村庄规划，落实上位规划确定的生态保护红线、永久基本农田保护线等各类控制线，积极开展乡村地区全域国土空间综合整治与生态修复，优化村庄用地布局，严控乡村建设用地空间增长。

3. 注重区域适度化发展

人地关系和谐是实现城市群可持续发展的基础和保障。坚持底线思维，科学划定区域内城镇开发边界和永久基本农田保护边界，正确处理并协调好土地城镇化、人口城镇化、产业城镇化和社会城镇化的关系，保持城市群城镇空间适度的发展速度、建设规模和集聚程度，通过刚弹结合，实现城市群开发与保护的双向管控，引导城镇生产、生活空间理性扩张，优化国土空间布局形态，促进节约集约用地，实现精明增长，形成合理的国土空间开发格局。

4. 注重区域绿色化发展

坚持生态优先、绿色发展，深入推进大生态建设，科学引导城市群生态保护、利用与建设，加快建设生态安全屏障，发挥城镇周边农业空间生态服务、休闲游憩、美化景观等绿色功能，拓展城镇绿色生态空间，建立高效生态、低碳环保的绿色产业体系，构建以长株潭城市群绿心地区为核心，省级以上自然保护区、风景名胜区、森林公园、重要湿地为节点的生态格局，构建山水林田湖"生命共同体"，开展绿量动态监测评估，有效发挥生态绿核保护和创新发展窗口的双重作用，助推城市群形成生态环境质量整体提升、生态功能更加完善、生态格局更加安全、生态服务更加高效的复合生态系统。

5. 注重区域创新化发展

在国家建立国土空间规划体系的统一部署下，做好"双评价"等基础性工作，认真编制长株潭城市群区域内各级国土空间规划，重点考虑整个城市群协调发展，统筹布局生活空间、生产空间和生态空间，优化区域国土空间开发利用方式，加强资源高效利用，提升国土空间品质，建立国土空间基础信息平台，开展规划全生命周期管理，实现人口、经济、资源环境之间的空间均衡。同时，充分发挥区域内国家级技术创新平台和国家级园区的科技资源优势，以体制机制创新为突破口，推进创新创意和资本紧密结合，推动产业承接发展和转型升级，形成重要的战略性新兴产业基地和创新创意发展新高地。

6. 注重区域重点化发展

立足国家级新区湘江新区的区位特点、发展基础和比较优势，坚持城乡协调同步发展，确立各自优先发展领域，重点培育发展新动能和竞争新优势，打造长江中游城市群核心增长极。依托长株潭绿心中央公园，通过保留、模仿或修复地域性主要景观来构建环境，以保护、营建具有地域性、物种多样性和自我演替能力的生态系统进而改善三市生态系统，同时提供与生态相和谐的休闲、娱乐、健身、游览等活动的公共空间。另外，突出区域内国家级产业园区重点发展方向，防止同质化竞争，加快产业转型升级，创新运转机制体制，构建高端产业新体系，整体推动区域高质量发展。

B.33
基于百度指数的湖南省地级市
生态文明指数评价[*]

张 旺 潘昱璇[**]

摘 要： 从生态经济、生态环境、生态宜居及生态文化 4 个方面，构建湖南省生态文明建设评价体系；然后以互联网大数据技术为工具，从公众关注的角度，选取相关关键词数据信息、分析其与生态文明建设成效的关系及影响。再通过灰色关联度投影法构建数学模型，以层次分析法得出相关指标权重，采集与处理 2009~2018 年湖南省各地级市的相关数据，分析各市生态文明建设水平并进行实证评价。分析结果表明：从时间上看，13 个地级市的生态文明建设水平整体上都呈现波动增长之势，其中怀化、永州和郴州 3 市增幅程度为前 3 位；只有岳阳与娄底 2 市相较 2009 年反而有所下降；从空间上来看，排名前 3 位的地级市分别是张家界、长沙和湘潭，其生态文明建设水平远超过排名垫底的邵阳、岳阳和娄底 3 市；样本期间，各市生态文明水平之间的差距在拉大，区域之间呈现不均衡的发展态势。

关键词： 生态文明 综合评价 百度指数 灰色关联投影法

---

* 本文为教育部哲学社会科学发展报告培育项目"中国城市低碳发展报告"（项目编号：13JBGP004）阶段性成果。

** 张旺，湖南工业大学城市与环境学院副教授、硕士生导师，理学博士，湖南省绿色工业与城市低碳发展社科研究基地研究员，主要研究方向为低碳绿色城市、可持续发展经济学等；潘昱璇，湖南工业大学自然地理与资源环境专业本科生，主要研究方向为资源环境与可持续发展。

建设中国特色社会主义的重要内容之一便是生态文明建设，是实现中华民族伟大复兴和"两个一百年"的重要一环。湖南省第十二次党代会也做出了"加强生态文明建设、加快建设美丽湖南"的决策部署。因而对城市的生态文明建设水平进行实证综合测评，通过横向、纵向的对比，找到各市生态文明意识普及和生态文明建设水平的差异，可为提出差异化的调控措施提供数据支撑和行动指南。

我国学术界生态文明建设体系分两个方面开展研究。在构建结构上，一般分为一级指标、二级指标和三级指标。我国著名学者王如松曾将生态文明建设分成：文明支撑、文明彰显、文明运作和文明保障4大体系，并以此四大类体系共同构建生态文明建设体系。宋马林等学者从经济发展速率、科学教育水平、经济生态环境、生态产业集聚、人力资源开发、社会秩序稳定、区域节能减排和环境保护现状等8大方面构建了一整套中国特色社会主义生态文明建设评价指标体系。林震等对3个省会城市南京市、杭州市和贵阳市的生态文明建设评价指标体系进行研究。这些研究有值得借鉴的地方，例如，研究方向的确定、指标的选择与评价体系的建立，但依旧有以下不足。研究范围有限。以上学者的研究基本局限在一个地级市或几个地级市，不曾扩展到省域范围，研究成果影响的范围较小。互联网大数据未适当地运用到现有的生态文明建设评价指标体系里，可能导致一部分重要信息的缺失。百度指数是基于互联网技术的发展而衍生的计量指标，能够鲜明地体现出民众对某件事的关注度，公众留下的搜索痕迹能反映出生态文明建设的发展趋势。国内已有众多学者运用百度指数收集各类信息进行科学研究，例如，将百度指数成功应用于股票价格分析、旅游目的地分析、森林公园客流量分析、公共文化服务体系网络关注度和房地产价格分析等多方面。但百度指数在省市生态文明建设方面的运用可谓少之又少，基本没有运用互联网大数据与百度指数来反映和体现。因此，本文拟选择通过搜索互联网大数据，也就是基于百度指数来构建生态文明建设指标体系。

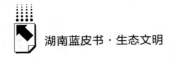

一 研究区域和资料来源

（一）研究区域

湖南省的 13 个地级市：长沙、株洲、湘潭、衡阳、邵阳、岳阳、常德、张家界、益阳、郴州、永州、怀化、娄底。

（二）资料来源

该样本期为 2009~2018 年，研究对象为湖南省 13 个地级市，各类指标的基础数据主要来源于湖南省及其地级市统计局发布的 2010~2019 年统计年鉴、各地级市环境保护局发布的环境公告和水资源公报，部分指标原始数据（城区人均住房面积，人均道路面积）则来自上述历年的《中国城市建设统计年鉴》。

二 研究方法与模型构建

（一）研究方法

1. 灰色关联分析法

运用于生态文明评价的方法较多，主要有指标体系综合评价、灰色关联分析、生态足迹等方法。灰色关联分析法是根据各因素之间发展趋势的相异或相似程度，也就是"灰色关联度"，作为衡量因素之间关联程度大小的一种方法，对于两系统间的因素，它们随着不同时间或对象而变化的关联性大小量度，称作关联度。灰色关联分析法为一个系统发展的变化态势，提供了量化的度量，十分适合动态的过程分析。

2. 层次分析法

层次分析法是将决策问题按整体目标、各层子目标、评价准则，直至具体备投方案的顺序分解为不同的层级结构，再采用求解判断矩阵特征向量的方法，计算每一层级各元素对上一层级某元素的优先权重，最后再进行加权求和。层次分析法适合用于构造判断矩阵，求出矩阵最大特征值及其所对应特征向量 W，再归一化后，就成为某一层级指标，对于上一层级某个相关指标的相对重要性权重值。

（二）模型构建

1. 构建指标体系

本文遵循着代表性、针对性、可比性、前瞻性、综合性以及数据获取方面的便利性与可操作性去选择指标，主要根据参考文献，从 4 个一级指标，构造了包含 20 个二级指标在内的湖南省地级市生态文明建设水平评价指标体系（见表1）。

表1　湖南地级市生态文明建设水平评价指标体系

	准则层（一级指标）	二级指标（名称/单位）
目标层	生态经济 A1	A11:人均地区生产总值(元)；A12:第三产业占地区生产总值的比重(%)；A13:地区生产总值增长率(%)；A14:单位地区生产总值电耗(千瓦小时/万元)
	生态环境 A2	A21:地表水达到或好于Ⅲ类水体比例(%)；A22:城镇生活污水处理率(%)；A23:工业固体废物综合利用率(%)；A24:工业二氧化硫排放总量(万吨)
	生态宜居 A3	A31:人均绿地面积(平方米)；A32:城市生活垃圾无害化处理率(%)；A33:平均气温(℃)；A34:年降水量(毫米)；A35:人均城市道路面积(平方米)；A36:城区人均住房面积(平方米)
	生态文化 A4	A41:一般公共预算支出-教育服务(亿元)；A42:一般公共预算支出-科学研究(亿元)；A43:高等教育在校学生数(人)；A44:普通中学在校学生(人)；A45:百度指数个人电脑(PC)端搜索量(次)；A46:百度指数移动端搜索量(次)。

2. 构建灰色关联度模型

基于灰色关联投影法需要建立生态文明建设水平分析模型。步骤如下。

步骤1：构建决策矩阵。

先构建多指标决策域集合，记 $A_1 = \{$方案 1，方案 2，$\cdots$，方案 $n\} = \{A_1, A_2, \cdots, A_n\}$，$A_0$ 为最优方案；再构建因素指标集合 V，记 $V = \{$指标 1，指标 2，$\cdots$，指标 $m\} = \{V_1, V_2, \cdots, V_m\}$，则最优方案 A_0 的属性值为 Y_{0j}。

指标共分为三大类：效益、成本和固定指标。效益指标包括人均地区生产总值、第三产业占地区生产总值比重、地区生产总值增长率、地表水达到或好于Ⅲ类水体比例、工业固体废物综合利用率、城镇生活污水处理率、人均绿地面积、城市生活垃圾无害化处理率、人均城市道路面积、城区人均住房面积、一般公共预算支出-教育服务、一般公共预算支出-科学研究、高等教育在校学生数、普通中学在校学生数、百度指数 PC 端搜索量、百度指数移动端搜索量，这些指标数值越大代表越好。所谓成本指标包括单位地区生产总值电耗、工业二氧化硫排放总量，此类指标数值越小越好。而固定指标是指属性值越接近某一固定值越好的指标，比如平均气温、平均降水量。且满足：

当因素指标 V_j 属于效益指标时，$Y_{0j} = \max \{Y_{1j}, Y_{2j}, \cdots, Y_{nj}\}$，$j = 1$，$2$，$\cdots$，$m$

当因素指标 V_j 属于成本指标时，$Y_{0j} = \min \{Y_{1j}, Y_{2j}, \cdots, Y_{nj}\}$，$j = 1$，$2$，$\cdots$，$m$

当因素指标 V_j 属于固定指标时，Y_{0j} 为该评估指标的最佳稳定值，$j = 1$，2，$\cdots$，m

决策方案 A_i 对指标 V_j 的属性值为 Y_{ij}，决策域集合 A 对因素指标集合 V 的决策矩阵 Y 如下：

$$\begin{pmatrix} Y_{01} & \cdots & Y_{0m} \\ \vdots & \ddots & \vdots \\ Y_{n1} & \cdots & Y_{nm} \end{pmatrix} \text{即} Y = (Y_{ij})_{(n+1)\times m}, \ i = 0, 1, \cdots, n; \ j = 1, 2, \cdots, m$$

步骤 2：初始化决策矩阵。

为各因素指标进行无量纲化处理，并统一各因素指标的变化范围和方向，必须对因素指标值实行极值归一化处理，见式（1~3）。

对于效益指标，令

$$Y_{ij}^* = \frac{Y_{ij} - \min Y_j}{\max Y_j - \min Y_j}, i = 0, 1, \cdots, n; j = 1, 2, \cdots, m \tag{1}$$

对于成本指标，令

$$Y_{ij}^* = \frac{\max Y_j - Y_{ij}}{\max Y_j - \min Y_j}, i = 0, 1, \cdots, n; j = 1, 2, \cdots, m \tag{2}$$

对于固定指标，令

$$Y_{ij}^* = 1 - \frac{|Y_{ij} - Y_j'|}{\max |Y_{ij} - Y_j'|}, i = 0, 1, \cdots, n; j = 1, 2, \cdots, m \tag{3}$$

在上述公式中，Y_j' 是第 j 个因素指标最佳的稳定数值。

步骤3：构建灰色关联决策矩阵。

以 Y_{ij}^* 作为子因素，Y_{0j}^* 作为母因素，则母子因素之间的灰色关联度用 r_{ij} 表示，也就是最优与其他决策方案间的灰色关联度，r_{ij}（$i = 0$，1，$\cdots$，n；$j = 1$，2，$\cdots$，m）的计算公式如式（4）

$$r_{ij} = \frac{minmin |Y_{0j}^* - Y_{ij}^*| + \lambda maxmax |Y_{0j}^* - Y_{ij}^*|}{|Y_{0j}^* - Y_{ij}^*| + \lambda maxmax |Y_{0j}^* - Y_{ij}^*|} \tag{4}$$

式（4）中，λ 是分辨系数，$0 \leqslant \lambda \leqslant 1$，当 $\lambda = 0$ 时，表明环境消失；当 $\lambda = 1$ 时，表明环境"原封不动"地保持着，通常取 $\lambda = 0.5$，由 r_{ij}（$i = 0$，1，$\cdots$，n；$j = 1$，2，$\cdots$，m）组成的灰色关联决策矩阵是：$R = (r_{ij})_{(n+1) \times m}$，显然，$r_{01} = r_{02} = \cdots = r_{0m} = 1$。

步骤4：运用层次分析法，来确定因素指标的权重大小。

步骤5：确定加权灰色关联决策矩阵。

记指标权重向量为 $W = \{w1, w2, \cdots, wm\}^T$，则对灰色关联决策矩阵 R 进行加权后，得到加权灰色关联决策矩阵 R'，并满足：

$$R' = R \cdot W = \{R_{1'}, R_{2'}, \cdots, R_m'\}$$

$$R' = \begin{bmatrix} w_1 & w_2 & \cdots & w_m \\ w_1 r_{11} & w_2 r_{22} & & w_m r_{1m} \\ \vdots & & \ddots & \vdots \\ w_1 r_{n1} & w_2 r_{n2} & \cdots & w_m r_{nm} \end{bmatrix}$$

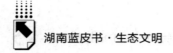

步骤 6：计算灰色关联投影值。

将每个决策方案看成一个行向量（矢量），记决策方案与最优方案之间的灰色关联投影夹角为 θi，见式（5）

$$\cos\theta_i = \frac{\sum\limits_{j=1}^{m} r_{ij} w_j^2}{\sqrt{\sum\limits_{j=1}^{m} w_j^2} \sqrt{\sum\limits_{j=1}^{m} (r_{ij} w_j^2)^2}}, i = 1, 2, \cdots, n \tag{5}$$

决策方案 A_i 在最优方案上的投影值即灰色关联投影值 D_i，见式（6）

$$Di = \| A_i \| \cdot \cos \theta_i = \sum\limits_{j=1}^{m} r_{ij} w_j^2 / \sqrt{\sum\limits_{j=1}^{m} w_j^2}, i = 1, 2, \cdots, n \tag{6}$$

三 数据处理与结果分析

（一）数据处理

步骤 1：构建多指标决策域集合 A = ｛长沙、株洲、湘潭、衡阳、邵阳、岳阳、常德、张家界、益阳、娄底、郴州、永州、怀化｝，及其包含 20 个指标的指标集，其中，平均气温和平均年降水量属于固定型指标，单位地区生产总值电耗和二氧化硫排放总量这 2 个指标则属于成本型指标，其余 16 个指标都属于效益型指标。本文以全球宜居城市东京（百度百科）的年平均气温 15.3℃和年降水量 1528 毫米，作为固定指标的最佳稳定值，根据所收集的基础数据，得到最优方案。根据已知的决策域集合 A 和指标集合 V，先找出最优方案 A_0 = ｛152441，77.49，16.51，110.91，100，100，100，1358，70.89，100，15.3，1528，26.59，65.33，177.26，53.93，703519，446391，81，45｝。后获得决策域集合 A 对指标集合 V 的决策矩阵 Y，其中决策矩阵的第一行是最优方案（以下计算过程以 2018 年数据为例）。

步骤 2：对各指标实行极值归一化处理，也就是对决策矩阵 Y 实施归一化处理，得到 Y^ *。

步骤3：构建灰色关联决策矩阵 R。

步骤4：使用 AHP 层次分析法计算指标权重，通过一致性检验，因考虑到数据的可比性，故本文计算 2009～2018 年每年的指标权重值均相同。则 W = ｛0.0211，0.0497，0.0456，0.0356，0.0394，0.0689，0.0525，0.0513，0.0484，0.0524，0.1131，0.0310，0.0279，0.0835，0.0419，0.0348，0.0713，0.0335，0.0483，0.0499｝。

步骤5：得到加权灰色关联决策矩阵 R′。

步骤6：以长沙市 2018 年数据为例，计算其灰色关联度投影值，同理可得到湖南省 2018 年 13 个地级市的决策方案，在最优方案上的灰色关联度投影值 D（2018）=（0.6861，0.6755，0.6521，0.6085，0.5525，0.5325，0.6386，0.6614，0.6307，0.5875，0.5985，0.6178，0.5589）。

（二）结果分析

1. 整体结果

根据上述步骤，对 2009～2017 年的数据进行处理。为了保证整个评价分数的平稳性，计算不同年份同一地级市灰色关联度投影值的平均值（见表2）。

由表2可知，2009～2018 年，排名前3位的地级市分别是张家界、长沙和湘潭。张家界生态文明建设水平处于全省中最高层次，其平均投影值为 0.6403，在 13 个地级市内排名第一；长沙的平均投影值为 0.6397，紧随张家界之后；湘潭的平均投影值为 0.6030，排名第3。排名最后3位的地级市为邵阳、娄底和岳阳。邵阳市生态文明建设水平最低，其平均投影值为 0.5451，与排名首位的张家界的平均投影值相差 0.0952；娄底的平均投影值为 0.5493，与首位张家界的投影值相差 0.0910；岳阳市排名第11位，其平均位 0.5509，与张家界相差 0.0894。

2. 地市分析

样本期间，13 个地级市 9 年的投影平均值排名、增长量、波动程度和年均增长率如表3所示，结合表2可知：2009～2018 年，长沙市的生态文明

表 2　湖南省地级市生态文明建设水平的灰色关联投影值及其排名

单位：吨/年

城　市	灰色关联投影值										平均值	排名
	2009 年	2010 年	2011 年	2012 年	2013 年	2014 年	2015 年	2016 年	2017 年	2018 年		
长　沙	0.6333	0.6537	0.6453	0.5823	0.5850	0.5977	0.6835	0.6754	0.6543	0.6861	0.6397	2
株　洲	0.5941	0.6169	0.6524	0.5985	0.5320	0.5442	0.6140	0.6355	0.5384	0.6755	0.6001	4
湘　潭	0.6100	0.6202	0.6374	0.5764	0.5667	0.5256	0.5826	0.6221	0.6364	0.6521	0.6030	3
衡　阳	0.5656	0.6671	0.6085	0.5419	0.5349	0.4800	0.5611	0.5985	0.5774	0.6085	0.5764	7
邵　阳	0.5464	0.5743	0.5934	0.5529	0.5130	0.4965	0.5599	0.5525	0.5099	0.5525	0.5451	13
岳　阳	0.5334	0.6037	0.6108	0.5379	0.5211	0.5052	0.5487	0.5682	0.5473	0.5325	0.5509	11
常　德	0.5748	0.5897	0.5626	0.5682	0.5413	0.5297	0.5914	0.6086	0.5676	0.6386	0.5773	6
张家界	0.6248	0.6735	0.6277	0.6322	0.5961	0.6201	0.6596	0.6614	0.6459	0.6614	0.6403	1
益　阳	0.5616	0.5961	0.5984	0.5447	0.5039	0.5114	0.6487	0.6307	0.5163	0.6207	0.5733	8
郴　州	0.5557	0.6381	0.5669	0.5277	0.4928	0.5564	0.5770	0.6175	0.5579	0.5875	0.5677	10
永　州	0.5773	0.6054	0.6019	0.4999	0.4840	0.4888	0.6381	0.5885	0.6255	0.5985	0.5677	9
怀　化	0.5704	0.6136	0.5755	0.5329	0.4739	0.5392	0.6182	0.6478	0.5957	0.6178	0.5785	5
娄　底	0.5869	0.5856	0.5579	0.5752	0.5440	0.4656	0.5389	0.5789	0.5009	0.5589	0.5493	12

建设水平一直位于前列，波动水平适中，大体呈增长趋势，但 2012~2014
年跌到了谷底；株洲市的 2013 年与 2017 年是其两个低谷；湘潭市在 2011~
2014 年却逐年递减；衡阳在 2010 年达到了一个峰值，但其波动程度是 13
个地级市里最大的；邵阳市总体位居最后，但 2018 年与 2009 年相差不大；
岳阳市是样本期间 2 个呈现负增长的地市之一，生态文明建设水平一直较
低；常德市虽起点年在地级市中较为中等，但在 2018 年该市已位于前列；
张家界市较其他地市较为突出，其投影值波动也一直保持在相对较高水平；
益阳市在样本期间其投影值一直波动较大；郴州市样本期间的发展趋势呈先
升后降之势；永州市大体上呈上升之势，但上升幅度较小，波动程度较大；
怀化市虽处于中等水平，但波动程度较大；娄底市虽有一定程度波动，但经
过后几年调整，2018 年与 2009 年已相差不大。

表3　湖南省地级市生态文明建设水平的灰色关联投影值及其变化分析

地市	9 年平均值排名	9 年投影值增长量	9 年波动程度	年均增长率（%）
长沙	2	0.0528	0.1038	0.12
株洲	4	0.0814	0.1435	0.90
湘潭	3	0.0422	0.1262	0.75
衡阳	7	0.0429	0.1871	0.82
邵阳	13	0.0061	0.0969	0.12
岳阳	11	-0.0009	0.1056	-0.02
常德	6	0.0638	0.1089	1.18
张家界	1	0.0366	0.0774	0.63
益阳	8	0.0591	0.1148	1.12
郴州	10	0.0318	0.1453	0.62
永州	9	0.0212	0.1541	0.40
怀化	5	0.0475	0.1739	0.89
娄底	12	-0.0280	0.1213	-0.54

四　调控举措

针对 13 个地级市，根据其生态文明建设灰色关联度投影的平均值以及

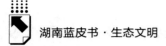

其基础数据的短板，应该采取差异化的调控措施，以提高其生态文明建设水平。

长沙市应加强对工业生产过程中产出废物的再次利用，推动循环经济发展；打通断头路，增加人均道路面积；控制人口密度，减轻人口拥挤程度。

株洲市在推动经济社会发展的同时，对生态环境的单一整治需转变为系统防治，从点源治理到综合治理，特别是要降低工业二氧化硫排放总量；加大当地高等教育投入力度，增加在校大学生规模。

湘潭市需加快调整产业结构，增大第三产业比重；提高地表水达标率和人均绿地面积；加大教育和科研的财政投入。

衡阳市则应做大地区生产总值规模，增加人均生产总值；提高城镇生活污水处理率、地表水达标率和工业固体废物利用率，降低工业二氧化硫排放量。

邵阳市也需做大地区生产总值总量，提高人均生产总值；降耗减排，大力提升城镇生活污水处理率、工业固体废物利用率和人均道路面积。

岳阳市需调整以工为主的产业结构；提高地表水达标率、城镇生活污水处理率和工业固体废物利用率，推动循环经济发展。

常德市应改变"人抢地"现象，加大基础和市政设施的建设力度，提高人均绿地面积和道路面积。

张家界市也需做大地区生产总值总量，提升人均生产总值水平和地区生产总值增长率；增加教育科研服务投入，提高在校大学生人数。

益阳市则应增加地区生产总值总量，增大人均生产总值；大力优化产业结构，增加第三产业比重；提高地表水达标率和人均道路面积。

郴州市应提升第三产业比重，提高城镇生活污水处理率、工业固体废物利用率和人均道路面积；节能减排，降低单位地区生产总值电耗和工业二氧化硫排放总量。

永州市需大力提升地区生产总值规模，提高人均生产总值和地区生产总值增长率；增加工业固体废物利用率、人均绿地面积和人均住房面积。

怀化市也需增大人均生产总值和教育科研服务支出；提高节能减排水平，降低单位地区生产总值电耗和工业二氧化硫排放总量。

娄底市则需做大地区生产总值蛋糕，优化产业结构，提高人均生产总值和第三产业比重；增大工业固体废物利用率和人均道路面积；提高能效，降低单位地区生产总值电耗。

五　结论和讨论

（一）结论

本文针对国内研究中对生态文明建设水平指标评价体系的不够完善，在前人基础上，加入了百度指数，运用了层次分析法和灰色关联度投影法，从4个一级指标层面，构建了湖南省地级市生态文明建设评价指标体系，并采集了湖南省2009~2018年13个地级市的基础数据，测算和分析了这10年的生态文明建设灰色关联度投影值及其平均值，由此得出如下结论。

1. 时间维度

13个地级市在样本期间内其生态文明建设灰色关联度投影值都有起伏，总体来说呈上升趋势，除岳阳与娄底呈负增长外，各地级市都有不同幅度的正增长。株洲、常德和益阳的涨幅程度位列前3，它们为湖南生态文明建设提供了样板。10年间，各地级市的投影平均值有逐步拉开之势，总体呈现区域时间变化的非均衡发展态势。

2. 空间维度

样本期内，生态文明建设水平排名前3的分别是张家界、长沙和湘潭。其中张家界和长沙的投影平均值远远超过其他地级市。而岳阳、娄底与邵阳则位居后3，其投影平均值相对低下，与其他地区存在一定差距。数据分析表明，大湘西、大湘南地区的生态文明建设水平相对较为落后，反映出空间上地级市之间发展不平衡的状况。

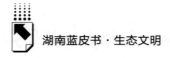

（二）讨论

囿于基础数据的可获得性、统计口径的不一致性及实地详尽调研的困难性等主客观原因，本研究还存在一些明显的问题：（1）定量指标的选择可能还不够全面，也尚未囊括一些定性指标；（2）各个指标的权重仅采用层次分析法，可能科学性和客观性也不足；（3）在构建的指标体系中，基于百度指数原因，中小城市可能会占劣势，将拉大实证结果的差距；（4）构建的灰色关联度模型基本为线性的，某些自变量与因变量之间可能难以体现更为复杂的非线性关系。

参考文献

乔永平、郭辉：《生态文明评价研究：内容、问题与展望》，《南京林业大学学报》（人文社会科学版）2015 年第 1 期。

王如松：《城市生态文明的科学内涵与建设指标》，《前进论坛》2010 年第 10 期。

宋马林、杨杰、赵淼：《社会主义生态文明建设评价指标体系：一个基于 AHP 的构建脚本》，《深圳职业技术学院学报》2008 年第 4 期。

林震、邓志敏：《省会城市生态文明建设评价指标体系比较研究——以贵阳市、杭州市和南京市为例》，《北京航空航天大学学报》（社会科学版）2014 年第 5 期。

Magdoff, F., "Ecological Civilization," *Monthly Review-An Independent Socialist Magazine* 6（2011）：pp. 1–25.

李霖、陈选、苏世亮：《基于百度指数的生态文明关注度时空分析》，《地理信息世界》2020 年第 1 期。

王倩、温丽丽、程李萍：《"十三五"环境保护的网络舆情研究》，《环境科学与管理》2017 年第 4 期。

冯霞、张目：《基于百度指数的贵州地级市生态文明建设水平评价研究》，《环境保护科学》2020 年第 4 期。

陈炳、曾刚、曹贤忠等：《长三角城市群生态文明建设与城市化耦合协调发展研究》，《长江流域资源与环境》2019 年第 3 期。

柏正健、方华：《基于百度指数的投资者关注度对股票市场表现的影响》，《电子商务》2018 年第 12 期。

冯银：《湖北省生态文明建设水平评价研究》，中国地质大学出版社，2018。

WANG Qixuan，ZHAO Min，"Research on the City Network of Guangdong，Hongkong and Macao from the Perspective of Information Flow：Analysis based on Baidu Index，" *Journal of Regional and City Planning* 11 （2018）：pp. 281-293.

Yu Yu，Yijian，Chen，Hongyu. Chen and Min. Wang，"Research on Evaluation Index System of Ecological Construction in Shandong Province，" *Academic Journal of Humanities & Social Sciences* 2 （2019）：pp. 43-54.

B.34
湖南省生态产品价值核算
及其政策应用研究

——以长株潭城市群为例

邹梓颖*

摘　要： 对生态产品价值（Gross Ecosystem Products，GEP）进行核算是践行"绿水青山就是金山银山"理念的重要基础。本文选取长株潭城市群为案例，建立符合区域特征和主体功能的核算指标体系，选择科学评估方法进行生态产品价值核算。结果表明：2020年长株潭城市群生态产品价值为5538.08亿元；2000～2020年，剔除价格因素影响的长株潭城市群生态产品价值增加2603.38亿元，增幅为88.71%，生态效益保障和提升的成效显著。生态产品价值核算结果可以为湖南省进行生态保护成效评估、绿色发展绩效考核、生态产品价值实现和高质量发展决策等提供支撑。

关键词： 生态产品价值　长株潭城市群　湖南

　　"绿水青山就是金山银山"的科学论断表明高质量的自然生态系统能够为人类生产和生活提供必需的生态产品，并产生生态效益，而生态效益可以转化为经济价值。生态产品是连接自然生态系统与社会经济系统的桥梁和纽

＊ 邹梓颖，湖南师范大学地理科学学院讲师，博士。

带，国家明确要求将生态效益纳入考核指标体系。选取准确的核算指标，评估自然生态系统为人类福祉做出的贡献，具有重要意义。生态产品总值是生态系统最终服务的货币价值总和，其核算旨在使用综合指标对直接有助于人类福祉的所有服务进行全面评估，是践行"绿水青山就是金山银山"理念的重要抓手。《湖南省人民政府办公厅关于健全生态保护补偿机制的实施意见》中提出湖南地区应"健全生态保护市场体系，完善生态产品价格形成机制，使保护生态者通过生态产品的交易获得收益"。

生态产品价值核算研究多集中于两类区域：一是自然资源丰富、经济发展较为局限的西部地区，如青海、贵州等；二是经济发展迅速，城镇化达到稳定状态的沿海地区，如广东、浙江等。湖南省所属的中部地区是我国"承东启西"的经济发展第二梯队，"中部地区崛起必须是绿色崛起，要开展生态保护和修复，强化环境建设和治理，推动资源节约集约利用，建设绿色发展的美丽中部"，习近平总书记关于中部地区的这一重要论述为紧扣高质量发展要求、实现绿色崛起指明了方向路径。加强生态建设和环境保护力度，逐步恢复和提升生态产品供给能力，对保障生态安全和人居环境十分重要。

科学认识生态产品价值是保障生态产品供给的基础，本文选取湖南省的主要增长极——长株潭城市群为案例核算生态产品价值，清晰梳理生态资源现状、刻画生态系统运行状况，体现其生态效益，可以更好地揭示出经济社会发展与生态环境保护的内在关系。构建合理科学的生态产品价值核算指标与评估方法、完善支撑其实现的基础体系，有益于强化生态价值和自然资本的相关理念，为湖南省生态文明建设提供科学参考依据和有效制度供给，对实现生态优先、绿色发展具有重要意义。

一　研究区域概况与研究方法

（一）研究区域概况

本文选取位于湖南省中东部的长株潭城市群行政范围作为研究区域，在湖南省面积占比达到 13.3%，长沙、株洲、湘潭三市两两相距不足 40 千米，既有绿色带隔离，又有高速路网连接，形成结构紧凑的城市群，是长江中游城市群的重要组成部分。选择行政范围作为研究区域是基于资源环境承载能力的客观要求和已经形成的人口、城镇沿河谷带状集中集聚的形态特点，能更好地体现城市群功能要求，有利于中心城市向周边辐射带的推广。

（二）研究方法

1. 资料来源

本文使用空间分辨率 30 米×30 米的生态系统分类数据，基于以国产环境灾害卫星（HJ-1A/B）和美国陆地卫星（Landsat OLI）数据为信息源的土地覆被数据集（China Cover，来源于中国科学院遥感与数字地球研究所），结合相关分类方法[①]，根据研究区特点进行生态系统分类，并通过随机抽样方法获取的地面调查样点进行数据精度的独立验证。地上生物量数据基于遥感数据和实地测量的植被生物量数据集和遥感数据，利用植被指数—生物量法构建经验统计模型，反演后建立研究区域范围内的地上生物量数据集，利用地面实测数据对植被地上生物量进行验证。土壤属性来自全国土壤普查，平均年降雨侵蚀力等使用 30 年降雨数据通过克里金空间插值法生成栅格数据。农业、社会经济数据、水文数据、空气及水体污染物监测数据等来自统计部门、水利部门和生态环境部门公开数据；功能量评估所需参数及价值量核算需要的单价、成本等参数来自相关文献资料及价格指数换算。

2. 核算方法

核算生态产品价值，即评估自然生态系统提供给人类福祉的最终产品的经济价值。生态产品价值是指生态系统的物质产品、调节服务产品以及文化服务产品的价值总和。核算生态产品价值时不核算生态系统的支持服务，即生物多样性维持、有机质生产、土壤肥力形成、营养物质循环等，这些功能

---

① 欧阳志云、张路、吴炳方等：《基于遥感技术的全国生态系统分类体系》，《生态学报》2015 年第 35 期。

支撑了供给、调节服务等功能，但不是为人类福祉做出直接的贡献，其作用均已被体现在物质产品、调节服务产品和文化服务产品之中。[①]

根据长株潭城市群的区域特点建立生态产品价值核算指标体系。结合生态系统服务和权衡的综合评估模型（InVEST）等不同类型的生物物理及生态函数模型对生态产品进行功能量的评估，再使用社会经济学核算方法对生态产品进行经济价值的评估。部分生态系统调节服务未进入市场、不存在市场价格的情况下，使用各类非市场定价方法来确定生态系统服务的核算价格。针对城市群的区域特征和主体生态功能构建其生态产品价值核算指标体系（见表1），重点聚焦于城市群复合生态系统的生态系统调节服务和生态系统文化服务两大类别。

二　结果分析

（一）长株潭城市群生态产品价值及构成

根据核算，长株潭城市群 2020 年生态产品价值为 5538.08 亿元，单位面积生态产品价值达到 1977.88 万元/千米^2。其中，生态系统调节服务价值最大，占生态产品价值总值的 48.80%，其次是生态系统文化服务价值和生态系统物质产品价值（见图1）。

生态系统调节服务作为长株潭城市群生态产品的核心构成，分析其空间格局可以看出，调节服务价值最高的是湿地生态系统，其次是质量较高的森林生态系统。长株潭的东部和南部区域生态系统调节服务价值最高，包括浏阳市、攸县、茶陵县、炎陵县等，其次是渌口区、醴陵市以及宁乡市等森林、灌丛植被条件较好的区域；而城市化程度较高的区域调节服务价值相对较低。

[①] 欧阳志云、朱春全、杨广斌等：《生态系统生产总值核算：概念、核算方法与案例研究》，《生态学报》2013 年第 21 期；Ouyang Z, Song C, Zheng H, et al. "Using gross ecosystem product（GEP）to value nature in decision making," *Proceedings of the National Academy of Sciences*, 25（2020）: pp. 14593–14601.

表1 生态产品价值核算指标体系与核算方法

类别	科目	功能量核算指标	功能量核算方法	价值量核算指标	价值量核算方法
物质产品	农产品	农产品产量	调查统计	农产品价值	直接市场价格法
	林产品	林产品产量		林产品价值	
	畜牧产品	畜牧产品产量		畜牧产品价值	
	渔产品	渔产品产量		渔产品价值	
调节服务	水源涵养	水源涵养量	水量平衡法: $Q_{wr} = \sum_{i=1}^{n} A_i \times (P_i - R_i - ET_i) \times 10^{-3}$ 式中:水源涵养量表示为 Q_{wr}(米³/年);产流降雨量表示为 P_i(毫米/年);地表径流量表示为 R_i(毫米/年);蒸散发量表示为 ET_i(毫米/年);第 i 类生态系统的面积表示为 A_i(平方米),研究区生态系统类型总数表示为 n	水源涵养价值	$V_{wr} = Q_{wr} \times P_r$ 式中:水源涵养价值表示为 V_{wr}(元/年);单位库容的水库工程造价成本表示为 P_r(元/米³)
	土壤保持	泥沙淤积减少量	基于修正的通用土壤流失方程计算土壤保持量: $Q_{sd} = (R \times K \times L \times S \times C \times P) \times \lambda$ 式中:泥沙淤积减少量表示为 Q_{sd}(吨/年);其中,降雨侵蚀力因子、土壤可蚀性因子、坡长因子、坡度因子、植被覆盖和管理措施因子、水土保持措施因子分别表示为 R(兆焦耳·毫米/公顷·小时·年)、K(吨·小时/兆焦耳·毫米)、LS(无量纲)、C(无量纲)、P(无量纲);泥沙淤积系数表示为 λ(%)	泥沙淤积减少价值	替代成本法:$V_{sd} = Q_{sd}/\rho \times P_{sd}$ 式中:泥沙淤积减少价值表示为 V_{sd}(元/年);泥沙淤积减少量表示为 ρ(吨/米³);清淤工程造价表示为 P_{sd}(元/米³)
		面源污染减少量	$Q_{rN} = Q_{sd} \times C_N$ $Q_{rP} = Q_{sd} \times C_P$ 式中:氮面源污染减少量和磷面源污染减少量分别表示为 Q_{rN}(吨/年)和 Q_{rP}(吨/年);土壤中的氮、磷含量分别表示为 C_N(%)、C_P(%)	面源污染减少价值	替代成本法:$V_{rN} = Q_{rN} \times P_{tN}$ $V_{rP} = Q_{rP} \times P_{tP}$ 式中:氮面源污染减少的价值表示为 V_{rN}(元/年);磷面源污染减少的价值表示为 V_{rP}(元/年);氮面源污染和磷面源污染的治理成本分别表示为 P_{tN}(元/吨)、P_{tP}(元/吨)

续表

类别	科目	功能量核算指标	功能量核算方法	价值量核算指标	价值量核算方法
调节服务	洪水调蓄	洪水调蓄量	$$Q_{fm} = \sum_{i=1}^{n}(P_h - R_f) \times S_{ir} \times 10^{-3} + P_h \times S_l + P_h \times S_x$$ 式中：洪水调蓄量表示为 Q_{fm}（米³/年）；暴雨产流降雨量表示为 P_h（毫米）；第 i 种植被的地表径流量表示为 R_f（毫米）；第 i 种植被的面积表示为 S_{ir}（平方千米）；植被类型的数量表示为 n，无量纲；湖泊生态系统的面积表示为 S_l（平方千米）。	洪水调蓄价值	替代工程法：$$V_{fm} = Q_{fm} \times c_r$$ 式中：洪水调蓄价值量表示为 V_{fm}（元/年）；单位库容的水库工程建造成本表示为 P_r（元/米³）。
	空气净化	净化二氧化硫量	空气污染物净化模型	净化二氧化硫价值	替代成本法：$$V_{AP} = Q_{SO_2} \times C_{SO_2} + Q_{氮氧化合物} \times C_{氮氧化合物} + Q_{PM} \times C_{PM}$$ 式中：空气净化服务价值表示为 V_{AP}（元/年）；生态系统对二氧化硫、氮氧化物、粉尘的净化量分别表示为 Q_{SO_2}、$Q_{氮氧化物}$、Q_{PM}，二氧化硫、氮氧化物和粉尘的污染物处理成本分别表示为 C_{SO_2}（元/吨）、$C_{氮氧化合物}$（元/吨）、C_{PM}（元/吨）。
		净化氮氧化物量		净化氮氧化物价值	
		滞尘量		滞尘价值	

续表

类别	科目	功能量核算指标	功能量核算方法	价值量核算指标	价值量核算方法
调节服务	水质净化	净化化学需氧量	水体污染物净化模型	净化总氮价值	替代成本法： $V_{WP} = Q_{化学需氧量} \times C_{化学需氧量} + Q_{NH-N} \times C_{NH-N} + Q_{TP} \times C_{TP}$ 式中：水质净化服务价值量表示为 V_{WP}（元/年）；生态系统对化学需氧量、总氮、总磷的净化量分别表示为 $Q_{化学需氧量}$、Q_{NH-N}、Q_{TP}；化学需氧量、氨氮、总磷量净化的污染物处理成本表示为$C_{化学需氧量}$（元/吨）、C_{NH-N}（元/吨）、C_{TP}（元/吨）
		净化总氮量		净化总磷价值	
		净化总磷量		净化化学需氧量价值	
	固碳	二氧化碳固定量	$Q_{tco_2} = \sum_{i=1}^{n} M_{CO_2}/M_C \times A \times C_{Ci} \times (AGB_{t2} - AGB_{t1})$ 式中：生态系统固碳量表示为 Q_{tco_2}（吨二氧化碳/年）；生态系统面积表示为 A（公顷）；第 i 类生态系统的生物量-碳转换系数表示为 C_{Ci}；生态系统类别表示为 i，i = 1，2，…，n；生态系统的种类表示为 n；第 t_2 和 t_1 年的生物量分别表示为 AGB_{t2} 和 AGB_{t1}（吨/公顷）；C 转化为 CO_2 的系数表示为 $M_{CO_2}/M_C = 44/12$	二氧化碳固定价值	替代成本法： $V_{ca} = Q_{ca} \times C_c$ 式中：固碳的价值量表示为 V_{ca}（元/年）；固碳价格（使用造林成本或碳交易价格）表示为 C_c（元/吨碳）

续表

类别	科目	功能量核算指标	功能量核算方法	价值量核算指标	价值量核算方法
调节服务	气候调节	植被蒸腾耗能	$$E_{pt} = \sum_{i}^{3} EPP_i \times S_i \times D \times \frac{10^6}{3600 \times r}$$ 式中：生态系统的植被进行蒸腾所消耗的能量表示为 E_{pt}（千瓦·时）；第 i 类生态系统的单位面积蒸腾消耗能量表示为 EPP_i；第 i 类生态系统面积表示为 S_i（平方千米）；空调能效比表示为 r；研究区域一年中的空调开放天数表示为 D（天）	植被蒸腾调节温湿度价值	替代成本法： $$V_{pt} = E_{pt} \times P_e$$ 式中，气候调节的价值表示为 V_p（元／年）；研究区域的用电价格表示为 P_e（元／千瓦·时）。
		水面蒸发消耗能量	$$E_{we} = E_w \times q \times 10^3 / (3600)$$ 式中：生态系统的水面蒸发所消耗的能量表示为 E_{we}（千瓦·时）；研究区域水面的蒸发量表示为 E_w；挥发潜热表示为 q（焦耳／克）	水面蒸发调节温湿度价值	
文化服务	休闲旅游	游客总人次	调查统计	休闲旅游价值	修正的分区旅行费用法

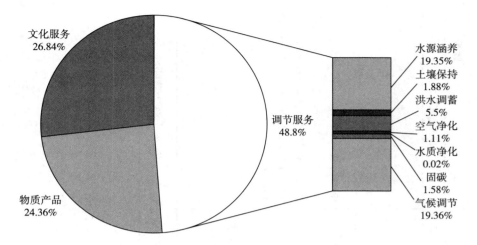

文化服务
26.84%

调节服务
48.8%

物质产品
24.36%

水源涵养
19.35%
土壤保持
1.88%
洪水调蓄
5.5%
空气净化
1.11%
水质净化
0.02%
固碳
1.58%
气候调节
19.36%

图1　长株潭城市群生态产品价值构成（2020年）

从各项指标来看，价值最高的是生态系统休闲旅游价值，其次是气候调节价值和水源涵养价值。

（1）休闲旅游：长株潭城市群拥有545平方千米的"绿心"（包括森林公园、自然保护区和风景名胜区）和365千米的"绿带"（城市生态风光带），具有丰富的自然景观。2020年，长株潭年游客量总计26929.77万人次，包括26924.57万人次的国内游客和5.19万人次的境外游客，国内旅游总收入为2770.56亿元。选择岳麓山、酒埠江、昭山等样点进行问卷调查，使用修正的旅行费用法进行核算，得到2020年长株潭城市群自然景观的休闲旅游价值为1486.63亿元，占长株潭城市群生态产品价值的26.84%，单位面积价值达到530.94万元/千米^2。

（2）气候调节：2020年长株潭城市群的生态系统降温消耗总能量为2472.17亿千瓦·时，其中植被蒸腾耗能为1912亿千瓦·时，水面蒸发耗能为560.17亿千瓦·时；与2000年相比，生态系统降温耗能略有下降，减少了1.05亿千瓦·时。核算得到长株潭城市群2020年生态系统气候调节的总价值达到1072.34亿元，占生态产品价值总值的19.36%。其中，植被蒸腾降温的价值达到829.43亿元、其单位面积降温价值为492.82万元/千米²；水面蒸发降温价值为 242.91 亿元，水面蒸发的单位面积降温价值为 3749.12 万元/千米²，表明在长株潭城市群生态系统的气候调节服务方面，湿地生态系统调节能力较强，发挥着重要的作用。

（3）水源涵养：长株潭城市群的生态系统水源涵养量在 2020 年达到 118.40 亿立方米，与 2000 年相比，水源涵养量增加了 18.66 亿立方米；2020 年水源涵养总价值为 1071.26 亿元，单位面积价值为 382.59 万元/千米²，是长株潭城市群一项重要的生态产品。

（4）洪水调蓄：2020 年长株潭城市群的洪水调蓄能力为 33.66 亿立方米，比 2000 年增加了 1.09 亿立方米。2020 年长株潭城市群洪水调蓄总价值达到 304.62 亿元，其中包括了植被的洪水调蓄价值（297.62 亿元）和湖泊的洪水调蓄价值（7.00 亿元）。

（5）土壤保持：评估得到长株潭城市群的土壤保持量有所增加，由 2000 年的 14.78 亿吨增长到 2020 年的 15.67 亿吨；2020 年长株潭城市群的生态系统土壤保持价值为 104.07 亿元，包括泥沙淤积减少的价值 68.33 亿元，以及氮面源污染减少、磷面源污染减少的价值分别为 24.36 亿元、11.38 亿元，由此得出单位面积的土壤保持价值达到 37.17 万元/千米²。

（6）碳固定：2020 年长株潭城市群生态系统碳固定总量为 913.01 万吨，与 2000 年相比增加了 316.44 万吨；长株潭城市群 2020 年碳固定价值为 87.68 亿元。

（7）空气净化：2020 年长株潭城市群的森林、灌丛和草地能够净化吸收二氧化硫、氮氧化合物和粉尘的量分别为 32.45 万吨、1.07 万吨和 3817.92 万吨，其中净化二氧化硫能力和净化氮氧化合物能力比 2000 年略有下降，净化粉尘能力有所增加，通过计算可以得出长株潭城市群 2020 年的生态系统空气净化总价值达到 61.49 亿元。

（8）水质净化：长株潭城市群的湿地生态系统在 2020 年对化学需氧量、总氮、总磷的净化量分别为 7.15 万吨、0.55 万吨和 0.55 万吨，与 2000 年相比均有所增加；2020 年长株潭城市群的水质净化总价值为 1.25 亿元。

（二）长株潭城市群生态产品价值变化特征

为了更好地反映长株潭城市群生态系统变化对生态产品价值的影响，在剔除价格因素后，采用不变价对 2000~2020 年长株潭城市群的生态产品价值变化情况进行分析。长株潭城市群的生态产品价值从 2000 年的 2934.69 亿元增加到 2020 年的 5538.08 亿元，20 年间生态产品价值实际增长了 88.71%。

增幅最大的是生态系统休闲旅游价值，2000~2020 年增幅高达 2447.67%。主要原因在于：（1）经济发展极大地改善了本区域以及其他区域游客的生活水平，对休闲旅游的需求明显提高；（2）社会发展带来的基础设施增加和升级，大大提高了自然景观的可达性，使得自然景观的游客数量显著增加。2000~2020 年，长株潭城市群的物质产品价值增加了 247.31%，其中增幅最大的是林业产品价值。

生态系统调节服务价值作为长株潭生态产品价值的核心部分，其价值的变化主要来自生态系统面积和质量的变化：其中，固碳价值和水源涵养价值的增幅最大，20 年间分别增加了 53.04% 和 18.72%；此外，洪水调蓄价值、土壤保持价值、水质净化及空气净化价值均有所增加；而气候调节价值略有下降，减幅为 0.05%。主要原因在于，长株潭城市群的自然生态系统面积虽略有下降（主要是灌丛），但生态系统质量却有较大提升。各项调节服务共同形成了"绿色基础设施"（green infrastructure），保护人类福祉，尤其是免受极端天气事件等环境冲击以及气候变化加剧的城市热岛效应等渐进性压力的影响①，调节服务的数量和质量是生态系统功能和复原力的良好指标。

三 基于生态产品价值核算的政策应用建议

（一）指导生态保护成效评估

生态保护和修复的目的在于使自然资本增值，提供更多的优质生态产品来满足人民日益增长的优美生态环境需要。生态保护成效评估是对区域生态

---

① Andersson, E., Barthel, S., Borgström, S. et al., "Reconnecting Cities to the Biosphere: Stewardship of Green Infrastructure and Urban Ecosystem Services," *AMBIO: A Journal of the Human Environment*, 43（2014），pp. 445-453.

系统具备的生态产品提供能力进行评估，即对区域生态系统所提供的生态产品价值变化情况进行评估。生态产品价值若上升，则说明了生态产品供给在增加，生态保护和修复工作具有成效；相反，生态产品价值若降低，则意味着生态产品供给降低，生态系统遭受到破坏。

生态产品价值核算结果可为区域的生态环境综合治理及保护成效评估提供科学依据：建立生态产品的目录清单，可以明确区域内生态产品的具体种类和空间特征；并通过借助价格对各类生态产品的单位进行统一，以解决针对不同类型的生态产品所存在的单位不同、无法直接进行指标加总的问题，形成统一的评估指标。研究结果表明，长株潭城市群的生态产品价值在 20 年间呈增加趋势，说明生态产品供给能力有所提升，生态保护成效良好。但作为受人类活动影响较显著的区域，人类活动对区域生态系统的发展起着重要的支配作用，未来一段时间，仍需重视面向人居环境需求的生态保护和修复工作。针对城镇聚集区域，可利用空间相对稀缺，可能导致大幅局限自然生态系统面积，在此情况下，应以提高生态系统质量和稳定性为主；而针对外围农村地区，农村人口向城镇区域的转移减轻了自然生态系统受到的人为干扰和压力，有利于农村地区自然生态系统的恢复，有足够的空间实施植被保护和生态恢复，因地制宜地确保生态产品供给。

（二）助益生态产品价值实现

湖南省的生态产品价值实现工作当前仍处在发展初期，特别是对生态产品价值进行核算的基础性工作缺乏统一的标准和规范，实施生态补偿工作也存在一些缺乏依据的问题，暂时难以形成有效的生态产品交易市场，还需要进一步细化和完善生态产品供需关系的对接，推进生态产品价值实现的工作仍存在较大的提升空间。生态产品价值核算作为促进生态产品价值转化经济效益的基础，为构建生态产品交易机制提供了科学依据，是促进生态产品价值向地区生产总值有效转化的第一步。

首先，生态产品价值核算中，对生态产品目录清单的编制工作，为建立生态产品调查及监测的相应机制提供了依据；其次，针对生态产品价值核算构建科学统一的核算指标体系及评估技术方法，是生态产品价值评价机制建设工作中的重要环节；尽管目前尚不能基于生态产品价值核算结果进行直接的交易，但其仍可为当前生态产品的经营开发尤其是交易调节服务产品提供定量的参考，为生态补偿范围及相应补偿标准的确定提供技术支撑。

（三）完善领导干部绿色发展绩效考核

当前阶段针对领导干部离任考核、绩效考核等考核评价体系中，尚缺乏与自然生态系统紧密关联的生态效益考核指标，将生态产品价值核算作为生态效益评估指标，纳入领导干部的绿色发展绩效考核，是实现可持续、高质量发展的有效途径。当前长株潭城市群乃至湖南省的发展，均注重平衡经济发展与生态保护的综合效益，而生态产品价值有效联系了社会经济与生态环境协同发展命题。

依靠生态产品价值变化幅度、单位面积生态产品价值等系列具体指标，判断领导任期内当地生态效益变化水平；推进结合生态产品价值与地区生产总值"双核算、双考核、双提升"的实施，能使领导干部进一步加强对生态产品价值及其重要性的认识。加强生态产品价值在考核工作中的应用，有利于在区域发展的各级实践层面落地执行生态文明理念，以结果导向加快全面贯彻新发展理念，推动绿色发展绩效考核的常规化。以生态产品价值提升为目标，通过分解设置生态产品价值提升工作考核任务，强化生态产品价值指标在各级领导干部离任审计、绿色发展绩效考核等方面的应用，引导领导干部在新发展理念下转变发展思路、改变发展方式，更好地协调生态保护恢复与经济发展，促进各区域人与自然和谐共存。

（四）纳入高质量发展的决策依据

在高质量发展决策中，可综合考虑应用地区生产总值与生态产品价值之间的关系及其变化趋势：如果生态产品价值下降而地区生产总值增长，意味着经济发展是以对生态环境的损害为代价的；如果生态产品价值增长而地区生产总值下降，则表明对生态环境的过度保护制约了经济发展；如果生态产品价值和地区生产总值都增加，则证明社会经济发展和生态保护可能实现了"双赢"。本文中生态产品价值和地区生产总值同时增加，表明长株潭城市群的社会经济发展和生态保护初步实现了"双赢"，但目前生态产品价值的增加不均衡，高增长区域主要集中在远郊区域，建成区及其近郊区域提升较缓，应作为未来生态空间政策调控的重点。中国的大部分城市群生产空间、生态空间的主要功能从供给转向了调节和文化，调节服务与文化服务之间存在正相关和持续相关①，后续政策调控重点应落实如何更加有效地转化生态系统调节服务价值，以持续提升文化服务价值。

明确生态产品价值核算作为城市生态文明建设与生态管理的主线，建立常态化核算及应用机制。首先，在生态环境承载能力作为刚性约束条件下，结合生态产品供给和消费现状来确定合理的城市规模、人口密度，将生态产品价值核算纳入编制国土空间规划、绿色发展战略规划的依据范畴。其次，生态产品价值变化的区域差异化结果，能有效服务于区域发展政策调控、城市布局优化等多方面决策。最后，根据构建的生态产品价值核算指标体系，依照常态化、规律化核算的数据需求，优化生态环境监测体系建设及各职能部门数据对接，有效建立生态资产台账，并能进一步应用于环境治理评估、国土空间管控等多方面工作，实现生态管理现代化。

生态产品价值可以看作一项有效指标被用以衡量生态系统提供的价值流量。在后续研究中，进一步探索有效利用生态产品价值流量和生态资产存量之间的关系，将更好地服务于保障和优化生态系统可持续管理。

---

① 王世豪、黄麟、徐新良、李佳慧：《特大城市群生态空间及其生态承载状态的时空分异》，《地理学报》2022 年第 1 期；Shen, J., Li, S., Liu, L. et al., "Uncovering the Relationships between Ecosystem Services and Social-ecological Drivers at Different Spatial Scales in the Beijing-Tianjin-Hebei Region," *Journal of Cleaner Production* 290（2020）.

参考文献

Costanza, R. , dArge, R. , deGroot, R. et al. , "The Value of the World's Ecosystem Services and Natural Capital," *Nature* 387 (1997): pp. 253-260.

Daily, G. C. , Söderqvist, T. , Aniyar, S. et al. , "The Value of Nature and the Nature of Value," *Science* 289 (2000): pp. 395-396.

Daily, G. C. , *Nature's Services: Societal Dependence on Natural Ecosystem*, Washington DC: Island Press, 1997.

Díaz, S. , Pascual, U. , Stenseke, M. et al. , "Assessing Nature's Contributions to People," *Science* 359 (2018): pp. 270-272.

Liu, J. G. , Li, S. X. , Ouyang, Z. Y. et al. , "Ecological and Socioeconomic Effects of China's Policies for Ecosystem Services," *Proceedings of the National academy of Sciences* 105 (2008): pp. 9477-9482.

Lovell, S. T. , Taylor, J. R. , "Supplying Nrban Ecosystem Services through Multifunctional Green Infrastructure in the United States," *Landscape Ecology* 28 (2013): pp. 1447-1463.

Millennium Ecosystem Assessment (MA) . *Ecosystems and Human Well-Being: Synthesis*, Washington DC: Island Press, 2005.

Ouyang, Z. Y. , Song, C. S. , Zheng, H. et al. , "Using Gross Ecosystem Product (GEP) to Value Nature in Decision Making," *Proceedings of the National Academy of Sciences of the United States of America* 117 (2020): pp. 14593-14601.

Ouyang, Z. Y. , Zheng, H. , Xiao, Y. et al. , "Improvements in Ecosystem Services from Investments in Natural Capital," *Science* 352 (2016): pp. 1455-1459.

Polasky, S. , Kling, C. L. , Levin, S. A. et al. , "Role of Economics in Analyzing the Environment and Sustainable Development," *Proceedings of the National Academy of Sciences of the United States of America* 116 (2019): pp. 5233-5238.

Schäffler, A. and Swilling, M. , "Valuing Green Infrastructure in an Urban Environment under Pressure-The Johannesburg Case," *Ecological Economics* 86 (2013): pp. 246-257.

United Nations et al. , *System of Environmental-Economic Accounting: Ecosystem Accounting (SEEA EA)* New York: United Nations, 2021.

Xiao, L. , Haiping, T. and Haoguang, L. A. , "Theoretical Framework for Researching Cultural Ecosystem Service flows in Urban Agglomerations," *Ecosystem Services* 28 (2017): pp. 95-104.

Zou, Z. Y. , Wu, T. , Xiao, Y. , et al. , "Valuing Natural Capital Amidst Rapid

Urbanization: Assessing the Gross Ecosystem Product（GEP）of China's 'Chang-Zhu-Tan' Megacity," *Environmental Research Letters* 15（2020）.

湖南省人民政府办公厅：《关于健全生态保护补偿机制的实施意见》（湘政办发〔2017〕40号）。

欧阳志云、肖燚、朱春全等：《生态系统生产总值（GEP）核算理论与方法》，科学出版社，2021。

欧阳志云、郑华、谢高地等：《生态资产、生态补偿及生态文明科技贡献核算理论与技术》，《生态学报》2016年第22期。

宋昌素、欧阳志云：《面向生态效益评估的生态系统生产总值GEP核算研究——以青海省为例》，《生态学报》2020年第10期。

孙博文、彭绪庶：《生态产品价值实现模式、关键问题及制度保障体系》，《生态经济》2021年第6期。

习近平：《贯彻新发展理念推动高质量发展 奋力开创中部地区崛起新局面》，《人民日报》2019年5月23日。

社会科学文献出版社

皮 书

智库成果出版与传播平台

❖ 皮书定义 ❖

皮书是对中国与世界发展状况和热点问题进行年度监测，以专业的角度、专家的视野和实证研究方法，针对某一领域或区域现状与发展态势展开分析和预测，具备前沿性、原创性、实证性、连续性、时效性等特点的公开出版物，由一系列权威研究报告组成。

❖ 皮书作者 ❖

皮书系列报告作者以国内外一流研究机构、知名高校等重点智库的研究人员为主，多为相关领域一流专家学者，他们的观点代表了当下学界对中国与世界的现实和未来最高水平的解读与分析。截至 2021 年底，皮书研创机构逾千家，报告作者累计超过 10 万人。

❖ 皮书荣誉 ❖

皮书作为中国社会科学院基础理论研究与应用对策研究融合发展的代表性成果，不仅是哲学社会科学工作者服务中国特色社会主义现代化建设的重要成果，更是助力中国特色新型智库建设、构建中国特色哲学社会科学"三大体系"的重要平台。皮书系列先后被列入"十二五""十三五""十四五"时期国家重点出版物出版专项规划项目；2013~2022 年，重点皮书列入中国社会科学院国家哲学社会科学创新工程项目。

皮书网

（网址：www.pishu.cn）

发布皮书研创资讯，传播皮书精彩内容
引领皮书出版潮流，打造皮书服务平台

栏目设置

◆ **关于皮书**
何谓皮书、皮书分类、皮书大事记、
皮书荣誉、皮书出版第一人、皮书编辑部

◆ **最新资讯**
通知公告、新闻动态、媒体聚焦、
网站专题、视频直播、下载专区

◆ **皮书研创**
皮书规范、皮书选题、皮书出版、
皮书研究、研创团队

◆ **皮书评奖评价**
指标体系、皮书评价、皮书评奖

◆ **皮书研究院理事会**
理事会章程、理事单位、个人理事、高级
研究员、理事会秘书处、入会指南

所获荣誉

◆ 2008 年、2011 年、2014 年，皮书网均
在全国新闻出版业网站荣誉评选中获得
"最具商业价值网站"称号；
◆ 2012 年,获得 "出版业网站百强"称号。

网库合一

2014年，皮书网与皮书数据库端口合
一，实现资源共享，搭建智库成果融合创
新平台。

皮书网

"皮书说"
微信公众号

皮书微博

权威报告·连续出版·独家资源

皮书数据库
ANNUAL REPORT(YEARBOOK)
DATABASE

分析解读当下中国发展变迁的高端智库平台

所获荣誉

- 2020年，入选全国新闻出版深度融合发展创新案例
- 2019年，入选国家新闻出版署数字出版精品遴选推荐计划
- 2016年，入选"十三五"国家重点电子出版物出版规划骨干工程
- 2013年，荣获"中国出版政府奖·网络出版物奖"提名奖
- 连续多年荣获中国数字出版博览会"数字出版·优秀品牌"奖

皮书数据库

"社科数托邦"
微信公众号

成为会员

登录网址www.pishu.com.cn访问皮书数据库网站或下载皮书数据库APP，通过手机号码验证或邮箱验证即可成为皮书数据库会员。

会员福利

- 已注册用户购书后可免费获赠100元皮书数据库充值卡。刮开充值卡涂层获取充值密码，登录并进入"会员中心"—"在线充值"—"充值卡充值"，充值成功即可购买和查看数据库内容。
- 会员福利最终解释权归社会科学文献出版社所有。

社会科学文献出版社 皮书系列
SOCIAL SCIENCES ACADEMIC PRESS (CHINA)

卡号：917786998231
密码：

数据库服务热线：400-008-6695
数据库服务QQ：2475522410
数据库服务邮箱：database@ssap.cn
图书销售热线：010-59367070/7028
图书服务QQ：1265056568
图书服务邮箱：duzhe@ssap.cn

S 基本子库
SUB DATABASE

中国社会发展数据库（下设 12 个专题子库）

紧扣人口、政治、外交、法律、教育、医疗卫生、资源环境等 12 个社会发展领域的前沿和热点，全面整合专业著作、智库报告、学术资讯、调研数据等类型资源，帮助用户追踪中国社会发展动态、研究社会发展战略与政策、了解社会热点问题、分析社会发展趋势。

中国经济发展数据库（下设 12 专题子库）

内容涵盖宏观经济、产业经济、工业经济、农业经济、财政金融、房地产经济、城市经济、商业贸易等 12 个重点经济领域，为把握经济运行态势、洞察经济发展规律、研判经济发展趋势、进行经济调控决策提供参考和依据。

中国行业发展数据库（下设 17 个专题子库）

以中国国民经济行业分类为依据，覆盖金融业、旅游业、交通运输业、能源矿产业、制造业等 100 多个行业，跟踪分析国民经济相关行业市场运行状况和政策导向，汇集行业发展前沿资讯，为投资、从业及各种经济决策提供理论支撑和实践指导。

中国区域发展数据库（下设 4 个专题子库）

对中国特定区域内的经济、社会、文化等领域现状与发展情况进行深度分析和预测，涉及省级行政区、城市群、城市、农村等不同维度，研究层级至县及县以下行政区，为学者研究地方经济社会宏观态势、经验模式、发展案例提供支撑，为地方政府决策提供参考。

中国文化传媒数据库（下设 18 个专题子库）

内容覆盖文化产业、新闻传播、电影娱乐、文学艺术、群众文化、图书情报等 18 个重点研究领域，聚焦文化传媒领域发展前沿、热点话题、行业实践，服务用户的教学科研、文化投资、企业规划等需要。

世界经济与国际关系数据库（下设 6 个专题子库）

整合世界经济、国际政治、世界文化与科技、全球性问题、国际组织与国际法、区域研究 6 大领域研究成果，对世界经济形势、国际形势进行连续性深度分析，对年度热点问题进行专题解读，为研判全球发展趋势提供事实和数据支持。

法律声明

　　"皮书系列"（含蓝皮书、绿皮书、黄皮书）之品牌由社会科学文献出版社最早使用并持续至今，现已被中国图书行业所熟知。"皮书系列"的相关商标已在国家商标管理部门商标局注册，包括但不限于 LOGO（ ）、皮书、Pishu、经济蓝皮书、社会蓝皮书等。"皮书系列"图书的注册商标专用权及封面设计、版式设计的著作权均为社会科学文献出版社所有。未经社会科学文献出版社书面授权许可，任何使用与"皮书系列"图书注册商标、封面设计、版式设计相同或者近似的文字、图形或其组合的行为均系侵权行为。

　　经作者授权，本书的专有出版权及信息网络传播权等为社会科学文献出版社享有。未经社会科学文献出版社书面授权许可，任何就本书内容的复制、发行或以数字形式进行网络传播的行为均系侵权行为。

　　社会科学文献出版社将通过法律途径追究上述侵权行为的法律责任，维护自身合法权益。

　　欢迎社会各界人士对侵犯社会科学文献出版社上述权利的侵权行为进行举报。电话：010-59367121，电子邮箱：fawubu@ssap.cn。

社会科学文献出版社